时延多普勒通信

——原理与应用

【澳】洪　毅　【澳】泰拉吉·塔吉
【澳】埃马努埃莱·维泰博　著
姜　喆　王海燕　葛　瑶　译

西北工业大学出版社
西　安

Delay-Doppler Communications: Principles and Applications
Yi Hong, Tharaj Thaj, Emanuele Viterbo
ISBN: 9780323850285

Authorized Chinese translation published by Northwestern Polytechnical University Press Co., Ltd.
《时延多普勒通信——原理与应用》(姜喆 王海燕 葛瑶 译)
ISBN: 9787561294741

注 意

本书涉及领域的知识和实践标准在不断变化。新的研究和经验拓展我们的理解,因此须对研究方法、专业实践或医疗方法作出调整。从业者和研究人员必须始终依靠自身经验和知识来评估和使用本书中提到的所有信息、方法、化合物或本书中描述的实验。在使用这些信息或方法时,他们应注意自身和他人的安全,包括注意他们负有专业责任的当事人的安全。在法律允许的最大范围内,爱思唯尔、译文的原文作者、原文编辑及原文内容提供者均不对因产品责任、疏忽或其他人身或财产伤害及/或损失承担责任,亦不对由于使用或操作文中提到的方法、产品、说明或思想而导致的人身或财产伤害及/或损失承担责任。

陕西省版权局著作权合同登记号:25-2024-260

图书在版编目(CIP)数据

时延多普勒通信:原理与应用 / (澳)洪毅,(澳)泰拉吉·塔吉(Tharaj Thaj),(澳)埃马努埃莱·维泰博(Emanuele Viterbo)著;姜喆,王海燕,葛瑶译. 西安:西北工业大学出版社,2024.8. -- ISBN 978-7-5612-9474-1

Ⅰ. TN92

中国国家版本馆 CIP 数据核字第 2024R3W848 号

SHIYAN DUOPULE TONGXIN—YUANLI YU YINGYONG

时延多普勒通信——原理与应用

【澳】洪毅 【澳】泰拉吉·塔吉 【澳】埃马努埃莱·维泰博 著

姜喆 王海燕 葛瑶 译

责任编辑:朱辰浩 **策划编辑**:张 炜
责任校对:孙 倩 **装帧设计**:高永斌 李 飞
出版发行:西北工业大学出版社
通信地址:西安市友谊西路 127 号 邮编:710072
电 话:(029)88493844,88491757
网 址:www.nwpup.com
印 刷 者:西安五星印刷有限公司
开 本:787 mm×1 092 mm 1/16
印 张:12
字 数:292 千字
版 次:2024 年 8 月第 1 版 2024 年 8 月第 1 次印刷
书 号:ISBN 978-7-5612-9474-1
定 价:108.00 元

如有印装问题请与出版社联系调换

作者简介

洪　毅

洪毅博士是澳大利亚蒙纳士大学电气与计算机系统工程系的副教授。她在悉尼新南威尔士大学（UNSW）获得电气工程和电信博士学位，并在2007年阿德莱德澳大利亚通信理论研讨会上获得NICTA-ACoRN早期职业研究员奖。洪毅于2018—2020年担任澳大利亚研究委员会专家学院成员。她是《IEEE无线通信和新兴电信技术(ETT)》期刊的副主编。她担任过在墨尔本举行的2021年IEEE国际信息理论研讨会的专题讲座主席，在蒙特利尔举行的2021年IEEE国际通信会议关于6G和未来高移动通信的正交时频空间调制(OTFS)研讨会的总联合主席，在霍巴特举行的2014年IEEE信息论研讨会的联合主席，在墨尔本举行的2011年澳大利亚通信理论研讨会技术项目委员会主席，以及在西西里岛举行的2009年IEEE信息理论研讨会的宣传主席。她的研究领域包括通信理论、编码和信息论及其在电信工程中的应用。

泰拉吉·塔吉

泰拉吉·塔吉(Tharaj Thaj)先生于2012年在印度卡利卡特国家技术学院获得电子和通信工程学士学位，并于2015年在印度卡拉格普尔的印度理工学院获得电信系统工程硕士学位。他目前正在澳大利亚蒙纳士大学电气与计算机系统工程系攻读博士学位。2012—2013年，他在Verizon数据服务印度公司担任软件工程师，主要研究网络层路由算法和协议。2015—2017年，他在班加罗尔霍尼韦尔技术解决方案实验室的通信、导航和监视(CNS)部门担任高级工程师。他目前的研究兴趣包括下一代无线网络的物理层设计和无线通信系统的实现。

埃马努埃莱·维泰博

埃马努埃莱·维泰博(Emanuele Viterbo)博士是澳大利亚蒙纳士大学电气与计算机系统工程系的教授。他曾在蒙纳士大学工程学院担任系主任和研究生研究副院长。

维泰博教授在意大利的都灵理工大学获得了电气工程硕士和博士学位。1990—1992年,他在荷兰海牙的欧洲专利局工作,担任动态记录和误差控制编码领域的专利审查员。1995—1997年间,他在都灵理工大学担任博士后职位。1997—1998年,他在美国新泽西州弗洛勒姆帕克AT&T研究所信息科学研究中心从事博士后研究。后来他加入了都灵理工大学的电子学教研室。2006—2010年8月,他在意大利卡拉布里亚大学担任DEIS的全职教授。2010年9月,他作为教授加入蒙纳士大学ECSE系,继续研究工作。

维泰博教授是美国电气和电子工程师协会(IEEE)院士,ISI高被引科学家,也是IEEE信息理论学会理事会成员(2011—2013年和2014—2016年)。他曾担任《IEEE信息论学报》《欧洲电讯学报》和《通信与网络杂志》副主编。他的主要研究方向是高斯信道和衰落信道的网格码、代数编码理论、代数时空编码、数字地面电视广播和数字磁记录。

前　言 PREFACE

在过去的 25 年中，正交频分复用（OFDM）一直是大多数无线通信系统的首选波形。“接下来是什么？”——本书将通过说明当前 OFDM 在处理高移动性环境时的局限性以及介绍最近提出的被称为“正交时频空间”(OTFS) 的新波形的基本原理来解决这个问题。OTFS 波形基于移动无线信道可以在时延多普勒域中有效建模。信息在这样的域中编码，可以对抗通常在高移动性环境中发现的多径传播信道中的多普勒频移。

本书是根据笔者在 2018—2021 年期间无线通信的主要会议上发表的许多教程演示编写而成的。它扩展并整合了笔者的几篇关键研究论文，旨在为不同类型的时延多普勒通信提供分类法。

我们选择通过以下两种方法介绍时延多普勒通信的基本原理：

(1)第一种方法是面向熟悉多载波技术的读者，基于时延多普勒域和时频域通过基于二维辛傅里叶变换的预编码操作相关。

(2)第二种方法是为对底层数学工具感兴趣的读者提供的。这些工具提供了(二维)时延多普勒域和(一维)时域信号之间的直接关系，有效地绕过了时频域解释。这是基于 Zak 变换的理论及其特定属性。

我们相信，有兴趣在高移动性环境中进一步开发时延多普勒通信系统的读者应该遵循并掌握这两种方法。作为该主题的第一个方法，我们建议第 1～4 章和第 6 章涵盖基本时延多普勒调制和解调。对于对 Zak 变换方法以及与信道估计、MIMO 和多用户系统相关的更专业主题感兴趣的读者，第 5、7 和 8 章将具有相关性。最后，第 9 章涉及高机动通信中的一些新研究方向，并概述超越时延多普勒的更通用的二维方案。

我们要向我们的同事 Raviteja Patchava(高通)、Ezio Biglieri(巴塞罗那庞培法布拉大学)、Saif Mohammad Khan(IIT 德里)和 Ananthanarayanan Chokalingham(IISc. 班加罗尔)表达感谢,我们一道是时延多普勒领域的先行者。本书是在与他们的多次互动和讨论中形成的。感谢 Viduranga Wijekoon 博士和 Birenjith Sasidharan 博士对手稿的仔细校对。特别感谢 OTFS 的发明者 Ronny Hadani(Cohcrc Tcchnologies 和德克萨斯大学奥斯汀分校)与笔者进行了一些非常鼓舞人心的讨论。自 2017 年首次公开提出 OTFS 以来,他帮助我们了解了 OTFS 更抽象的解释。

洪毅、泰拉吉·塔吉和埃马努埃莱·维泰博

蒙纳士大学,墨尔本,维多利亚州,澳大利亚

2021 年 9 月

目　录 CONTENTS

第1章　引　　言

蜂窝无线网络的概念出现于20世纪80年代，同时伴随着第一代模拟无线电通信系统(1G)。这些是集群无线电系统的演变，使个人无线电话能够为公众所用。蜂窝无线网络使用频分多路复用(FDMA)访问无线电频谱，并使用语音信号的模拟频率调制。

第二代无线电通信系统(2G)——全球移动通信系统(GSM)于20世纪90年代初问世，具备数字通信技术的优势，即压缩和加密语音信号以及存在无线电干扰的情况下控制通信质量。这导致每个频段的用户数量增加，一些基本的数字数据通信变得更容易获得。压缩数字化语音采用窄带数字调制，时分多址(TDMA)技术结合不同频段进行信道化。时频资源的概念开始出现。

受互联网浏览量激增的推动，第三代无线电通信系统(3G)在世纪之交根据《国际电信联盟IMT—2000标准》进行了标准化，该标准包括两个变体：通用移动电信系统(UMTS)和码分多址2000(CDMA2000)系统。使用CDMA扩频技术的宽带信令以实现更高的数据速率，并从根本上摆脱了2G的窄频信令。CDMA方案使用Walsh-Hadamard扩频序列作为正交基函数，有效地在时间和频率上扩展了用户的信息。由于不同码(签名)之间的正交性，接收机可以区分在时间和频率上重叠的信号，从而实现了上行链路的多址接入方案。信道损伤会使信号失真并引起用户之间的干扰(多址干扰)，需要在接收机处进行补偿。严重的多址干扰阻碍了接收端信号波形的准正交性，需要更复杂的处理来复原个人用户信息。

上述缺点导致在5G系统中保留的4G系统中引入了正交频分多址接入(OFDMA)。正交频分复用(OFDM)是一种宽带信号技术，通过将时间上重叠的多个信息符号分配给适当间隔的子载波，使它们在频域中成为正交。通过为用户分配正交的时频资源，OFDM可以用于多址接入。使用OFDMA，即使在存在某些多径信道损伤的情况下，接收机依然能保持正交性。在该解决方案的优势中，检测和信道估计处理成本相对较低。图1-1总结了无线系统的演进。

随着系统中终端移动性的增强，由于信道的快速时变特性影响接收信号的正交性并导致严重的符号间干扰，多载波技术的直接优势趋于消失。为了在这种高移动性环境中继续使用多载波技术，需要更复杂的均衡和更多的信道估计开销。

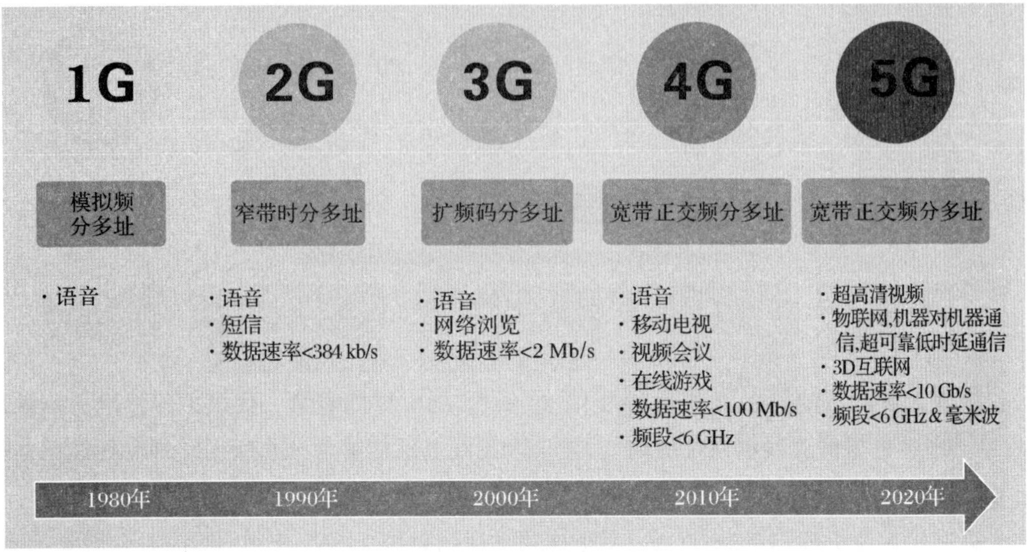

图 1-1　无线系统的演进

在本书中，我们将说明时延多普勒通信如何为多普勒频移不易补偿的高移动性信道上的多载波技术的局限性提供解决方案。

1.1　高移动性无线信道

在静态无线信道中，环境中没有任何东西在移动，发射机和接收机都是静态的。从发射天线传播的电磁信号通过由于反射物体（散射体）而产生的多条路径到达接收天线，接收机需要从多条路径的叠加信号中提取传输信息。由于路径长度不同，此类信号不会相干叠加，这可能会导致整个接收信号的衰落。

随着无线通信网络用例的不断演进，高移动性场景逐渐凸显。例如，高速列车、自动驾驶汽车和飞行出租车有可能以每小时数百千米的速度行驶，并且乘客需要高数据速率。

我们将高移动性无线信道定义为发射机、接收机和许多散射体在不同方向上以不同速度移动的信道。对于每条路径，移动性导致传输信号中使用的载波频率 f_c 的不同多普勒频移。f_d(Hz)的多普勒频移相当于用 $e^{j2\pi f_d t}$ 调制发射信号。通过如图 1-2 所示的信道进行通信的挑战在于，经历不同路径的传输信号会受到多个多普勒频移和延迟的影响。由于多普勒频移，接收机将造成发射信号的非线性失真版本的叠加。

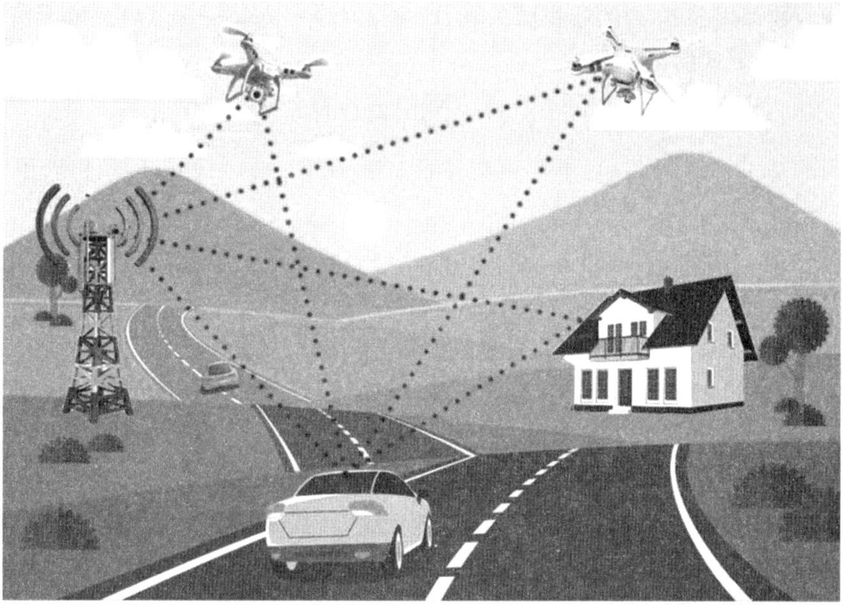

图 1-2 高移动性环境的示例

1.2 高移动性无线信道的波形

在抽象层面上，在点对点通信系统中，来自字母表 A 的信息符号流 $\{a_n\}$ 及时复用和/或频率。传输信号的形式为

$$s(t)=\sum_n a_n\psi_n(t) \tag{1.1}$$

使用一组正交信号 $\Psi_{TX}=\{\psi_n(t)\}$，例如：

$$\langle\psi_n(t),\psi_m(t)\rangle=\int\psi_n(t)\psi_m^*(t)\mathrm{d}t=\delta_{m,n}=\begin{cases}1, & m=n\\0, & m\neq n\end{cases} \tag{1.2}$$

其中，运算符$(\cdot)^*$表示复共轭。在下文中，为了说明简单，我们将忽略通常出现在系统中的噪声项。

假设 $s(t)$通过不引入失真的理想线性信道传输，我们收到 $r(t)=g_0s(t-t_0)$，其由 g_0 缩放并延迟 $s(t)$的 t_0。在下文中，为不失一般性，我们将假设 $g_0=1$ 和 $t_0=0$，以便有 $r(t)=s(t)$。由于信道的线性特性，所有基信号 $\psi_n(t)$也被不变地接收。我们将接收到的基信号集表示为 Ψ_{RX}。

信息符号 a_{n_0} 可以通过简单地将接收信号 $s(t)$投影到用于多路复用 a_{n_0} 的相同基信号 $\psi_{n_0}(t)$上来检测，即

$$\langle s(t),\psi_{n_0}(t)\rangle=\sum_n a_n(\psi_n(t),\psi_{n_0}(t))a_{n_0} \tag{1.3}$$

这得益于信道的线性特性和基函数的正交性 $\Psi_{RX}=\Psi_{TX}$。

接下来，让我们假设 $s(t)$通过特征脉冲响应为 $h(t)$的线性时不变信道传输。现在，每

个传输的基函数都因与 $h(t)$ 的卷积而失真，产生 $\phi_n(t)=h(t)*\psi_n(t)$。由于信道的线性特性，接收信号由下式给出：

$$r(t)=\sum_n a_n\phi_n(t) \tag{1.4}$$

接收到的基 $\Psi_{RX}=\{\phi_n(t)\}$ 不再正交并且 $r(t)$ 在 $\psi_{n_0}(t)$ 上的投影不再产生符号 a_{n_0}。替代地，有

$$\begin{aligned} r_{n_0} &= \langle s(t),\psi_{n_0}(t)\rangle = a_{n_0}\langle\phi_{n_0}(t),\psi_{n_0}(t)\rangle\sum_{n\neq n_0}a_n\langle\phi_n(t),\psi_{n_0}(t)\rangle \\ &= a_{n_0}\cos(\angle(\phi_{n_0}(t),\psi_{n_0}(t)))+\underbrace{\sum_{n\neq n_0}a_n\langle\phi_n(t),\psi_{n_0}(t)\rangle}_{\text{ISI}} \end{aligned} \tag{1.5}$$

表示样本 r_{n_0} 包含有用项 a_{n_0}，并与 $\phi_{n_0}(t)$ 和 $\psi_{n_0}(t)$ 之间角度的余弦相乘。此外，r_{n_0} 还包含涉及所有符号 a_n 的其他干扰项。干扰项的总和被称为符号间干扰(ISI)。

在存在 ISI 的情况下，数字接收机将需要信道均衡器来恢复信息符号。在信道引入非常轻微失真的情况下，$r_{n_0}\approx a_{n_0}$，这意味着 Ψ_{TX} 的元素之间的标量积 Ψ_{RX} 在 ISI 项中对于任何 n_0 和 $n(n\neq n_0)$ 几乎为零，而 $\langle\phi_{n_0}(t),\psi_{n_0}(t)\rangle\approx 1$。因此可以将 ISI 视为小的加性噪声，并且可以应用逐个符号检测从 r_{n_0} 中恢复 a_{n_0}。

当信道引入严重失真时，ISI 值很大并可能涉及许多符号 $a_n(n\neq n_0)$，这不能被忽视或等效为一个小的加性噪声。在这种情况下，可以应用更复杂的均衡技术，如最大似然序列估计，它通过搜索所有可能的干扰符号集来挑选最可能的传输 a_{n_0}。不幸的是，这种均衡器的复杂性随着 ISI 项中涉及的符号数量呈指数增长。

我们认为两个基 Ψ_{TX} 和 Ψ_{RX} 是双正交的，如果

$$\langle\phi_n(t),\psi_m(t)\rangle=\delta_{n,m} \tag{1.6}$$

则接收端的 ISI 项就会消失。当逐个符号检测有效时，ISI 项远小于 1，我们认为 Ψ_{TX} 和 Ψ_{RX} 是准双正交的。一般来说，我们可以认为接收端均衡器的作用是恢复 Ψ_{TX} 和 Ψ_{RX} 的双正交性(或者至少是准双正交性)。

虽然我们已经讨论了时域基信号，但值得一提的是，由于帕塞瓦尔的恒等式，Ψ_{TX} 的正交特性对于所有 n，可以用傅里叶变换 $\hat{\psi}_n(f)=F\{\psi_n(t)\}$ 给出的频域信号等效地观察到。类似地，ISI 项和余弦项保持不变，即使我们使用频域信号(如基于 OFDM 的系统)，即

$$r_{n_0}=a_{n_0}\cos(\angle(\hat{\phi}_{n_0}(f),\hat{\psi}_{n_0}(f)))+\underbrace{\sum_{n\neq n_0}a_n\langle\hat{\phi}_n(f),\hat{\psi}_{n_0}(f)\rangle}_{\text{ISI}} \tag{1.7}$$

上述性质不限于时域或频域，而是适用于基信号为任何酉变换。

在正交时频空间(OTFS)中，我们将考虑一个正交基 $\widetilde{\Psi}_{TX}=\{\widetilde{\psi}_{m,n}(\tau,v)\}$ 由 (τ,v) 时延多普勒域中的二维信号组成，由 m 和 n 索引。这样的基信号是一些特殊时域信号 $\Psi_{TX}=\{\psi_{m,n}(t)\}$ 的 Zak 变换，由 m(延迟)和 n(多普勒)决定。正如我们将在第 5 章中看到的，Zak 变换是一种酉变换，它保证时域基信号也形成标准正交基。在时域中，发射机复用信息符号 $a_{m,n}$(排列成矩阵)为

$$s(t)=\sum_m\sum_n a_{m,n}\psi_{m,n}(t) \tag{1.8}$$

有趣的是，给定任何接收到的不一定是正交的基 Ψ_{RX}，可以构造另一个基 $\Psi^{\perp}$，称为对偶基，使得 Ψ_{RX} 和 $\Psi^{\perp}$ 形成双正交对。使用 $\Psi^{\perp}$ 的接收机基于众所周知的迫零(ZF) 均衡器。遗憾的是，ZF 均衡器也会使噪声项失真并降低 Ψ_{RX} 不正交时的检测。为了部分缓解这个问题，可以应用最小均方误差(MMSE) 均衡器来最大化决策中的信号与干扰加噪声比值。

当发送端已知时，可以在发送端处对 Ψ_{TX} 应用预编码以保证 Ψ_{RX} 是正交或准正交的，从而简化接收机检测。

到目前为止，我们还没有具体说明如何选择传输基函数。任何实际的通信系统都需要满足两个设计约束：信道带宽和最大延迟(即传输的信息符号被接收端检测到所需的时间)。这两个约束将选择限制在近似带限的有限持续时间的信号上。

传输基选择的进一步改进取决于它们与信道的交互方式。特别地，考虑将传输基 $\psi_n(t)$转换为接收基 $\phi_n(t)$的信道，其中

$$\phi_n(t)=\sum_{i=1}^{P}h_i\psi_{k_i}(t) \tag{1.9}$$

即其他基函数的有限数量 P 的加权和。在这种情况下，ISI 中仅涉及 P 项，并且可能实现更简单的均衡。如果 P 远小于基 Ψ_{TX} 的维数，那么我们说这样的信道是稀疏的，因为它仅引起有限发射基信号 Ψ_{TX} 的扰动(正交性损失)。

在 OTFS 中，传输基是提供具有 P 条路径的高移动性多径信道的最简单表示。正如我们将在第 2 章中看到的，延迟多普勒域能够将具有 P 路径的高机动性多径信道的延迟多普勒信道响应表示为稀疏二维信号只有 P 项：

$$h(\tau,v)=\sum_{i=1}^{P}h_i\widetilde{\psi}_{l_i,k_i}(\tau,v) \tag{1.10}$$

其中，l_i 和 k_i 是第 i 条路径的延迟索引和多普勒频移索引，$i=1,2,\cdots,P$。使用这个基可以最大限度地减少 ISI 中的项数，并允许使用相对简单的迭代检测技术，正如我们将在第 4 章中看到的那样。

【例 1-1】

让我们考虑一个简单的基带通信示例，其中信息符号(例如±1)可以在连续的时隙中复用固定持续时间 T。信号集 $\Psi_{TX}=\{p(t-nT)\}_{n=-\infty}^{+\infty}$，其中 $p(t)$为单位能量脉冲信号，区间$[0,T)$外为零，形成时域中的正交基，即

$$\langle p(t-nT),p(t-mT)\rangle=\int_{-\infty}^{+\infty}p(t-nT)p(t-mT)\mathrm{d}t=\delta_{n,m} \tag{1.11}$$

携带信息符号 a_n 的传输信号为

$$s(t)=\sum_{n=-\infty}^{+\infty}a_n p(t-nT) \tag{1.12}$$

当 $s(t)$通过具有脉冲响应 $h(t)$的带宽受限信道传输时，接收信号由下式给出：

$$r(t)=\sum_{n=-\infty}^{+\infty}a_n q(t-nT) \tag{1.13}$$

其中,$q(t)=p(t)*h(t)$在区间$[0,T)$之外不再为零,因为$h(t)$不受时间限制。信号集不是标准正交基,并且与Ψ_{TX}不是双正交的,因为(对于$m\neq n$的任何情况)

$$\langle p(t-nT),q(t-mT)\rangle=\int_{nT}^{(n+1)T}\frac{1}{\sqrt{T}}q(t-mT)\mathrm{d}t\neq 0 \tag{1.14}$$

因为$q(t-nT)\approx p(t-nT)$以及Ψ_{TX}和Ψ_{RX}变为准双正交,所以通过增加T来增加信道带宽或等效地减少传输速率将减少ISI的影响。

或者通过对脉冲$p(t)$进行整形,可以在不损失传输速率的情况下略微降低ISI。在某些情况下,脉冲整型还可能导致发射基信号之间的正交性略微损失。

使用上面提出的想法,在图1-3中,我们给出了基于多载波的系统和OTFS在静态多径和高移动性多径信道中的工作原理的图形表示。基于正交频分复用(OFDM)的多载波调制方案适用于静态无线信道。通过添加持续时间大于最大延迟路径的循环前缀[见图1-3(a)中的CP-OFDM],静态多径信道引入的失真可以很容易地在接收器处用符号补偿按符号检测(单击均衡器)。尽管接收到的信号保持正交性,但由于不同路径的非相干组合,它们将具有不同的功率。在高移动性的情况下,即使小的多普勒频移影响不同的路径,CP-OFDM系统也会出现性能下降。得到的接收基信号不再正交,并且将具有不同的功率。

值得注意的是,每个接收到的基函数的功率变化导致了常用术语"衰落信道"。然而,这歪曲了信道本身实际上并未衰落的事实:信道只是散点的集合,其几何形状和移动性在发射器和接收器之间产生了多条传播路径。

尽管OFDM具有单抽头均衡的优势,但每个子载波上的不均匀信道增益会对误码性能产生不利影响,因为具有最小信道增益的子载波将主导整体表现。

此外,由于信道多普勒频移而引入信道间干扰(ICI)的时变信道失去了单抽头均衡的优势,这些会导致每个子载波的接收功率出现较大波动。解决上述问题的一个简单方法是增加总带宽,使最大多普勒频移仅占子载波间隔的一小部分。然而,这是以降低频谱效率为代价的。

这种方法导致了广义脉冲整形OFDM(PS-OFDM)下的大量工作,重点关注时频脉冲整形设计,以对抗接收机处的ICI。脉冲形状设计可以针对不同的标准进行优化,例如减轻ICI、最大化接收功率、提高频谱效率以及降低峰均功率比(PAPR)和带外(OOB)泄露。信道统计的先验知识对于设计与最小化信道色散影响相关的这些脉冲形状至关重要。

在图1-3(b)的PS-OFDM中,我们放宽了发射基的正交性约束,目的是减少接收基的非正交性及其功率变化。然而,在PS-OFDM的某些实施例中,这不足以防止接收机处不同基信号的功率发生大的变化[见图1-3(b)]。另一种减少跨基函数的接收功率可变性的方法是基于跨多个子载波和时隙的预编码信息。这提供了很大的多样性增益,但以更复杂的检测方法为代价。

在OTFS中[见图1-3(c)],我们使用在延迟多普勒域中正交的发射基函数。使用

OTFS,高移动性(或静态)多径信道略微降低了接收基的正交性,最重要的是,所有基信号都以相同的功率接收。

在本书中,我们将介绍基于延迟多普勒的通信系统(如 OTFS)如何能够在高移动性无线信道上高效运行。第 2 章将介绍高移动性多径信道模型。第 3 章将介绍 OFDM 的基础知识及其在高移动性通信中的局限性。OTFS 信号与高移动性信道的交互将在第 4 章中介绍,其与 Zak 变换的关系将在第 5 章中介绍。在这两章之后,很明显 OTFS 中的接收基不再是标准正交的,并且需要比逐个符号检测更复杂的均衡来恢复信息符号。第 6 章将专门介绍 OTFS 的检测方法,并讨论可变复杂度的解决方案。第 7 章将讨论延迟多普勒域和延迟时间域中的信道估计方法。考虑到表示信道所需的参数数量很少,OTFS 中的信道估计可以显著节省导频开销。第 8 章将介绍 OTFS 扩展到 MIMO 和多用户上行链路和下行链路系统。在第 9 章中,我们将对延迟多普勒通信的未来发展进行展望。最后,附录中提供了 Matlab® 代码示例,以演示 OTFS 的完整实现。

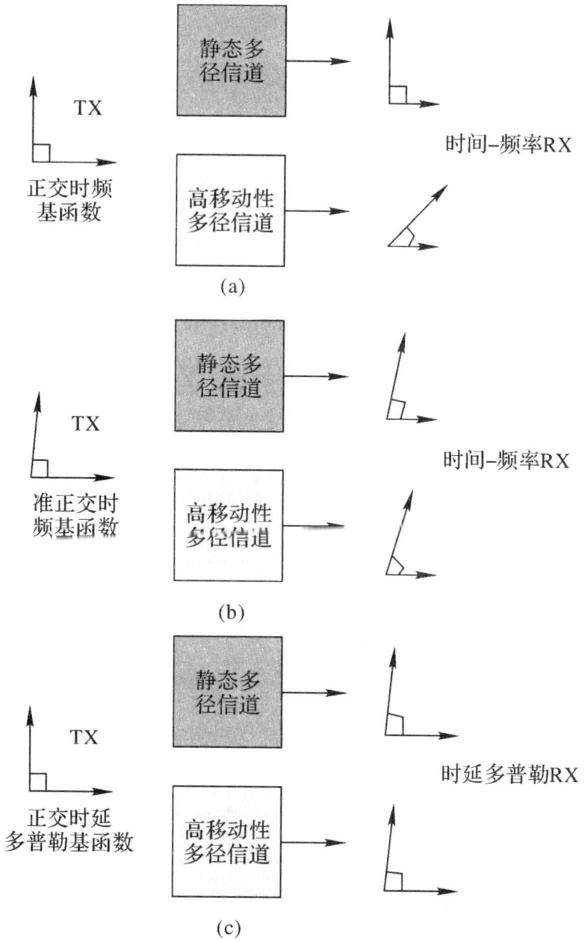

图 1-3 发射机函数 Ψ_{TX} 用于多路复用信息符号被转换为接收机;基函数 Ψ_{RX} 通过静态多径和高移动性信道用于(a)CP-OFDM;(b)PS-OFDM;(c)OTFS

1.3 参考文献及注释

读者可以在文献［1,2］中找到数字通信的基础知识。无线通信系统和蜂窝移动的简史可以在文献［3］中找到，一些关键技术在文献［4－8］中进行了讨论。读者可以在文献［9－11］中找到无线信道建模的一般理论。文献［12］中具体讨论了高移动性时变信道及其时延多普勒表示。文献［13］中介绍了用于无线通信的 OFDM 技术的理论和实践。OTFS 调制首先由 Hadani 等人提出。在 2017 年 IEEE 无线通信和网络会议[14]中首次提出其输入输出关系[15]。读者可以参考文献［16－20］了解基于各种优化标准的 OFDM 脉冲整形设计的背景。对于作为 OFDM（如 FBMC、UFMC 和 GFDM）改进而提出的多载波调制方案的分析，请参见文献［21－28］。

【参考文献】

［1］J. G. Proakis, M. Salehi, Digital Communications, fifth edition, McGraw-Hill, 2008.

［2］S. Benedetto, E. Biglieri, Principles of Digital Transmission with Wireless Applications, Springer US, 2002.

［3］S. K. Wilson, S. G. Wilson, E. Biglieri, Academic Press Library in Mobile and Wireless Communications: Transmission Techniques for Digital Communications, Academic Press, Elsevier Ltd, 2016.

［4］G. Stuber, Principles of Mobile Communication, Kluwer Academic Publishers, 2001.

［5］A. J. Viterbi, CDMA: Principles of Spread Spectrum Communication, Addison Wesley, 1995.

［6］A. Paulraj, N. Naar, D. Gore, Introduction to Space-Time Wireless Communications, Cambridge University Press, 2003.

［7］T. Rappaport, R. Heath, R. Daniels, J. Murdock, Millimeter Wave Wireless Communication, Prentice Hall, 2014.

［8］J. G. Andrews, S. Buzzi, W. Choi, S. V. Hanly, A. Lozano, A. C. K. Soong, J. C. Zhang, What will 5G be. IEEE Journal on Selected Areas in Communications 32(6)(2014) 1065－1082, https://doi.org/10.1109/JSAC.2014.2328098.

［9］A. Goldsmith, Wireless Communications, Cambridge University Press, 2005.

［10］D. Tse, P. Viswanath, Fundamentals of Wireless Communication, 3rd edition, Cambridge University Press, 2005.

［11］A. F. Molisch, Wireless Communications, second edition, John Wiley & Sons, 2011.

［12］F. Hlawatsch, G. Matz, Wireless Communications over Rapidly Time-Varying Channels, 1st edition, Academic Press, Inc., USA, 2011.

［13］Y. G. Li, G. L. Stuber, Orthogonal Frequency Division Multiplexing for Wireless Communications, Springer, 2006.

[14] R. Hadani, S. Rakib, M. Tsatsanis, A. Monk, A. Goldsmith, A. Molisch, R. Calderbank, Orthogonal time frequency space modulation, in: 2017 IEEE Wireless Communications and Networking Conference(WCNC'17), 2017.

[15] P. Raviteja, K. T. Phan, Y. Hong, E. Viterbo, Interference cancellation and iterative detection for orthogonal time frequency space modulation, IEEE Transactions on Wireless Communications 17(10)(2018) 6501 – 6515, https://doi.org/10.1109/TWC.2018.2860011.

[16] W. Kozek, A. Molisch, Nonorthogonal pulseshapes for multicarrier communications in doubly dispersive channels, IEEE Journal on Selected Areas in Communications 16(8)(1998) 1579 – 1589, https://doi.org/10.1109/49.730463.

[17] S. Das, P. Schniter, Max-SINR ISI/ICI-shaping multicarrier communication over the doubly dispersive channel, IEEE Transactions on Signal Processing 55(12)(2007) 5782 – 5795, https://doi.org/10.1109/TSP.2007.901660.

[18] D. Schafhuber, G. Matz, F. Hlawatsch, Pulse-shaping OFDM/BFDM systems for time-varying channels: ISI/ICI analysis, optimal pulse design, and efficient implementation, in: The 13th IEEE International Symposium on Personal, Indoor and Mobile Radio Communications, 2002, pp. 1 – 6.

[19] T. Strohmer, S. Beaver, Optimal OFDM design for time-frequency dispersive channels, IEEE Transactions on Communications 51(7)(2003) 1111 – 1122, https://doi.org/ 10.1109/TCOMM.2003.814200.

[20] H. Bölcskei, Orthogonal frequency division multiplexing based on offset QAM, in: Advances in Gabor Analysis, Springer, 2003, pp. 321 – 352.

[21] M. G. Bellanger, Specification and design of a prototype filter for filter bank based multicarrier transmission, in: 2001 IEEE International Conference on Acoustics, Speech, and Signal Processing. Proceedings, 2001, pp. 1 – 6.

[22] P. Siohan, C. Siclet, N. Lacaille, Analysis and design of OFDM/OQAM systems based on filterbank theory, IEEE Transactions on Signal Processing 50(5)(2002) 1170 – 1183, https://doi.org/10.1109/78.995073.

[23] B. Farhang-Boroujeny, OFDM versus filter bank multicarrier, IEEE Signal Processing Magazine 28(3)(2011) 92 – 112, https://doi.org/10.1109/MSP.2011.940267.

[24] V. Vakilian, T. Wild, F. Schaich, S. ten Brink, J. F. Frigon, Universal-filtered multicarrier technique for wireless systems beyond LTE, in: 2013 IEEE Globecom Workshops(GC Wkshps), 2013, pp. 223 – 228.

[25] G. Fettweis, M. Krondorf, S. Bittner, GFDM – generalized frequency division multiplexing, in: VTC Spring 2009— IEEE 69th Vehicular Technology Conference, 2009, pp. 1 – 6.

[26] N. Michailow, M. Matthé, I. S. Gaspar, A. N. Caldevilla, L. L. Mendes, A. Festag, G. Fettweis, Generalized frequency division multiplexing for 5th generation cellular net – works, IEEE Transactions on Communications 62(9)(2014) 3045 - 3061, https://doi. org/ 10. 1109/TCOMM. 2014. 2345566.

[27] F. Schaich, T. Wild, Waveform contenders for 5G—OFDM vs. FBMC vs. UFMC, in: 2014 6th International Symposium on Communications, Control and Signal Processing(ISCCSP), 2014, pp. 1 – 6.

[28] M. Matthe, Waveform Design for Generalized Frequency Division Multiplexing: A Survey on Pulse Shaping Filters, AV Akademikerverlag, 2014.

第 2 章　高移动性无线信道

章节要点

- ▲ 高移动环境的无线信道模型：多路径和多普勒频移。
- ▲ 表示信道的三个域：频率-时间域、时延-时间域和时延-多普勒域。
- ▲ 统计信道模型。

知之为知之，不知为不知，是知也。——孔子

当通过无线信道传播时，任何传输的信号都会改变。衰落通常是指由传播路径的属性和传播路径中的障碍物导致的接收信号强度的波动。衰落可大致分为大尺度衰落和小尺度衰落。

大尺度衰落是由于长距离（数百米）的信号传播导致的平均接收信号强度的变化，以及由于传播路径上存在大障碍物导致完整或部分视距（LoS）的路径损失。

另外，小尺度衰落是指在短时间内（秒级）或短距离（米级）内发生的快速波动。多径传播是指信号波经过不同的传播路径，到达接收端时信号回波叠加而产生的现象。

本章将关注小尺度衰落，因为通信系统的物理层是基于对抗无线信道小尺度衰落的设计而建立的。由于我们关注的是时延多普勒通信，所以在深入研究后面章节中的收发器实用性设计之前，必须深入了解信道的时延多普勒域表达。时延多普勒域的参数与环境的物理几何参数非常相似，如反射器的距离和相对速度的参数。在接收器附近存在有限数量的反射器，在切合实际的假设情况下，与传统的时延-时间域或频率-时间域相比，时延-多普勒域提供了更简洁恰当的几何信道表示域。

2.1　无线信道的输入输出模型

考虑信号在无线信道中传输，在发射机将带宽为 B 的基带信号 $s(t)$ 上变频到通带 $[f_c-B/2, f_c+B/2]$，其中 f_c 是用于传输的载波频率。在接收机处，接收到的信号被下变频为基带等效信号，用 $r(t)$ 表示。由于大多数接收机执行如解调、解码和检测的功能发生

在基带,所以我们将只关注无线信道的基带等效表达。为了实现信道的时延多普勒表达,我们将从无线信道的几何模型开始。

2.1.1 几何模型

几何模型是基于简易的射线追踪技术来进行传输波干扰物理信道的方式。

我们从射线追踪技术开始,并使用传播环境的物理几何知识,导出无线信道的确定性模型。由于多径传播,接收信号 $r(t)$ 表示传输信号 $s(t)$ 的时延、多普勒频移和衰减样本的集合。时延是每条传播路径长度的函数,而多普勒频移是由于发射器、接收器和反射器场景中的相对运动而产生的。

让我们首先考虑如图 2-1 所示的简单无线信道,其中发射器(基站)、接收器(移动设备)和反射器(建筑物)是静止的。由于场景中没有相对运动,所以传输的信号不会发生任何多普勒频移。然而,直射和反射路径的传播的时延差异导致 $s(t)$ 的两个样本在不同时间到达移动接收器。由于距离 r_1,从基站到移动台的直射路径会有时延。另外,从建筑物反射的路径长度为 r_2+r_3 的组合距离。假设直射和反射路径分别具有 g_1 和 g_2 的基带等效复数增益(衰减)。利用叠加原理,接收信号 $r(t)$ 可表示为

$$r(t)=g_1 s(t-\tau_1)+g_2 s(t-\tau_2) \tag{2.1}$$

式中:$\tau_1=r_1/c$ 是视距路径的时延;$\tau_2=(r_2+r_3)/c$ 是反射路径的时延;$c=3\times10^8$ m/s 是光速。传播时延 $\tau_2-\tau_1$ 的差异称为时延扩展。

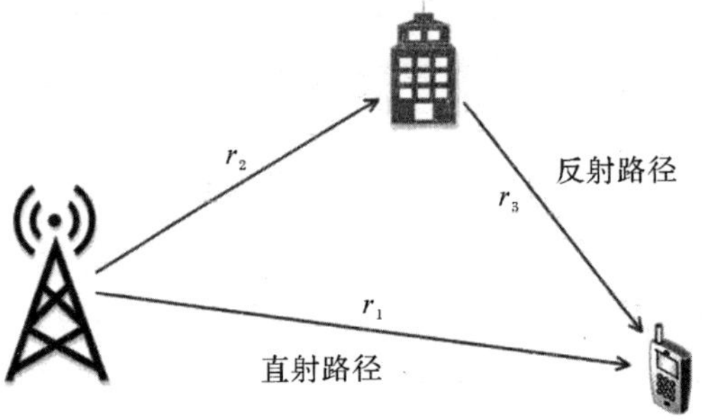

图 2-1 具有不同传播时延的路径

在信道具有两条以上路径的情况下,时延扩展定义为最长路径和最短路径的传播时延之间的差异,即 $\tau_{max}-\tau_{min}$。

现在考虑图 2-2 中的情况,其中移动接收器在一辆汽车中,汽车正以相对速度 v 向基站移动。我们假设 $s(t)$ 的带宽 B 与载波频率 f_c 相比非常小,即 $f_c\gg B$。由相对速度 v 引起的多普勒频移由 $\frac{v}{c}f_c$ 给出。然后,接收信号可以表示为传输信号的时延样本和多普勒频移样本之和,即

$$r(t)=\underbrace{g_1 e^{j2\pi\nu_1(t-\tau_1)}}_{g(\tau_1,t)}s(t-\tau_1)+\underbrace{g_2 e^{j2\pi\nu_2(t-\tau_2)}}_{g(\tau_2,t)}s(t-\tau_2) \tag{2.2}$$

式中:$\nu_1=\frac{v}{c}f_c$ 是视距路径的多普勒频移;$\nu_2=\frac{\nu\cos\theta}{c}f_c$ 是反射路径的多普勒频移;

$|\nu_2 - \nu_1|$是多普勒扩展，以及时间相关函数

$$g(\tau_i, t) = g_i \mathrm{e}^{\mathrm{j}2\pi\nu_i(t-\tau_i)}, \quad i=1,2 \tag{2.3}$$

表示由时延和多普勒频移引起的传播路径的时变衰减。表 2－1 中列出了一些典型无线信道的时延扩展($\tau_{\max}$) 和多普勒扩展($\nu_{\max}$) 值。

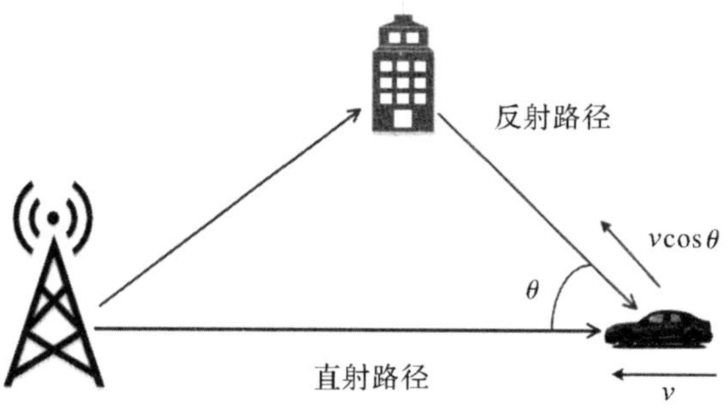

图 2－2　由于不同的到达角度，具有不同多普勒频移的路径

通常，式(2.3) 中的多径衰落信道可以建模为 LTI 系统，形式为

$$r(t) = \int_0^{+\infty} g(\tau, t) s(t-\tau) \mathrm{d}\tau \tag{2.4}$$

式中：$g(\tau,t)$是信道的时延时间脉冲响应；$0 \leqslant \tau < +\infty$表示传播时延。

信道在固定时间 t 的时频脉冲响应可以通过沿 $g(\tau,t)$的时延维度进行傅里叶变换得到：

$$H(f, t) = \int_\tau g(\tau, t) \mathrm{e}^{-\mathrm{j}2\pi f\tau} \mathrm{d}\tau \tag{2.5}$$

表 2－1　几个典型无线信道的时延扩展($\tau_{\max}$) 和多普勒扩展($\nu_{\max}$)

$\Delta r_{\max}$	室内(3 m)	室外(3 km)
$\tau_{\max}$	10 ns	10 μs
$\nu_{\max}$	f_c = 2 GHz	f_c = 60 GHz
v = 1.5 m/s = 5.5 km/h	$\nu_{\max}$ = 10 Hz	$\nu_{\max}$ = 300 Hz
v = 3 m/s = 11 km/h	$\nu_{\max}$ = 20 Hz	$\nu_{\max}$ = 600 Hz
v = 30 m/s = 110 km/h	$\nu_{\max}$ = 200 Hz	$\nu_{\max}$ = 6 kHz
v = 150 m/s = 550 km/h	$\nu_{\max}$ = 1 kHz	$\nu_{\max}$ = 30 kHz

对于一般情况，信道具有 P 条路径，每个路径具有增益 g_i、时延 τ_i 和多普勒频移 ν_i，$i=1,\cdots,P$，将 $g(\tau_i,t)$代入式(2.2)中，上述等式可得出频率响应为

$$H(f, t) = \sum_{i=1}^{P} g_i \mathrm{e}^{-\mathrm{j}2\pi\nu_i\tau_i} \mathrm{e}^{-\mathrm{j}2\pi(f\tau_i - \nu_i t)} \tag{2.6}$$

在实际中，$H(f,t)$中 t 是缓慢时变的。对于静态信道的特殊情况，即 $\nu_i=0, \forall i$，$H(f,t)$简化为与时间无关的频率响应 $H(f)$。

2.1.2　时延多普勒表达

我们已经展示了不同的时延分量和多普勒频移分量如何影响接收信号 $r(t)$，并定义了无线信道响应的模型。然而，在上一节的时延-时间响应 $g(\tau,t)$中，多普勒频移对接收信号

的影响并不是很清楚。散射体的效果可以用从散射体反射的传输信号 $s(t)$所经历的时延(由于距离)和多普勒频移(由于相对运动)来表示。这使得线性时变无线信道能够完全由接收器附近散射体的时延多普勒参数表达。由于时延多普勒响应更类似于物理无线信道,所以时延多普勒域中的信道表示是有用的。一般来说,无线信道的小尺度衰落效应可以用接收器附近的少量散射体来表示。这意味着无线信道在时延多普勒域中具有稀疏表示。为了明确说明这一点,让我们考虑一个具有 P 个传播路径的无线信道,该信道具有明显的时延和多普勒频移参数。

式(2.2) 中给出的双路径输入输出关系可以推广为传播路径数 P:

$$r(t)=\sum_{i=1}^{P}g_i e^{j2\pi\nu_i(t-\tau_i)}s(t-\tau_i) \tag{2.7}$$

式中:g_i 是路径增益;τ_i 和 ν_i 分别是第 i 条路径相关的时延和多普勒频移,$i=1,\cdots,P$。

我们将时延多普勒响应定义为

$$h(\tau,\nu)=\sum_{i=1}^{P}g_i e^{-j2\pi\nu_i\tau_i}\delta(\tau-\tau_i)\delta(\nu-\nu_i) \tag{2.8}$$

由于路径 P 的数量有限,所以它是时延多普勒域中无线信道的稀疏表示。那么接收信号 $r(t)$可以写为

$$r(t)=\iint h(\tau,\nu)e^{j2\pi\nu t}s(t-\tau)d\nu d\tau \tag{2.9}$$

由式(2.8),我们看到时延多普勒域中的信道完全由参数(g_i,τ_i,ν_i)表示,其中 $i=1,\cdots,P$。值得注意的是,$e^{-j2\pi\nu_i\tau_i}$ 是一个恒定的相移,可以将其合并到信道系数 g_i 中。一般来说,我们简单假设

$$h(\tau,\nu)=\sum_{i=1}^{P}g_i\delta(\tau-\tau_i)\delta(\nu-\nu_i) \tag{2.10}$$

图 2-3(a)(b) 显示了高速公路上基站(Tx) 和车辆(Rx) 之间信道的简单时延多普勒表示。这两张照片的拍摄时间间隔 100 ms。传输信号的持续时间通常小于 10 ms,这比几何相干时间短得多,因此信道的物理几何形状可以被认为是不变的持续时间。只要脉冲在几何相干时间内传输,就允许信道对时延多普勒域中的脉冲具有时间不变响应。几何相干时间的知识至关重要。

作为高机动性场景的示例,请参考图 2-3(a)(b),其中基站向时速 100 km/h 的汽车发送信号。由于散射体的存在,Rx 接收到的是发射信号的时延和多普勒频移回波的集合。本例中考虑的散射体标记为 O1、O2 和 O3。图中的时延多普勒网格表示如果传输的时延点和多普勒的位置为[0,0]时,移动用户接收到的内容。时延多普勒网格中的每个彩色点对应于由相同颜色的射线的传播路径。时延多普勒网格中点的面积表示每个传播路径的增益。假设沿时延和多普勒轴的每个整数值对应的距离为乘以 10 m,且相对于 Rx 的速度为乘以 50 km/h 的反射器。例如,蓝色(印刷版中的黑色)点对应于相对于接收 Rx 以 50 km/h(对应于多普勒抽头 1)移动的反射器。

图 2-3(a)中最大的点对应基站与接收车 Rx 之间的 LoS 路径,用蓝色(印刷版中的黑

色)表示是 0 时延,这是最先到达的信号,并且因为汽车向基站移动,所以它具有正多普勒频移。黄色(印刷版中的浅灰色)圆圈对应于另一辆车(O1)反射的路径,该车辆在高速公路上沿与 Rx 相同的方向行驶,但与相对于基站的 Rx 相比速度较低。对于来自(O2)的反射,最小的圆对应于最长的路径,由紫色(印刷版中的深灰色)点和射线表示。当车辆远离基站时,多普勒频移具有负值,并且由于车辆之间的相对角度,所以此刻其相对于 Rx 的相对速度为零。车辆 O3 的反射由于严重的路径衰减而被忽略,因为此时的信号比 O2 情况下传输了更长的距离。

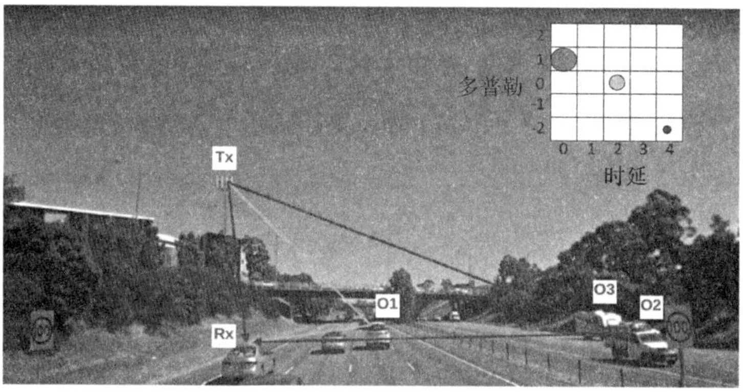

(a)

(b)

图 2-3　高机动性无线信道场景示例,展示了当场景的几何形状发生变化时时延多普勒信道响应如何变化

(a)场景 1;(b)场景 2

现在让我们讨论信道和时延多普勒如何被认为在很短的时间间隔内近似保持不变。如图 2-3(b)所示,在 100 ms 之后,车辆 O2 离 Rx 越来越远,O3 离 Rx 越来越近。这导致 O3 的反射波[如红色(印刷版中的灰色)点所示]比 O2 的反射波强。O3 引起的多普勒频移小于 O2 引起的多普勒频移,因为 O3 的行进速度几乎是 O2 的一半。

从这个例子中得出的关键结论是,通过适当地设计帧持续时间,可以使典型无线信道的时延多普勒表示在信号帧的持续时间内大致保持不变。

2.2 连续时间基带信道模型

在前面的部分中，我们已经了解了无线信道的一般表示。对于以有限的时延和多普勒分辨率运行的接收器，不可能观察到真实的信道参数。观察到的信道应该是真实信道加上接收器的时延和多普勒分辨率的函数。因此，我们从接收器的角度来看，首先使用连续时间基带表示信道，然后，我们将研究接收机如何采样产生离散时间等效基带信道。在第 4 章中，我们将详细分析使用数字接收机时的离散时延-多普勒信道。

令传输信号 $s(t)$ 带宽为 $M\Delta f$(Hz)，持续时间为 NT。考虑一个具有 P 条传播路径的基带等效信道模型。对于第 $i(i=1,\cdots,P)$ 条路径，路径增益为 g_i，实际时延和多普勒频移为 τ_i 和 ν_i，分别由下式给出：

$$\left.\begin{aligned} \tau_i &= \frac{\ell_i}{M\Delta f} \leqslant \tau_{\max} = \frac{\ell_{\max}}{M\Delta f} \\ \nu_i &= \frac{\kappa_i}{NT}(|\nu_i| \leqslant \nu_{\max}) \end{aligned}\right\} \tag{2.11}$$

式中：ℓ_i，$\kappa_i \in \mathbf{R}$，分别是归一化时延和归一化多普勒频移；$\ell_{\max} \in \mathbf{R}$，是 $\tau_{\max}$ 相关的归一化时延。

我们假设信道是低度扩散的，即 $\tau_{\max}\nu_{\max} \ll 1$ 且 $T\Delta f=1$。在此假设下，我们有 $\ell_{\max}<M$ 和归一化多普勒频移 $-N/2<\kappa_i<N/2$。回顾前面的部分，由于时延多普勒域中信道系数 P 的数量通常是有限的，所以时延多普勒信道响应具有稀疏表示：

$$h(\tau,\nu)=\sum_{i=1}^{P} g_i \delta(\tau-\tau_i)\delta(\nu-\nu_i) \tag{2.12}$$

我们让大小为 $|\mathcal{L}|$ 且 $\mathcal{L}=\{\ell_i\}$ 是时延多普勒域中 P 条路径之间不同的归一化时延的集合，让 $\mathcal{K}_\ell=\{\kappa_i \mid \ell=\ell_i\}$ 是每条路径的归一化多普勒频移的集合，同时也加上归一化时延，得出

$$\nu_\ell(\kappa)=\begin{cases} g_i, & \ell=\ell_i \text{ 且 } \kappa=\kappa_i \\ 0, & \text{其他} \end{cases} \tag{2.13}$$

是时延为 ℓ 时的多普勒响应。然后我们可以将式(2.12) 重写为

$$h(\tau,\nu)=\sum_{\ell\in\mathcal{L}}\sum_{\kappa\in\mathcal{K}_\ell} \nu_\ell(\kappa)\delta(\tau-\ell T/M)\delta(\nu-\kappa\Delta f/N) \tag{2.14}$$

请注意，连续时延时间信道响应由下式给出：

$$g(\tau,t)=\int_\nu (\tau,\nu)\mathrm{e}^{\mathrm{j}2\pi\nu(t-\tau)}\mathrm{d}\nu \tag{2.15}$$

将式(2.14) 代入式(2.15) 产生相应的时延时间信道响应，对于所有 $\ell \in \mathcal{L}$，有

$$g(\tau,t)=\sum_{\ell\in\mathcal{L}}\sum_{\kappa\in\mathcal{K}_\ell} \nu_\ell(\kappa)\mathrm{e}^{\mathrm{j}2\pi\kappa\frac{\Delta f}{N}(t-\ell T/M)}\delta(\tau-\ell T/M) \tag{2.16}$$

当 $\tau=\ell T/M$ 时，对于所有 $\ell\in\mathcal{L}$，计算式(2.16)：

$$g(\tau=\ell T/M,t)=\sum_{\kappa\in\mathcal{K}_\ell}\nu_\ell(\kappa)\mathrm{e}^{\mathrm{j}2\pi\kappa\frac{\Delta f}{N}(t-\ell T/M)} \tag{2.17}$$

在没有多普勒扩展的静态信道的特殊情况下，即 $\kappa=0$，式(2.16) 化简为

$$g(\tau=\ell T/M,t)=\nu_\ell(0) \tag{2.18}$$

2.3 离散时间基带信道模型

在上一节中，我们研究了连续时间信道模型。在对带通通信系统建模时，使用系统的离散基带等效表示会很方便。在发射机处，带宽为 $B=M\Delta f$ 的信号被上变频为载波频率 f_c 的带通信道，假设 $f_c\gg B$。在接收器处，信号经过信道传输后被下变频为基带信号，并以 $f_s=B=M\Delta f$ 的频率进行采样，每帧持续时间为 NT，产生了 NM 个采样点。

通过在 $t=qT/M$ 处对接收到的波形 $r(t)$ 进行采样，其中 $q=0,\cdots,NM-1$，并将时延变量 τ 离散化为 $\tau=lT/M(l=0,\cdots,M-1)$，我们将其代入式(2.16)中，得到离散时延时间基带信道响应为

$$g^{\mathrm{s}}[l,q]=g(lT/M,qT/M)=\sum_{\ell\in\mathcal{L}}\Big(\sum_{\kappa\in\mathcal{K}_\ell}\nu_\ell(\kappa)z^{\kappa(q-l)}\Big)\operatorname{sinc}(l-\ell) \tag{2.19}$$

其中，$\operatorname{sinc}(x)=\sin(\pi x)/(\pi x)$ 且 $z=\mathrm{e}^{\frac{\mathrm{j}2\pi}{NM}}$。因此，离散时延-时间输入输出关系为

$$r[q]=r(qT/M)=\sum_{l=0}^{M-1}g^{\mathrm{s}}[l,q]s[q-l] \tag{2.20}$$

请注意，由于分数时延，接收器的采样会在不同时延的多普勒响应之间引入干扰。这是由于在分数时延点($\ell\in\mathcal{L}$)时延-时间响应的 sinc 重建。然而，在典型的宽带系统中，信道路径时延可以近似为 T/M 的整数倍，而不会损失精度，即 $\ell=l\in\mathbf{Z}$，式(2.19) 中的 sinc 函数简化为

$$\operatorname{sinc}(l-\ell)=\begin{cases}1, & \ell=l\\ 0, & \text{其他}\end{cases} \tag{2.21}$$

因此，在式(2.19) 中，对于每个整数时延抽头 l，实际多普勒响应与采样时域信道之间的关系化简为

$$g^{\mathrm{s}}[l,q]=\begin{cases}\sum_{\kappa\in\mathcal{K}_l}\nu_l(\kappa)z^{\kappa(q-l)}, & \ell=l\in\mathcal{L}\\ 0, & \text{其他}\end{cases} \tag{2.22}$$

在这里，我们提醒读者，接收机看到的信道取决于实际信道响应以及接收机的工作参数(时延分辨率)。此外，我们将 $l_{\max}=\max(\mathcal{L})$ 表示为最大信道时延抽头。

图 2-4 分别显示了静态和移动信道的时延-时间信道，对于整数延迟抽头 $\mathcal{L}=\{0,1,2\}$，使用抽头延迟线(TDL)模型表示。对于图 2-4(a) 中的静态情况，由于从式(2.18)可以看

出，当 κ 不等于 0 时，$\nu_l(\kappa)=0$，所以每个时延抽头对应的信道抽头 l 保持不变。然而，对于图 2-4(b) 中的时变信道情况，每个时延抽头系数是同一时延抽头内不同多普勒路径的总和，每个路径都受时变相位旋转的影响。

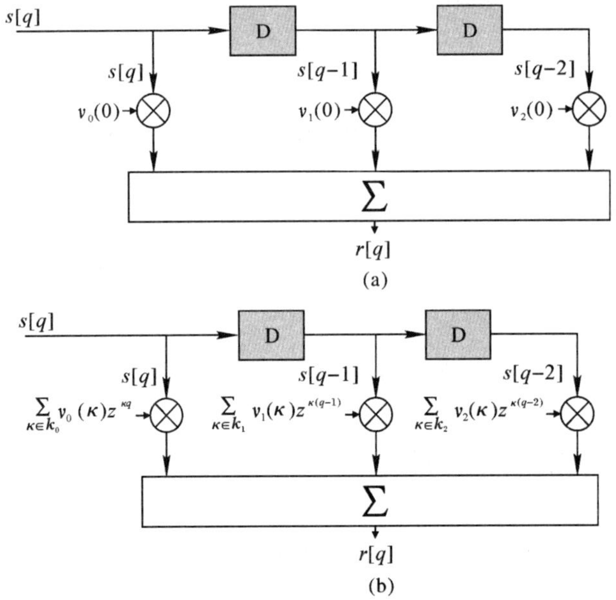

图 2-4　具有整数时延抽头的静态和高移动性信道的 TDL 模型，其中 $\mathcal{L}=\{0,1,2\}$

(a)线性时不变信道；(b)线性时变信道

2.4　不同信道表达之间的关系

从前面的章节可知，当 $s(t)$ 传输的是时域信号时，接收信号 $r(t)$ 存在的时变多径信道(也称为双色散信道)可以写为

$$r(t)=\int_{\tau} g(\tau,t)s(t-\tau)\,\mathrm{d}\tau \tag{2.23}$$

$$=\int_{f} H(f,t)S(f)\mathrm{e}^{\mathrm{j}2\pi ft}\,\mathrm{d}f \tag{2.24}$$

$$=\int_{\nu}\int_{\tau} h(\tau,\nu)s(t-\tau)\mathrm{e}^{\mathrm{j}2\pi\nu t}\,\mathrm{d}\tau\mathrm{d}\nu \tag{2.25}$$

式中：$S(f)$ 是 $s(t)$ 的傅里叶变换。

式(2.23)～式(2.25) 中的 3 个等式关系可以解释如下：式(2.23) 中的信道 $g(\tau,t)$ 表示随时间变化的脉冲响应，该关系可以看作是 LTI 系统的直接推广。式(2.24) 中描述了时频信道，并且基于 OFDM 的系统由该关系定义。最后，式(2.25) 中描述了时延多普勒信道，并且 OTFS 系统基于此关系。

现在，时频$[H(f,t)]$和时延多普勒$[h(\tau,\nu)]$信道响应之间的关系可以通过一对二维辛傅里叶变换(SFT)表示：

$$h(\tau,\nu)=\mathrm{SFT}\{H(f,t)\}=\iint H(f,t)\mathrm{e}^{-\mathrm{j}2\pi(\nu t-f\tau)}\mathrm{d}t\mathrm{d}f \tag{2.26}$$

$$H(f,t)=\mathrm{ISFT}\{h(\tau,\nu)\}=\iint h(\tau,\nu)\mathrm{e}^{\mathrm{j}2\pi(\nu t-f\tau)}\mathrm{d}\tau\mathrm{d}\nu \tag{2.27}$$

其中，式(2.26)和式(2.27)分别定义了 SFT 和 ISFT 变换。

图 2-5 和图 2-6 说明了在线性时变和时不变信道情况下，延迟多普勒信道响应相比于时频信道响应具有稀疏性。

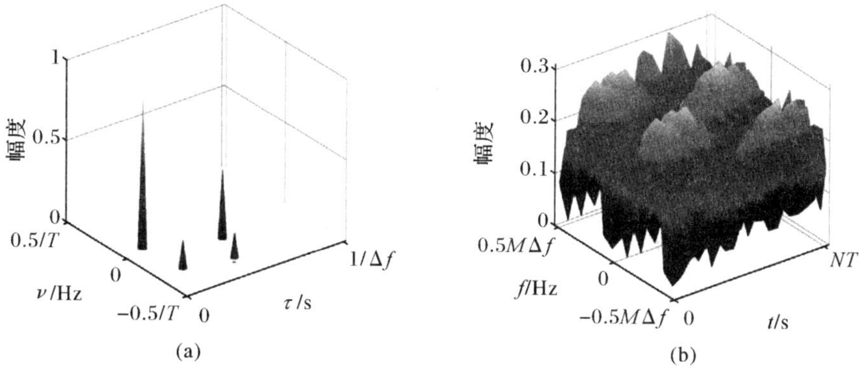

图 2-5　高移动性多径信道(线性时变)的连续时延多普勒与时频信道表示

(a)$h(\tau,\nu)$；(b)$H(f,t)$

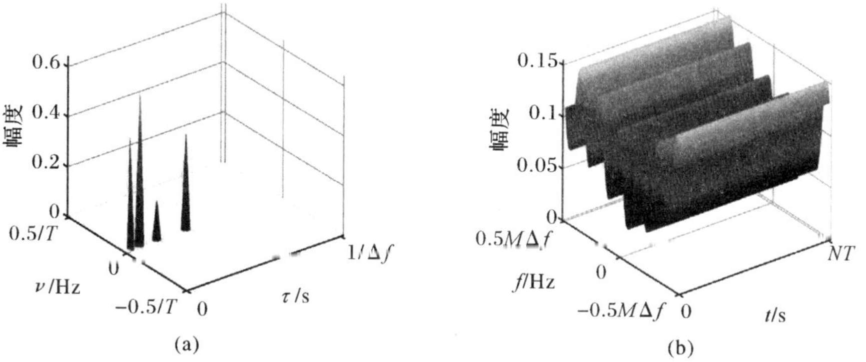

图 2-6　静态多径信道(线性时不变)的连续时延多普勒与时频信道表示

(a)$h(\tau,\nu)$；(b)$H(f,t)$

在时延多普勒平面上的非零位置(τ,ν)处的时延多普勒平面中的非零系数表示具有相应时延和多普勒频移的路径的传播增益的大小。在该示例下的路径数设置为 $P=4$。可以看出，图 2-5 中对应的频时信道是时变的，因此需要更多的时频系数来准确表示信道。然而，对于静态信道，频率-时间信道是时不变的，具有 P 条路径，如图 2-6 所示。如时延多普勒表示所示，所有路径都具有多普勒频移 $\nu_i=0$，其中 $i=1,\cdots,P$。图 2-6 表示频率选择性信道，而图 2-5 是时间和频率选择性的，或者说是双重选择性的。

综上所述，图 2-7 说明了文献中定义的 4 个等效时变多径信道之间的关系，其中 $\mathcal{F}$ 表示傅里叶运算，$B(f,\nu)$表示多普勒变频响应。

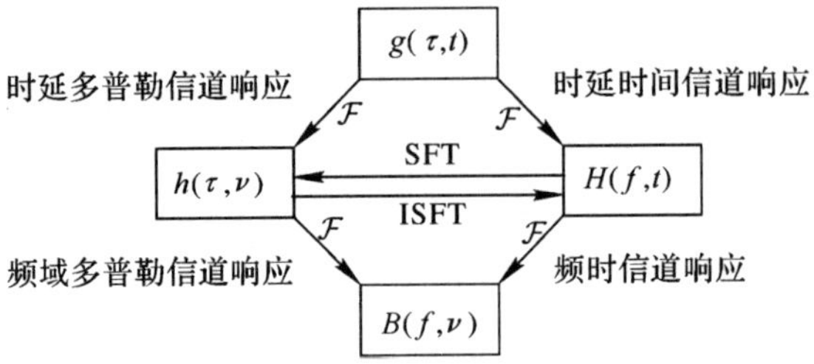

图 2-7 时变多径信道脉冲响应 $g(\tau,t)$的不同域表示，也表示为时延时间信道响应

2.5 数值仿真中的信道模型

我们采用如图 2-4(b)所示的无线信道抽头时延线模型进行仿真。信道增益 g_i 被建模为循环对称高斯复数随机变量①，当 $i=1,2,\cdots,P$ 时，它在所有路径上都是独立的，其包络为瑞利分布，方差为 σ_i^2。通常，可以使用传播环境的功率时延分布和最大多普勒扩展来指定信道特性。

2.5.1 标准无线移动多径传播场景

在这里，我们列出了一些标准的 3GPP 多径衰落信道数据表，这些数据表将在后面的章节中用于生成仿真的信道模型。此处列出的衰落模型代表低、中和高时延扩展环境。功率时延分布在表 2-2～表 2-4 中给出。

表 2-2 扩展行人 A(EPA)模型

额外抽头时延/ns	0	30	70	90	110	190	410
相对功率/dB	0.0	−1.0	−2.0	−3.0	−8.0	−17.2	−20.8

表 2-3 扩展车辆 A(EVA) 模型

过度抽头时延/ns	0	30	150	310	370	710	1 090	1 730	2 510
相对功率/dB	0.0	−1.5	−1.4	−3.6	−0.6	−9.1	−7.0	−12.0	−16.9

表 2-4 扩展典型城市(ETU) 模型

过度抽头时延/ns	0	50	120	200	230	500	1 600	2 300	5 000
相对功率/dB	−1.0	−1.0	−1.0	0.0	0.0	0.0	−3.0	−5.0	−7.0

令 $\nu_{\max}=f_c u_{\max}/c$ 为整体多径信道的最大多普勒频移。我们假设单个多普勒频移与第 i 条时延路径相关联，并遵循经典 Jakes 频谱，即 $\nu_i=\nu_{\max}\cos\theta_i$，其中 θ_i 均匀分布在 $[-\pi,\pi]$上。Matlab®代码用于生成特定 UE 速度 $u_{\max}$ 的延迟多普勒信道系数，在附录 C 的 Matlab 代码 6 中给出。

① 复数信道增益为 $g_i=a_i+jb_i$，其中 a_i 和 b_i 是均值为零、方差为$\frac{\sigma_i^2}{2}$、独立同分布的高斯随机变量，即 $a_i,b_i\sim\mathcal{N}\left(0,\frac{\sigma_i^2}{2}\right)$。

2.5.2 综合传播场景

为了研究多路径对某些模拟中误码性能的影响，我们提出了一个简单的信道模型，该模型 $|\mathcal{L}|$ 具有不同的延迟路径，在间隔 $[0,\tau_{\max}]$ 内随机选择，且路径增益相等。每个延迟指标可以有多个具有不同多普勒频移的路径，均匀分布在 $[-\nu_{\max},\nu_{\max}]$ 区间内。在这里让我们回忆一下，$\mathcal{K}_\ell$ 是包含所有归一化时延路径 l 的多普勒频移的集合，其中，$\ell\in\mathcal{L}$。总路径数为 $P=\sum_{\ell\in\mathcal{L}}|\mathcal{K}_\ell|$。请注意，此场景不太可能在任何物理信道中找到，而纯粹用于研究在一组简单的受控参数下的接收机性能。请参阅附录 C 中的 Matlab 代码 7，该代码用于生成任意延迟和多普勒扩展的合成信道参数。

2.6 参考文献及注释

我们假设读者熟悉数字通信的基本概念[1-3]。关于本章阐述的更基本的理解可以在文献[4－10]中找到。关于 3GPP 标准信道模型的更多细节可在文献[11]中找到。在文献[12]中给出了用于无线通信的 OFDM 通用技术。OTFS 调制首次由 Hadani 等人在 2017 年 IEEE 无线通信与网络会议[13]上提出。在文献[14－20]中讨论了不同域在不同格式下的信道表示。

【参考文献】

[1] B. Sklar, F. J. Harris, Digital Communications: Fundamentals and Applications, Prentice-Hall, 1988.

[2] S. Benedetto, E. Biglieri, Principles of Digital Transmission with Wireless Applications, Springer US, 2002.

[3] J. G. Proakis, M. Salehi, Digital Communications, McGraw-Hill, 2008.

[4] B. Sklar, Rayleigh fading channels in mobile digital communication systems. I. Characterization, Philips Journal of Research 35(7)(1997) 90－100.

[5] D. Tse, P. Viswanath, Fundamentals of Wireless Communication, 3rd edition, Cambridge University Press, 2005.

[6] A. Goldsmith, Wireless Communications, Cambridge University Press, 2005.

[7] G. Matz, F. Hlawatsch, Time-varying communication channels: fundamentals, recent developments, and open problems, in: 2006 14th European Signal Processing Conference, 2006, pp. 1－6.

[8] F. Hlawatsch, G. Matz, Wireless Communications over Rapidly Time-Varying Channels, 1st edition, Academic Press, Inc., USA, 2011.

[9] A. F. Molisch, Wireless Communications, second edition, John Wiley & Sons, 2011.

[10] P. Montezuma, F. Silva, R. Dinis, Frequency-Domain Receiver Design for Doubly

Selec-tive Channels, Taylor & Francis, 2017.

[11] European Telecommunications Standards Institute.

[12] Y. G. Li, G. L. Stuber, Orthogonal Frequency Division Multiplexing for Wireless Communications, Springer, 2006.

[13] R. Hadani, S. Rakib, M. Tsatsanis, A. Monk, A. J. Goldsmith, A. F. Molisch, R. Calderbank, Orthogonal time frequency space modulation, in: 2017 IEEE Wireless Communications and Networking Conference(WCNC), 2017, pp. 1 - 6.

[14] P. Raviteja, K. T. Phan, Y. Hong, E. Viterbo, Interference cancellation and iterative detection for orthogonal time frequency space modulation, IEEE Transactions on Wireless Communications 17(10)(2018) 6501 - 6515, https://doi. org/10. 1109/TWC. 2018. 2860011.

[15] K. R. Murali, A. Chockalingam, On OTFS modulation for high-Doppler fading channels, in: 2018 Information Theory and Applications Workshop(ITA), 2018, pp. 1 - 6.

[16] P. Raviteja, Y. Hong, E. Viterbo, E. Biglieri, Practical pulse-shaping waveforms for reduced-cyclic-prefix OTFS, IEEE Transactions on Vehicular Technology 68(1) (2019) 957 - 961, https://doi. org/10. 1109/TVT. 2018. 2878891.

[17] A. Farhang, A. RezazadehReyhani, L. E. Doyle, B. Farhang-Boroujeny, Low complexity modem structure for OFDM-based orthogonal time frequency space modulation, IEEE Wireless Communications Letters 7(3)(2018) 344 - 347, https://doi. org/10. 1109/LWC. 2017. 2776942.

[18] A. Rezazadehreyhani, A. Farhang, A. Ji, R. R. Chen, B. Farhang-Boroujeny, Analysis of discrete-time MIMO OFDM-based orthogonal time frequency space modulation, in: 2018 IEEE International Conference on Communications, 2018, pp. 1 - 6.

[19] W. Shen, L. Dai, J. An, P. Z. Fan, R. W. Heath, Channel estimation for orthogonal time frequency space(OTFS) massive MIMO, IEEE Transactions on Signal Processing 67(16)(2019) 4204 - 4217, https://doi. org/10. 1109/TSP. 2019. 2919411.

[20] T. Thaj, E. Viterbo, Y. Hong, Orthogonal time sequency multiplexing modulation: analysis and low-complexity receiver design, IEEE Transactions on Wireless Communications 20(12)(2021) 7842 - 7855, https://doi. org/10. 1109/TWC. 2021. 3088479.

第3章 OFDM 综述及其局限性

章节要点

- ▲ OFDM 调制解调。
- ▲ OFDM 的优缺点。
- ▲ 高移动性信道中的 OFDM 问题。

3.1 引言

正交频分复用(OFDM) 是一种广泛使用的调制方案,它构成了 4G/5G 移动通信系统的基础。在宽带多载波方案中,信息符号被多路复用在紧密间隔的正交子载波上进行复用。只要无线信道不干扰子载波的正交性,就允许数据在并行信道上进行传输。这种数据传输的主要优点是正交性属性在接收器端允许使用单抽头均衡器来检测传输的数据。因此,它为静态多径无线信道等频率选择信道的可靠通信提供了一种低复杂度的解决方案。

尽管具有循环前缀(CP) 的 OFDM 已成为 4G/5G 系统的主要候选波形,但它也受到一些限制,如高峰均比(PAPR)、带外(OOB)泄露、对载波频率偏移(CFO) 的敏感性以及高移动性无线信道中正交性的严重损失。其中一些问题可以通过修改 OFDM 来缓解,例如,通用滤波多载波(UFMC) 或滤波器组多载波(FBMC)。这些都是基于在几个独立的子载波上传播信息符号的想法。广义频分复用(GFDM) 等其他方案已经开发出来,其中信息符号使用非正交变换(过滤)分布在子载波和时隙上。

尽管 OFDM 有许多变体,但大多数方案都可以归纳为脉冲整形 OFDM(PS - OFDM)。在本章中,我们首先讨论具有任意脉冲整形的一般 OFDM 结构。然后我们主要关注具有矩形脉冲整形波形的 PS - OFDM,以及标准循环前缀 OFDM(CP - OFDM)。

3.2 OFDM 系统模型

考虑一个 $M \times N$ OFDM 系统,其中 M 和 N 分别表示子载波和时隙的数量。OFDM 信号的总带宽为 $B = M\Delta f$,占用帧持续时间为 $T_f = NT = NMT_s$,其中的 $\Delta f = 1/T$ 表示子载波间隔,$T = MT_s$ 表示 OFDM 符号持续时间。这里 $T_s = 1/f_s$ 是采样间隔,f_s 是采样

频率。

我们考虑静态多径信道，其中 $\tau_{\max}$ 是最大延迟扩展，$l_{\max}<M$ 是最大信道延迟抽头。通常，OFDM 采用足够长度的 CP，即 $L_{CP}\geqslant l_{\max}$ 以实现可靠通信。在本章中，我们选择 $L_{CP}=l_{\max}$。

3.2.1 广义多载波调制

在采样间隔为 T、采样点为 $\Delta f=1/T$ 的离散时间-频率域中，可以用一个 $M\times N$ 的点阵来表示，如图 3-1 所示：

$$\Lambda=\{(m\Delta f,nT),m=0,1,\cdots,M-1,n=0,1,\cdots,N-1\}$$

M,N 为正整数。

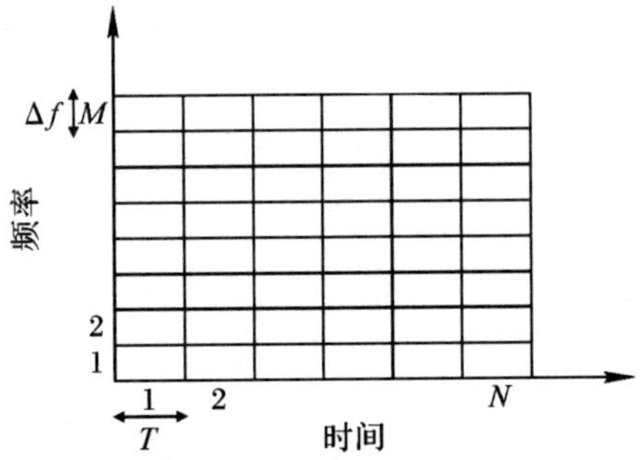

图 3-1 离散时频网格(Λ)

我们定义时频平面中的信息符号矩阵 $\boldsymbol{X}$，元素 $\boldsymbol{X}[m,n]$，$m=0,1,\cdots,M-1$，$n=0,1,\cdots,N-1$，取自大小为 Q 的 QAM 字母表 $\mathbb{A}=\{a_1,\cdots,a_Q\}$。$\boldsymbol{X}$ 的每一列包含 N 个 OFDM 符号。

基于 OFDM 的多载波调制的传输信号由下式给出：

$$s(t)=\sum_{n=0}^{N-1}\sum_{m=0}^{M-1}\boldsymbol{X}[m,n]g_{tx}(t-nT)e^{j2\pi m\Delta f(t-nT)} \tag{3.1}$$

式中：$g_{tx}(t)$，$0\leqslant t<T$ 表示连续时间发送信号的脉冲整形波形。

如第 1 章所讨论的，发送端使用一组基带信号，通过参数化的索引 m 和 n 来复用信息符号：

$$\boldsymbol{\Psi}_{TX}=\{\psi_{m,n}(t)\}=\{g_{tx}(t-nT)e^{j2\pi m\Delta f(t-nT)}\}_{0\leqslant m<M,0\leqslant n<N}$$

其中，对于 $0\leqslant t<T$，$g_{tx}(t)\geqslant 0$，否则为零。为了解复用信息，接收使用接收端基带信号：

$$\boldsymbol{\Psi}_{RX}=\{\phi_{m,n}(t)\}=\{g_{rx}(t-nT)e^{j2\pi m\Delta f(t-nT)}\}_{0\leqslant m<M,0\leqslant n<N}$$

其中，对于 $0\leqslant t<T$，$g_{rx}(t)\geqslant 0$，否则为零。

由于 $T\Delta f=1$，所以两个基是正交的，即 $\langle\psi_{m,n}(t),\psi_{m',n'}(t)\rangle=\delta_{m,m'}\delta_{n,n'}$，以及 $\langle\phi_{m,n}(t),\phi_{m',n'}(t)\rangle=\delta_{m,m'}\delta_{n,n'}$，其中信号 $a(t)$ 和 $b(t)$ 的标量积定义为

$$\langle a(t),b(t)\rangle=\int_{-\infty}^{+\infty}a(t)b^*(t)dt$$

其中，$b^*(t)$ 是 $b(t)$ 的复共轭，如果 $b(t)$ 是实数，则 $b^*(t)=b(t)$。

我们定义两个信号 $g_1(t)$ 和 $g_2(t)$ 之间的交叉歧义模糊为

$$A_{g_1,g_2}(f,t)\xlongequal{\text{def}}\int g_1(t')g_2^*(t'-t)e^{-j2\pi f(t'-t)}dt' \tag{3.2}$$

假设 $r(t)$ 是信号 $s(t)$ 经过时频选择性无线信道后接收到的时域信号。接收到的时频样本通过将 $r(t)$ 投影到每个接收端基带信号 $\phi_{m,n}(t)$ 上获得，即计算交叉模糊函数 $A_{r,g_{\mathrm{rx}}}(f,t)$ 并在 Λ 中的网格点上进行采样，得到

$$\left.\begin{aligned} Y(f,t) &= A_{r,g_{\mathrm{rx}}}(f,t) \overset{\mathrm{def}}{=\!=\!=} \int r(t) g_{\mathrm{rx}}^{*}(t'-t)\,\mathrm{e}^{-\mathrm{j}2\pi f(t'-t)}\,\mathrm{d}t' \\ \boldsymbol{Y}[m,n] &= Y(f,t)\big|_{f=m\Delta f,\,t=nT} \end{aligned}\right\} \tag{3.3}$$

脉冲整形波形的交叉模糊函数 $A_{g_{\mathrm{tx}},g_{\mathrm{rx}}}$ 决定了 Ψ_{TX} 和 Ψ_{TX} 是否是双正交的，即是否满足

$$\langle g_{\mathrm{tx}}(t-n'T)\mathrm{e}^{-\mathrm{j}2\pi m'\Delta f t}, g_{\mathrm{rx}}(t-nT)\mathrm{e}^{-\mathrm{j}2\pi m\Delta f t}\rangle = \delta_{n,n'}\delta_{m,m'} \tag{3.4}$$

$m=0,1,\cdots,M-1$，$n=0,1,\cdots,N-1$。在这种情况下，样本 $\boldsymbol{Y}[m,n]$ 不会受到符号间干扰的影响，可以通过符号逐个检测来恢复信息符号，就像第 1 章所讨论的那样。如果交叉模糊函数为以下形式，则可以保证双正交性：

$$A_{g_{\mathrm{tx}},g_{\mathrm{rx}}}(f,t)=\delta(f)\delta(t) \tag{3.5}$$

然而，这样的交叉模糊函数在物理上不可实现，仅对应于理想的脉冲整形波形 g_{tx} 和 g_{rx} 成立，而这些理想波形在实践中不幸并不存在。

例如，让我们考虑实际的脉冲整形波形 $g_{\mathrm{tx}}(t)$ 和 $g_{\mathrm{rx}}(t)$ 是持续时间 T 的单位能量方波脉冲，则有

$$A_{g_{\mathrm{tx}},g_{\mathrm{tx}}}(f,t)=\begin{cases} \dfrac{\mathrm{j}}{2\pi fT}(1-\mathrm{e}^{\mathrm{j}2\pi|f|t}), & 0\leqslant t<T \\ \dfrac{\mathrm{j}}{2\pi fT}(1-\mathrm{e}^{\mathrm{j}2\pi|f|(2T-t)}), & T\leqslant t<2T \end{cases} \tag{3.6}$$

交叉模糊度函数的幅度如图 3-2 所示，其沿不同频率和时间的截面如图 3-3 和图 3-4 所示。

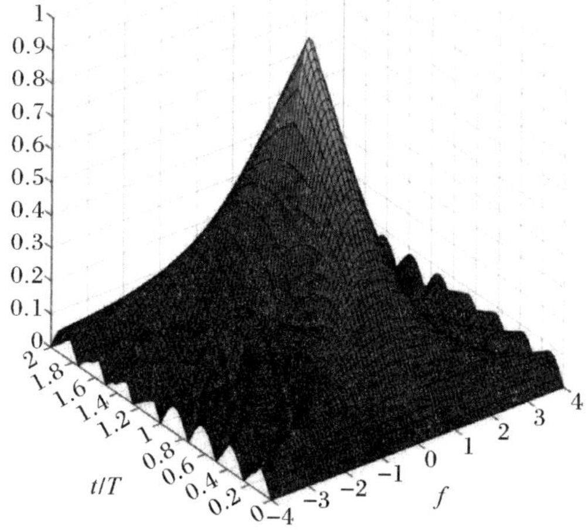

图 3-2　方波脉冲交叉模糊函数的幅度

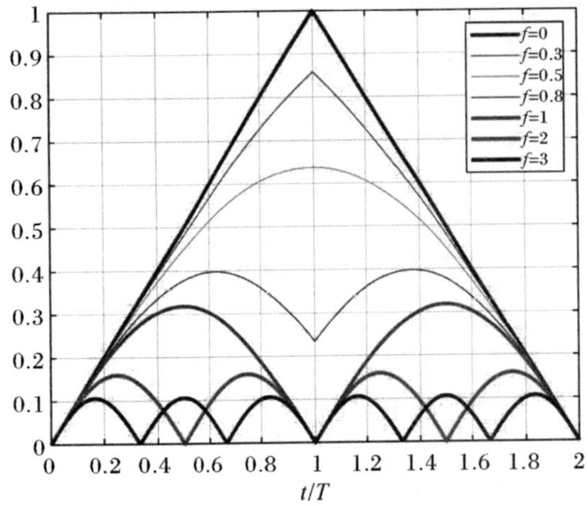

图 3-3　对于不同的 f 值，方波脉冲的交叉歧义函数的大小

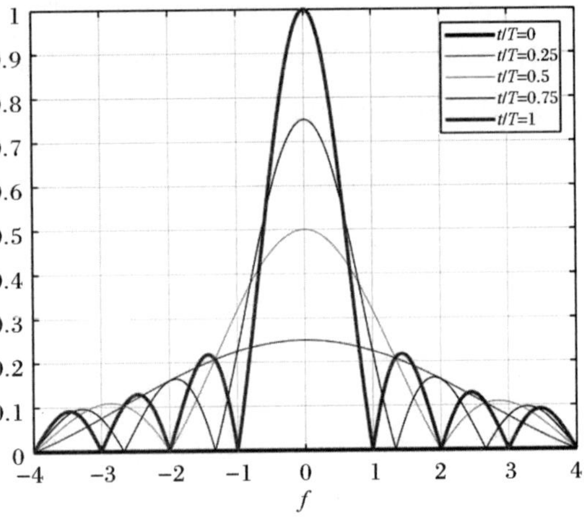

图 3-4　方波脉冲在不同 t/T 时的交叉模糊函数幅度

图 3-5 说明了对于时间偏移整数倍的 T 或频率偏移整数倍的 Δf，交叉模糊函数的零点包括网格 Λ 上的所有点(红色圆圈)。

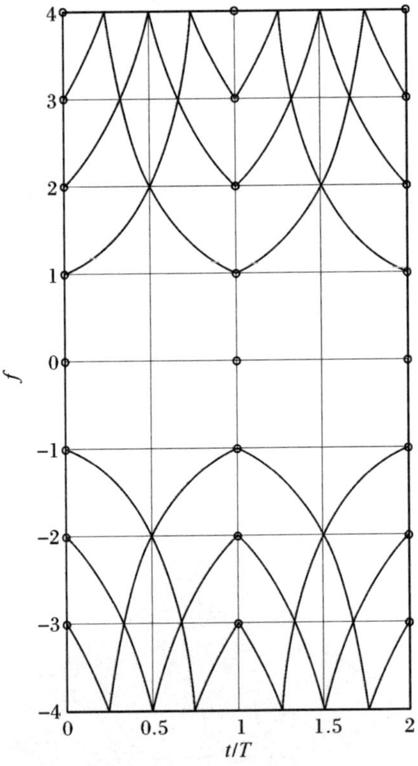

图 3-5　时频平面中交叉模糊度函数的零点

假设信道对传输的基信号 $\psi_{m',n'}=g_{tx}(t-n'T)e^{-j2\pi(m'\Delta f)(t-n'T)}$ 引入延迟 τ_0 和多普勒频移 ν_0，则对于 $m\neq m'$ 且 $n\neq n'$，与 $\phi_{m,n}(t)$ 的相关性为

$$\langle g_{tx}(t-n'T-\tau_0)e^{-j2\pi(m'\Delta f+\nu_0)(t-n'T-\tau_0)}, g_{rx}(t-nT)e^{-j2\pi m\Delta ft}\rangle$$
$$=A_{g_{rx},g_{tx}}((m-m')\Delta f+\nu_0,(n-n')T-\tau_0) \tag{3.7}$$

其中，对于任意的 $0<\tau_0<T$ 和 $0<\nu_0<\Delta f$ 都非零。

这会导致 ISI 和不可避免的性能下降，特别是在考虑具有非零 τ_0 和 ν_0 的高移动性信道时。可以设计特定的脉冲整形波形 g_{tx} 和 g_{rx} 来部分缓解这种性能下降。这些方法属于广义的 PS - OFDM 系统类别。

在本章中，我们将重点介绍在静态多径信道上使用矩形脉冲整形波形的 PS - OFDM，即传统的 CP - OFDM。

3.2.2 OFDM 发射机

图 3 - 6 和图 3 - 7 展示了发射机和接收机的框图，其中包含了大小为 Q 的 QAM 调制字母表$\mathbb{A}=\{a_1,\cdots,a_Q\}$中的 NM 个信息符号。QAM 信息符号在时频平面(M 个子载波和 N 个时隙)中排列，形成一个信息符号矩阵 $\boldsymbol{X}\in\mathbf{C}^{M\times N}$，其中包含 N 个 OFDM 符号。

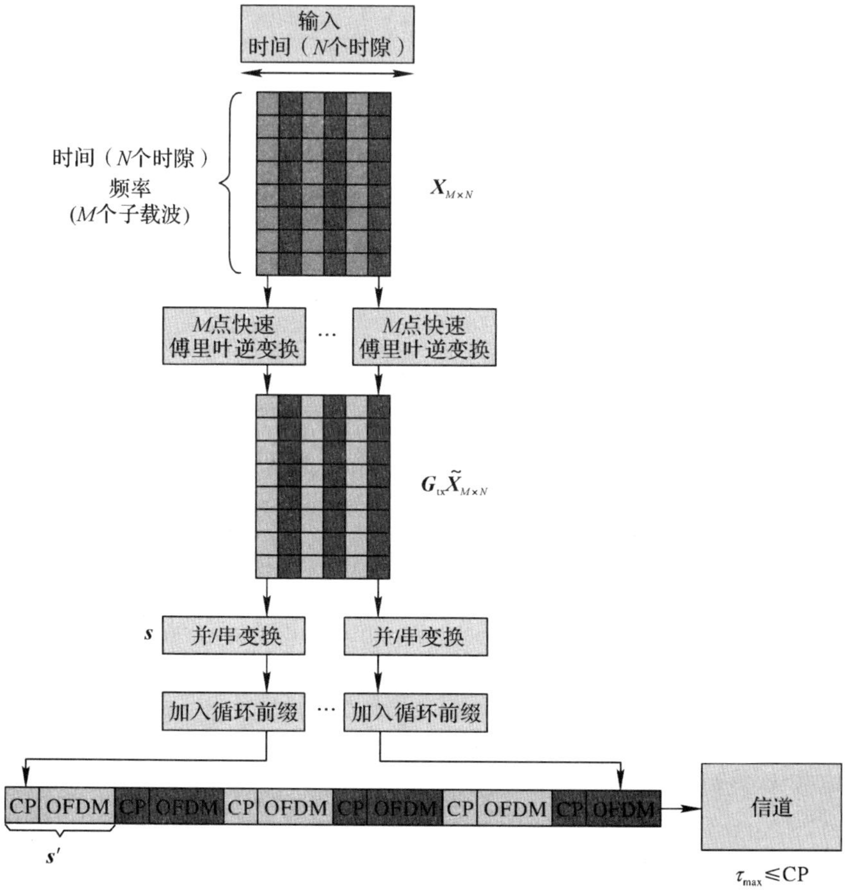

图 3 - 6　OFDM 发射机

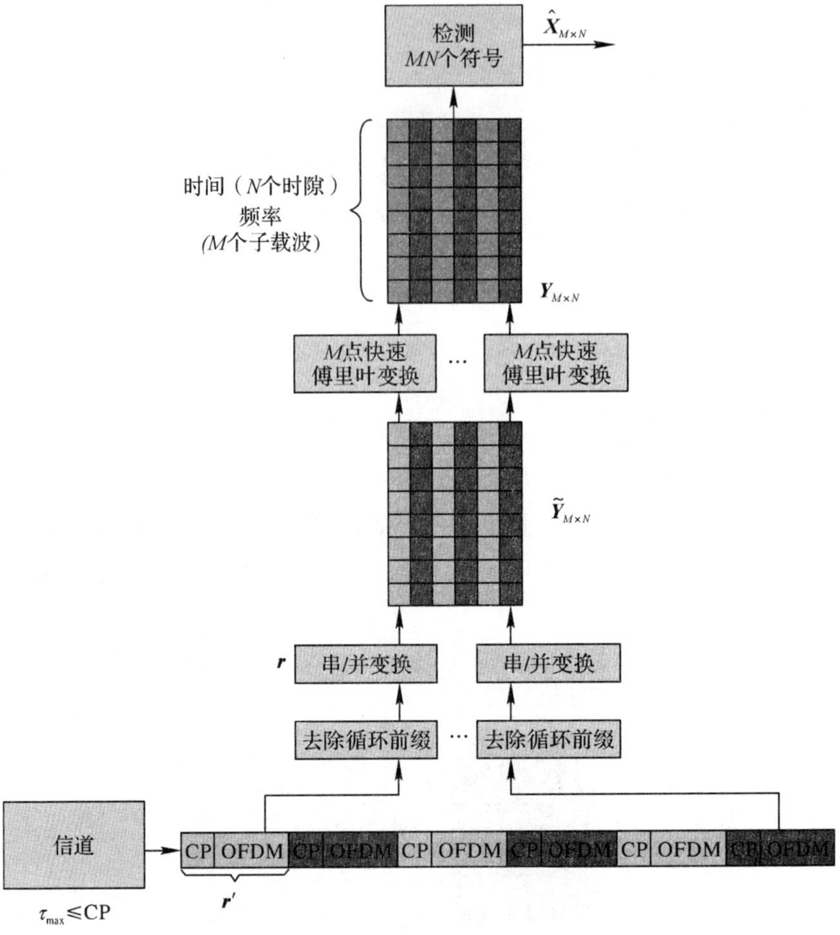

图 3-7　OFDM 接收机

为了简化我们的解释，我们在本章的其余部分仅考虑一个 OFDM 符号（即 $N=1$）。然后，我们将 $\boldsymbol{X}$ 的一列表示为

$$\boldsymbol{x}=[\boldsymbol{x}[0],\cdots,\boldsymbol{x}[M-1]]^{\mathrm{T}}\in\mathbf{C}^{M\times 1}$$

其中，$\boldsymbol{x}[m]\in\mathbb{A}$，$m=0,\cdots,M-1$。

对 $\boldsymbol{x}$ 采用于 M 点快速傅里叶逆变换（IFFT），表示为 $\boldsymbol{F}_M^{\dagger}$，得到时域 OFDM 符号向量为

$$\tilde{\boldsymbol{x}}=[\tilde{\boldsymbol{x}}[0],\cdots,\tilde{\boldsymbol{x}}[M-1]]^{\mathrm{T}}=\boldsymbol{F}_M^{\dagger}\boldsymbol{x}\in\mathbf{C}^{M\times 1} \tag{3.8}$$

将这些时域 OFDM 符号向量堆叠起来形成矩阵 $\tilde{\boldsymbol{X}}\in\mathbf{C}^{M\times N}$。然后，将脉冲塑形波形 g_{tx} 应用于 $\tilde{\boldsymbol{X}}$，得到时域矩阵 $\boldsymbol{G}_{\mathrm{tx}}\tilde{\boldsymbol{X}}$，其中对角线矩阵$\boldsymbol{G}_{\mathrm{tx}}$ 的元素是 $g_{\mathrm{tx}}(t)$的样本。

$$\boldsymbol{G}_{\mathrm{tx}}=\mathrm{diag}\,[g_{\mathrm{tx}}(0),g_{\mathrm{tx}}(T/M),\cdots,g_{\mathrm{tx}}((M-1)T/M)]\in\mathbf{C}^{M\times M} \tag{3.9}$$

对于矩形脉冲整形波形，它可以简化为

$$\boldsymbol{G}_{\mathrm{tx}}=\boldsymbol{I}_M,\quad \boldsymbol{G}_{\mathrm{tx}}\tilde{\boldsymbol{X}}=\tilde{\boldsymbol{X}} \tag{3.10}$$

其中，$\boldsymbol{I}_M$ 是 $M\times M$ 单位矩阵。并串转换后，$\tilde{\boldsymbol{X}}$ 的每一列是 OFDM 符号向量，由下式给出：

$$\boldsymbol{s}=[\boldsymbol{s}[0],\cdots,\boldsymbol{s}[M-1]]^{\mathrm{T}}=\tilde{\boldsymbol{x}}\in\mathbf{C}^{M\times 1} \tag{3.11}$$

长度为 $L_{CP}=l_{\max}$ 的 CP，表示为 $\boldsymbol{s}_{CP}=[\boldsymbol{s}[M-l_{\max}],\cdots,\boldsymbol{s}[M-1]]^{\mathrm{T}}$，被添加到每个 $\boldsymbol{s}$ 以获得 $\boldsymbol{s}'=[\boldsymbol{s}_{CP}^{\mathrm{T}},\boldsymbol{s}^{\mathrm{T}}]$。

经过数模转换和上变频后，带通信号经过静态多径信道传输。

3.3 FDM 频域输入输出关系

具有 P 条不同延迟路径的静态多径信道的基带等效信道脉冲响应，由下式给出：

$$h(t)=\sum_{i=1}^{P}g_i\delta(t-\tau_i) \tag{3.12}$$

其中，g_i 和 τ_i 分别表示第 i 条路径的复杂路径增益和延迟。在采样频率为 f_s 时，我们设 $l_i=\lfloor\tau_i f_s\rfloor\in[0,l_{\max}]$ 为第 i 条路径的延迟分量，其中 $i=1,2,\cdots,P$。然后，离散时间等效信道向量可以表示为 $\boldsymbol{h}'=[h_0,\cdots,h_l,\cdots,h_{l_{\max}}]^{\mathrm{T}}$，其中：

$$h_l=\begin{cases}g_i, & l=l_i\\ 0, & l\neq l_i\end{cases},i=1,2,\cdots,P \tag{3.13}$$

在下变频和模数(AD)转换后(见图 3-7)，每个时隙(包括 CP)的等效基带信号由下式给出：

$$\boldsymbol{r}'=\boldsymbol{h}'*\boldsymbol{s}'+\boldsymbol{w}' \tag{3.14}$$

其长度为 $M+l_{\max}$，其中 $\boldsymbol{w}'$ 是相同长度的 AWGN 噪声向量。在从 $\boldsymbol{r}'$ 中移除前 $l_{\max}$ 个样本并进行串并转换(SP 转换)之后，我们得到了时域接收信号样本：

$$\boldsymbol{r}=[\boldsymbol{r}[0],\cdots,\boldsymbol{r}[M-1]]^{\mathrm{T}}=[\boldsymbol{r}'[l_{\max}],\cdots,\boldsymbol{r}'[M+l_{\max}-1]]^{\mathrm{T}}\in\mathbf{C}^{M\times 1} \tag{3.15}$$

相当于 $\boldsymbol{h}$ 和 $\boldsymbol{s}$ 两个循环卷积，长度为 M 的向量，即

$$\boldsymbol{r}=\boldsymbol{h}\circledast\boldsymbol{s}+\boldsymbol{w} \tag{3.16}$$

其中，$\boldsymbol{h}=[\boldsymbol{h}[0],\cdots,\boldsymbol{h}[M-1]]=[h_0,\cdots,h_{l_{\max}},0,\cdots,0]$ 和 $\boldsymbol{w}$ 表示长度为 M 的 AWGN 噪声向量。同样，在矩阵形式下，有

$$\boldsymbol{r}=\boldsymbol{H}\boldsymbol{s}+\boldsymbol{w} \tag{3.17}$$

$$\boldsymbol{H}=\sum_{i=1}^{P}g_i\boldsymbol{\Pi}^{l_i}=\underbrace{\begin{bmatrix}h_0 & 0 & \cdots & 0 & h_{l_{\max}} & h_{l_{\max}-1} & \cdots & h_1\\ h_1 & h_0 & \cdots & 0 & 0 & h_{l_{\max}} & \cdots & h_2\\ \vdots & \ddots & \ddots & \ddots & \ddots & \ddots & \ddots & \vdots\\ h_{l_{\max}-1} & \ddots & \ddots & \ddots & \ddots & \ddots & 0 & h_{l_{\max}}\\ h_{l_{\max}} & h_{l_{\max}-1} & \ddots & \ddots & \ddots & \ddots & \ddots & 0\\ 0 & h_{l_{\max}} & \ddots & \ddots & \ddots & \ddots & \ddots & \vdots\\ \vdots & \ddots & \ddots & \ddots & \ddots & \ddots & h_0 & 0\\ 0 & 0 & \cdots & h_{l_{\max}} & h_{l_{\max}-1} & \cdots & h_1 & h_0\end{bmatrix}}_{M\times M\text{循环矩阵}} \tag{3.18}$$

其中，$\boldsymbol{\Pi}^{l_i}$ 表示置换矩阵 $\boldsymbol{\Pi}$ 的第 l_i 步循环移位，如附录 B 所定义。

给定循环矩阵的特征值/特征向量分解(见附录 B.3),信道矩阵 $\boldsymbol{H}$ 被对角化为

$$\boldsymbol{H}=\sum_{i=1}^{P} g_i \boldsymbol{\Pi}^{l_i}=\boldsymbol{F}_M^{\dagger}\boldsymbol{D}\boldsymbol{F}_M \tag{3.19}$$

对角矩阵 $\boldsymbol{D}\in\mathbf{C}^{M\times M}$ 由下式给出:

$$\boldsymbol{D}=\mathrm{diag}(\boldsymbol{F}_M\boldsymbol{h})=\mathrm{diag}(\check{\boldsymbol{h}}) \tag{3.20}$$

其中,$\check{\boldsymbol{h}}=\boldsymbol{F}_M\boldsymbol{h}=[\check{h}[0],\cdots,\check{h}[M-1]]^{\mathrm{T}}\in\mathbf{C}^{M\times 1}$ 是频域信道响应。

将式(3.19)代入式(3.17)产生时域输入-输出关系:

$$\boldsymbol{r}=\boldsymbol{H}\boldsymbol{s}+\boldsymbol{w}=\boldsymbol{F}_M^{\dagger}\boldsymbol{D}\boldsymbol{F}_M\boldsymbol{s}+\boldsymbol{w} \tag{3.21}$$

从每个时隙收集列向量 $\boldsymbol{r}$ 并应用接收的矩形脉冲整形波形 g_{rx}(其矩阵形式为 $\boldsymbol{G}_{\mathrm{rx}}=\boldsymbol{I}_M$),得到矩阵 $\tilde{\boldsymbol{Y}}\in\mathbf{C}^{M\times N}$。对$\tilde{\boldsymbol{Y}}$ 的每一列应用 FFT 操作,我们得到频域接收信号向量 $\boldsymbol{y}$(是矩阵 $\boldsymbol{Y}\in\mathbf{C}^{M\times N}$ 的一列):

$$\boldsymbol{y}=\boldsymbol{F}_M\boldsymbol{r}=\boldsymbol{D}\boldsymbol{x}+\check{\boldsymbol{w}}=\check{\boldsymbol{h}}\circ\boldsymbol{x}+\check{\boldsymbol{w}} \tag{3.22}$$

其中,"$\circ$"表示逐元素乘法,$\check{\boldsymbol{w}}=\boldsymbol{F}_M\boldsymbol{w}$,$\boldsymbol{x}=\boldsymbol{F}_M\boldsymbol{s}$。由于 $\boldsymbol{F}_M$ 是酉矩阵,所以噪声向量 $\boldsymbol{w}$ 保持独立同分布。然后可以采用单抽头均衡器来估计 QAM 符号向量(矩阵 $\boldsymbol{X}$ 的一列 $\hat{\boldsymbol{X}}\in\mathbf{C}^{M\times N}$):

$$\hat{\boldsymbol{x}}=\mathcal{D}_{\mathbb{A}}(\boldsymbol{D}^{-1}\boldsymbol{y}) \tag{3.23}$$

其中,$\mathcal{D}_{\mathbb{A}}(\cdot)$表示 QAM 符号决策操作。最后,QAM 解映射器可用于恢复信息比特。

假设信道在多个 OFDM 符号期间是静态的,通过发送导频符号 $\boldsymbol{x}=\mathbf{1}_{M\times 1}$,可以使用接收信号 $\boldsymbol{y}[m]$ 轻松估计信道系数 $\check{\boldsymbol{h}}[m]$,$m=0,\cdots,M-1$。

3.4 OFDM 的优缺点

总之,OFDM 具有以下主要特点:

(1)OFDM 采用多个子载波来传输信息,在特定条件下,所有子载波相互正交。

(2)每个 OFDM 符号前加上长度为 $l_{\max}$ 的循环前缀(CP),以抵抗严重的多径信道时延扩展和干扰。

(3)循环前缀(CP)提供了与式(3.18)相同的循环信道矩阵结构,这使得单抽头均衡器能够抵抗严重的多径信道干扰。

总的来说,由于 FFT 和 CP,OFDM 实现了低复杂度的调制和解调。另外,OFDM 也有一些需要考虑的缺点。

3.4.1 高峰均功率比

PAPR 是 OFDM 传输符号中时域样本的最大功率与该符号的平均功率之间的比值。其定义为

$$\mathrm{PAPR_{dB}}\overset{\mathrm{def}}{=\!=}10\lg\frac{\max\{|\boldsymbol{s}[m]|^2\}}{E\{|\boldsymbol{s}[m]|^2\}},\quad m=0,\cdots,M-1 \tag{3.24}$$

其中

$$s[m]=\frac{1}{\sqrt{M}}\sum_{k=0}^{M-1}x[k]\mathrm{e}^{\frac{\mathrm{j}2\pi km}{M}}$$

注意到，$E(|x[k]|^2)=E_s$，$E(x[k])=0$，对于所有的 k，有

$$\begin{aligned}E(|s[m]|^2)&=E\left(\frac{1}{M}\sum_{k=0}^{M-1}\sum_{k'=0}^{M-1}x[k]x^*[k']\mathrm{e}^{\frac{\mathrm{j}2\pi(k-k')m}{M}}\right)\\&=\frac{1}{M}\sum_{k=0}^{M-1}\sum_{k'=0}^{M-1}E(x[k]x^*[k'])\mathrm{e}^{\frac{\mathrm{j}2\pi(k-k')m}{M}}\\&=\frac{1}{M}\Big(\sum_{k=0}^{M-1}\underbrace{E(|x[k]|^2)}_{=E_s}+\sum_{k=0}^{M-1}\sum_{k'=0,k'\neq k}^{M-1}\underbrace{E(x[k])E(x^*[k'])}_{=0}\mathrm{e}^{\frac{\mathrm{j}2\pi(k-k')m}{M}}\Big)\\&=E_s\end{aligned}\tag{3.25}$$

假设 $|x[k]|^2=A^2$，对于所有 k，，其中 A^2 表示峰值功率星座点：

$$A^2=\alpha E_s,\quad \alpha\geqslant 1$$

我们得到

$$\max(|s[m]|^2)=|s[0]|^2=\left|\frac{1}{\sqrt{M}}\sum_{k=0}^{M-1}x[k]\right|^2=MA^2\tag{3.26}$$

因此，式(3.24)变为

$$\mathrm{PAPR_{dB}}=\frac{MA^2}{E_s}=\alpha M\tag{3.27}$$

请注意，当 M 很大时，由于 IFFT 运算，即跨子载波的数据符号可以相加产生峰值信号，由于 $\alpha\geqslant 1$，PAPR 值可能非常高。高峰值可能导致功率放大器在非线性区域工作，从而导致系统性能下降。总之，OFDM PAPR 降低是一个关键问题，过去 20 年中已经开发了许多 PAPR 降低技术，如剪辑和滤波、单载波频分多址(SC - FDMA)、相位优化、载波保留和星座成型。

3.4.2 高带外带宽

在固定时隙，给定归一化角频率 $\hat{\omega}$ 并假设没有 CP，OFDM 系统输出信号的总瞬时频谱密度由下式给出：

$$S(\hat{\omega})=\sum_{m=0}^{M-1}H_m(\hat{\omega})S_{x[m]}(\hat{\omega})\tag{3.28}$$

式中：$S_{x[m]}(\hat{\omega})$是 $x[m]$ QAM 符号对应的频谱密度；$H_m(\omega_n)$是第 m 个子载波整形滤波器频率响应：

$$H_m(\hat{\omega})=\frac{\sin\left[M\left(\frac{\hat{\omega}}{2}-\frac{\pi m}{M}\right)\right]}{M\sin\left(\frac{\hat{\omega}}{2}-\frac{\pi m}{M}\right)}\tag{3.29}$$

假设 QAM 符号彼此不相关且具有单位能量，图 3 - 8 展示了没有循环前缀的 OFDM 信号的功率谱密度(PSD)$|S(\hat{\omega})|^2$，并且展示了高的带外辐射(−17 dB 的旁瓣)，这可能会

干扰相邻无线电信道上的通信。OFDM 的带外频谱根据 sinc 函数缓慢减小，一个 OFDM 符号的第二个瓣衰减为 13 dB，当 $M=20$ 时。文献中已经研究了大量的带外抑制技术，如滤波和加窗、载波消除、子载波加权、多选序列技术以及各种预编码技术。

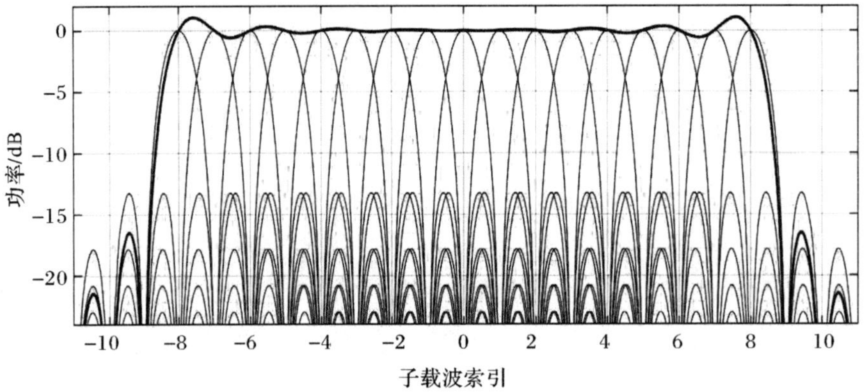

图 3-8　OFDM 功率谱

3.4.3　对载波频率偏移的敏感性

OFDM 对频率偏移很敏感，频率偏移是由发射器和接收器频率之间的偏差引起的，或者是由发射器或接收器移动时的多普勒频移引起的。在这种情况下，接收到的信号在频率上发生偏移，并且频域中的采样与子载波的中心频率不一致。因此，期待的子载波的幅度将降低，并且将出现载波间干扰(ICI)。

将频率偏移定义为

$$f_o=f_c-f_c' \tag{3.30}$$

其中，f_c 和 f_c' 分别是发射机和接收机中的载波频率。归一化载波频率偏移定义为

$$\epsilon=\frac{f_o}{\Delta f}=\lfloor\epsilon\rfloor+\Delta\epsilon \tag{3.31}$$

其中，$\lfloor\epsilon\rfloor$和 $\Delta\epsilon$分别是ϵ的整数和小数部分。

为简单起见，考虑无噪声情况，式(3.22) 变为

$$\boldsymbol{y}^{\mathrm{cfo}}=\boldsymbol{CDx} \tag{3.32}$$

其中，$\boldsymbol{C}=\{c_{m,m'}\}_{m,m'=0}^{M-1}$ 是一个托普利兹矩阵，表示因 CFO 引起的频域卷积操作。

$$c_{m,m'}=\frac{\sin\left[\pi(m-m'+\epsilon)\right]}{M\sin\left[\frac{\pi(m-m'+\epsilon)}{M}\right]}\mathrm{e}^{\frac{\mathrm{j}\pi(m-m'+\epsilon)(M-1)}{M}},\quad m,m'\in[0,M-1] \tag{3.33}$$

请注意，CFO 矩阵 $\boldsymbol{C}$ 具有对角线元素。

$$c_{m,m}=\frac{\sin(\pi\epsilon)}{M\sin\left(\frac{\pi\epsilon}{M}\right)}\mathrm{e}^{\frac{\mathrm{j}\pi\epsilon(M-1)}{M}},\quad m\in[0,M-1] \tag{3.34}$$

从式(3.34)中可以看出，CFO 会使得在子载波 $m=m'$处信号的振幅降低一个因子，即

$$\frac{\sin(\pi\epsilon)}{M\sin\left(\frac{\pi\epsilon}{M}\right)}$$

此外,由于项 $\mathrm{e}^{\frac{\mathrm{j}\pi\epsilon(M-1)}{M}}$ 的存在,信号还会发生相移。此外,由于式(3.33)所示的 $c_{m,m'}\neq 0$(当 $m\neq m'$时),信号会遭受子载波间的干扰。接收端需要使用导频信号估计 CFO($f_{\mathrm{o}}=f_{\mathrm{c}}-f_{\mathrm{c}}'$),然后通过将混频器的输出乘以 $\mathrm{e}^{-\mathrm{j}2\pi\hat{f}_{\mathrm{o}}t}$ 进行补偿。

3.5 FDM 在高移动性多径信道中的应用

在本节中,我们考虑高移动性多径信道中的 OFDM,其中每条路径具有不同的多普勒频移 $\nu_i=\kappa_i/T$, $i=1,\cdots,P$ 且 $k_i=\lfloor\kappa_i\rceil$是多普勒抽头。时域接收信号由下式给出:

$$\boldsymbol{r}=[\boldsymbol{r}(0),\cdots,\boldsymbol{r}(M-1)]^{\mathrm{T}}=\boldsymbol{H}\boldsymbol{s}+\boldsymbol{w}\in\mathbf{C}^{M\times 1} \tag{3.35}$$

其中

$$\boldsymbol{H}=\sum_{i=1}^{P}g_i\underbrace{\boldsymbol{\Pi}^{l_i}}_{\text{时延}}\underbrace{\boldsymbol{\Delta}^{k_i}}_{\text{多普勒}}$$

$$=\begin{bmatrix} h_0 & 0 & \cdots & h_{l_{\max}}\omega^{k_P(M-l_{\max})} & \cdots & h_1\omega^{k_1(M-1)} \\ \vdots & h_0\omega^{k_0} & \cdots & \ddots & \cdots & \vdots \\ \vdots & \ddots & \ddots & 0 & \ddots & \vdots \\ \vdots & \ddots & \ddots & \ddots & \cdots & h_{l_{\max}}\omega^{k_P(M-1)} \\ h_{l_{\max}} & \ddots & \ddots & \ddots & \ddots & 0 \\ 0 & h_{l_{\max}}\omega^{k_P} & \ddots & \ddots & \ddots & \vdots \\ \vdots & \ddots & \ddots & \ddots & \ddots & 0 \\ 0 & \cdots & h_{l_{\max}}\omega^{k_P(M-l_{\max}-1)} & \cdots & \cdots & h_0\omega^{k_0(M-1)} \end{bmatrix} \tag{3.36}$$

其中,$\boldsymbol{\Pi}^{l_i}$ 表示置换矩阵$\boldsymbol{\Pi}$ 的第 l_i 步循环移位,定义见附录 B,并且$\boldsymbol{\Delta}^{k_i}$ 是 $M\times M$ 对角矩阵,由下式给出:

$$\boldsymbol{\Delta}^{k_i}=\operatorname{diag}\left[1,\omega^{k_i},\cdots,\omega^{k_i(M-1)}\right] \tag{3.37}$$

矩阵$\boldsymbol{\Pi}^{l_i}$ 和$\boldsymbol{\Delta}^{k_i}$ 分别对应第 l_i 条多径路径中的时延和多普勒频移。将信道矩阵 $\boldsymbol{H}$ 与信号向量 $\boldsymbol{s}$ 相乘意味着第 l_i 个路径会对发送信号向量 $\boldsymbol{s}$ 引入一个 l_i 步的循环移位,由$\boldsymbol{\Pi}^{l_i}$ 模拟,并且将其与频率为 k_i 的载波进行调制,由$\boldsymbol{\Delta}^{k_i}$ 模拟。多个多普勒效应会使得 $\boldsymbol{H}$ 中加入多个 $\boldsymbol{\Delta}^{k_i}$,导致 $\boldsymbol{H}$ 不再是循环矩阵。因此,$\boldsymbol{H}$ 的特征值分解[见式(3.19)]不再成立,出现严重的子载波间干扰。

总之,多个多普勒效应对 OFDM 构成了挑战,因为多个多普勒效应很难均衡,子信道增益也不相等,最低增益决定了性能[见式(3.36)]。因此,需要新的调制技术来应对高多普勒效应。

3.6 参考文献及注释

OFDM 的基本概念和 OFDM 中 PAPR 降低技术的分析,读者可以参考文献[1-14]。有关 OOB 减少方法(包括加窗、过滤和预编码)的详细信息,请参见文献[13,15-32]。

【参考文献】

[1] X. Li, L. Cimini, Effects of clipping and filtering on the performance of OFDM, IEEE Communications Letters 2(5)(1998) 131-133, https://doi.org/10.1109/4234.673657.

[2] R. O'Neill, L. Lopes, Envelope variations and spectral splatter in clipped multicarrier signals, in: Proceedings of 6th International Symposium on Personal, Indoor and Mobile Radio Communications, vol. 1, 1995, pp. 71-75, https://doi.org/10.1109/PIMRC.1995.476406.

[3] H. Ochiai, H. Imai, On clipping for peak power reduction of OFDM signals, in: Globecom'00 - IEEE. Global Telecommunications Conference. Conference Record (Cat. No. 00CH37137), vol. 2, 2000, pp. 731-735, https://doi.org/10.1109/GLOCOM.2000.891236.

[4] F. Nadal, S. Sezginer, H. Sari, Peak-to-average power ratio reduction in CDMA systems using metric-based symbol predistortion, IEEE Communications Letters 10(8)(2006) 577-579, https://doi.org/10.1109/LCOMM.2006.1665115.

[5] H. G. Myung, J. Lim, D. J. Goodman, Peak-to-average power ratio of single carrier FDMA signals with pulse shaping, in: 2006 IEEE 17th International Symposium on Personal, Indoor and Mobile Radio Communications, 2006, pp. 1-5.

[6] G. L. Li, Y. G. Stuber, Orthogonal Frequency Division Multiplexing for Wireless Communications, 1st edition, Springer US, USA, 2006.

[7] A. Jones, T. Wilkinson, S. K. Barton, Block coding scheme for reduction of peak to mean envelope power ratio of multicarrier transmission scheme, Electronics Letters 30(22)(1994) 2098-2099.

[8] A. Jones, T. Wilkinson, Combined coding for error control and increased robustness to system nonlinearities in OFDM, in: Proceedings of Vehicular Technology Conference - VTC, vol. 2, 1996, pp. 904-908, https://doi.org/10.1109/VETEC.1996.501442.

[9] Z. G. Tao, J. Zheng, Block coding scheme for reducing PAPR in OFDM systems with large number of subcarriers, Journal of Electronics 21(6)(2004) 482-489.

[10] J. Tellado, Multicarrier Modulation with Low Peak to Average Power: Applications to xDSL and Broadband Wireless, Springer US, 2000.

[11] B. Krongold, D. Jones, An activeset approach for OFDM PAR reduction via tone

reservation, IEEE Transactions on Signal Processing 52(2)(2004) 495 - 509, https://doi.org/10.1109/TSP.2003.821110.

[12] H. Kwok, D. Jones, PAPR reduction via constellation shaping, in: 2000 IEEE International Symposium on Information Theory(Cat. No. 00CH37060), 2000, p. 166, https://doi.org/10.1109/ISIT.2000.866461.

[13] H. A. Mahmoud, H. Arslan, Sidelobe suppression in OFDM - based spectrum sharing systems using adaptive symbol transition, IEEE Communications Letters 12(2)(2008)133 - 135, https://doi.org/10.1109/LCOMM.2008.071729.

[14] D. Jones, Peak power reduction in OFDM and DMT via active channel modification, in: Conference Record of the Thirty-Third Asilomar Conference on Signals, Systems, and Computers(Cat. No. CH37020), vol. 2, 1999, pp. 1076 - 1079, https://doi.org/10.1109/ACSSC.1999.831875.

[15] M. Faulkner, The effect of filtering on the performance of OFDM systems, IEEE Transactions on Vehicular Technology 49(5)(2000) 1877 - 1884, https://doi.org/10.1109/25.892590.

[16] Y. P. Lin, S. - M. Phoong, Window designs for DFT - based multicarrier systems, IEEE Transactions on Signal Processing 53(3)(2005) 1015 - 1024, https://doi.org/10.1109/TSP.2004.842173.

[17] J. Abdoli, M. Jia, J. Ma, Filtered OFDM: a new waveform for future wireless systems, in: 2015 IEEE 16th International Workshop on Signal Processing Advances in Wireless Communications(SPAWC), 2015, pp. 66 - 70.

[18] S. Brandes, I. Cosovic, M. Schnell, Reduction of out-of-band radiation in OFDM systems by insertion of cancellation carriers, IEEE Communications Letters 10(6)(2006) 420 - 422, https://doi.org/10.1109/LCOMM.2006.1638602.

[19] J. F. Schmidt, S. Costas - Sanz, R. López - Valcarce, Choose your subcarriers wisely: active interference cancellation for cognitive OFDM, IEEE Journal on Emerging and Selected Topics in Circuits and Systems 3(4)(2013) 615 - 625, https://doi.org/10.1109/JETCAS.2013.2280808.

[20] I. Cosovic, S. Brandes, M. Schnell, Subcarrier weighting: a method for sidelobe suppression in OFDM systems, IEEE Communications Letters 10(6)(2006) 444 - 446, https://doi.org/10.1109/LCOMM.2006.1638610.

[21] I. Cosovic, T. Mazzoni, Suppression of sidelobes in OFDM systems by multiple-choice sequences, European Transactions on Telecommunications 17(6)(2006) 623 - 630.

[22] D. Li, X. Dai, H. Zhang, Sidelobe suppression in NC - OFDM systems using constellation adjustment, IEEE Communications Letters 13(5)(2009) 327 - 329, https://doi.org/10.1109/LCOMM.2009.090031.

[23] R. Xu, M. Chen, J. Zhang, B. Wu, H. Wang, Spectrum sidelobe suppression for discrete Fourier transformation-based orthogonal frequency division multiplexing using adjacent subcarriers correlative coding, IET Communications 6(11)(2012) 1374 - 1381, https://doi.org/10.1049/iet-com.2011.0007.

[24] X. Huang, J. A. Zhang, Y. J. Guo, Out-of-band emission reduction and a unified framework for precoded OFDM, IEEE Communications Magazine 53(6)(2015) 151 - 159, https://doi.org/10.1109/MCOM.2015.7120032.

[25] M. Ma, X. Huang, B. Jiao, Y. J. Guo, Optimal orthogonal precoding for power leakage suppression in DFT-based systems, IEEE Transactions on Communications 59(3)(2011) 844 - 853, https://doi.org/10.1109/TCOMM.2011.121410.100071.

[26] A. Tom, A. Sahin, H. Arslan, Mask compliant precoder for OFDM spectrum shaping, IEEE Communications Letters 17(3)(2013) 447 - 450, https://doi.org/10.1109/LCOMM.2013.020513.122495.

[27] J. van de Beek, F. Berggren, N-continuous OFDM, IEEE Communications Letters 13(1)(2009) 1 - 3, https://doi.org/10.1109/LCOMM.2009.081446.

[28] J. Van De Beek, Sculpting the multicarrier spectrum: a novel projection precoder, IEEE Communications Letters 13(12)(2009) 881 - 883, https://doi.org/10.1109/LCOMM.2009.12.091614.

[29] J. A. Zhang, X. Huang, A. Cantoni, Y. J. Guo, Sidelobe suppression with orthogonal projection for multicarrier systems, IEEE Transactions on Communications 60(2)(2012) 589 - 599, https://doi.org/10.1109/TCOMM.2012.012012.110115.

[30] Y. Zheng, J. Zhong, M. Zhao, Y. Cai, A precoding scheme for N-continuous OFDM, IEEE Communications Letters 16(12)(2012) 1937 - 1940, https://doi.org/10.1109/LCOMM.2012.102612.122168.

[31] X. Zhou, G. Y. Li, G. Sun, Multiuser spectral precoding for OFDM-based cognitive radio systems, IEEE Journal on Selected Areas in Communications 31(3)(2013) 345 - 352, https://doi.org/10.1109/JSAC.2013.130302.

[32] L. Pan, J. Ye, X. Yuan, Spectral precoding for out-of-band power reduction under condition number constraint in OFDM-based systems, Wireless Personal Communications 95(2)(2017) 1677 - 1691, https://doi.org/10.1007/s11277-016-3874-8.

第 4 章　时延多普勒调制

章节要点

- OTFS 调制和解调。
- OTFS 矩阵公式。
- 离散 Zak 变换。
- 在不同领域中的 OTFS 输入-输出关系。
- OTFS 的变体。

没有什么比开始改变更难处理、结果更不确定，以及实施起来更危险的了。——尼科洛·马基雅维利

随着高速列车、无人驾驶航空器(UAV)和自动驾驶汽车的出现，高移动性无线通信渠道的可靠通信需求变得迫在眉睫。在正交频分复用(OFDM)中，信息符号通过单一的时频资源传输，容易受到频率和时间选择性衰减影响，从而高移动性无线信道的误码性能可能会下降。另外，正交时频空传输系统(OTFS)则通过一个覆盖整个时频资源的二维正交基函数对每个信息符号进行复用。因此，所有信息符号都会经历一个固定(时间不变)的平坦衰减等效信道。

本章开始介绍一些基本的符号，涉及离散时间域、时频域和时延多普勒域等不同领域，然后描述 OTFS 调制和解调、高移动性信道以及 OTFS 在理想脉冲形状波形下的输入-输出关系。

在章节后面，我们引入 OTFS 矩阵形式，演示 OTFS 调制与众所周知的离散 Zak 变换之间的关系。然后，我们介绍向量化形式下的 OTFS 输入-输出关系，其中考虑了矩形脉冲形状波形，包括离散时间域、时频域、延迟时间域和时延多普勒域等不同的域。此外，我们还扩展对 OTFS 变体的研究，其中波形在每个 OTFS 帧或块中加入了循环前缀(CP)或零填充(ZP)。最后，我们对 OTFS 变体的信道表示和输入-输出关系进行全面总结。

4.1 系统模型

在本节中，在介绍图 4 - 1 中的 OTFS 调制和解调块之前，我们将介绍涉及的三个域(离散时间域、时频域和时延多普勒域)的一些符号。

我们假设 OTFS 在一个带宽为 B、最大延迟扩展为 $\tau_{\max}$、最大多普勒频移 $\nu_{\max}$ 的 P 条路径高移动性信道上运行[其定义见式(2.11)]。我们考虑一个离散时间基带等效模型，其中连续时间的正交时频空传输系统(OTFS)信号在采样频率 $f_s=B=\frac{1}{T_s}$ 处进行采样，其中 T_s 表示采样间隔。在离散时间域的 OTFS 帧中，包含了 NM 个样本，这些样本被划分为 N 个块(或时隙)，每个块具有 M 个样本。因此，OTFS 帧持续时间为 $T_f=NMT_s=NT$，其中 $T=MT_s$ 表示每个块的持续时间。

每隔 T 秒，我们得到每个块的离散频谱，这是由 M 点离散傅里叶变换(DFT)计算得出的，其中频谱样本的间隔为 $\Delta f=1/T$。将所有 OTFS 帧带宽为 $B=M\Delta f$ 的 N 个频谱沿时间轴收集起来，定义为离散时频域，如图 4 - 2(a)所示。离散时频域被定义为点的 $M\times N$ 数组：

$$\Lambda=\{(l\Delta f,kT),l=0,\cdots,M-1,k=0,\cdots,N-1\}$$

对于整数 $M,N>0$，Λ 中各点的离散时频样本收集在矩阵 $\boldsymbol{X}_{\mathrm{tf}}[l,k]$ 中，$l=0,\cdots,M-1,k=0,\cdots,N-1$，其中每列包含每个块的离散频谱样本，可以简单地将此矩阵视为一维时域 OTFS 信号的二维时频表达。

通过二维辛傅里叶变换，可以将离散时频样本转换为时延多普勒域。具体来说，时频域可以通过沿频率轴($\boldsymbol{X}_{\mathrm{tf}}[l,k]$的列)的傅里叶逆变换和沿时间轴($\boldsymbol{X}_{\mathrm{tf}}[l,k]$的行)的傅里叶变换得到时延多普勒域。当离散化时，时延多普勒域中对应的 $M\times N$ 点阵列为[见图 4 - 2(b)]

$$\Gamma=\left\{\left(\frac{m}{M\Delta f},\frac{n}{NT}\right),m=0,\cdots,M-1,n=0,\cdots,N-1\right\} \tag{4.1}$$

其中，$\frac{1}{M\Delta f}$和$\frac{1}{NT}$分别是路径延迟和多普勒频移的分辨率。特别地，接收器无法区分具有相同多普勒频移但传播延迟差异小于$\frac{1}{M\Delta f}$的两条路径。类似的情况是，具有相同传播延迟但多普勒频移差异小于$\frac{1}{NT}$的两条路径也不能被区分。

我们将 Γ 中各点处的 OTFS 波形的时延多普勒样本定义为矩阵 $\boldsymbol{X}[m,n]$，$m=0,\cdots,M-1,n=0,\cdots,N-1$。

4.1.1 OTFS 的参数选择

作为关键设计参数，我们可以选择 N,M 和 T(因为 $\Delta f=1/T$)。我们可以看到 T 和 Δf 决定了最大可支持的信道延迟 $\tau_{\max}<T$ 和多普勒频移 $\nu_{\max}<\Delta f/2$。如果我们将数据速率固定为每帧 NM 个符号，根据信道参数，我们可以选择较大的 T(较小的 Δf)，导致 N 较小和 M 较大，反之亦然。这意味着 OTFS 可以处理最大 $\tau_{\max}\nu_{\max}<1/2$ 的信道，从而扩大了

设计超出亚扩频信道($\tau_{\max}\nu_{\max}\ll 1$) 的系统的机会。OTFS 的另一个设计限制在于,它假设多径信道参数 g_i、τ_i 和 ν_i(见第 2 章)在帧的持续时间内保持不变。在当今的蜂窝系统环境中,这将会限制 T_f 最多为 10～20 ms。

4.1.2 OTFS 调制

如图 4-1 所示,在发射器处,从大小为 Q 的调制字母表$\mathbb{A}=\{a_1,\cdots,a_Q\}$中获取 NM 个信息符号,将它们放置在时延多普勒域矩阵 $\boldsymbol{X}\in\mathbf{C}^{M\times N}$,其中 $\boldsymbol{X}[m,n]$, $m=0,\cdots,M-1$, $n=0,\cdots,N-1$。

发射器首先将符号矩阵 $\boldsymbol{X}[m,n]$ 映射到 NM 时频网格的样本 $\boldsymbol{X}_{\text{tf}}[l,k]$通过辛快速傅里叶逆变换,即

$$\boldsymbol{X}_{\text{tf}}[l,k]=\frac{1}{\sqrt{NM}}\sum_{n=0}^{N-1}\sum_{m=0}^{M-1}\boldsymbol{X}[m,n]\mathrm{e}^{\mathrm{j}2\pi\left(\frac{nk}{N}-\frac{ml}{M}\right)} \tag{4.2}$$

其中,$l=0,\cdots,M-1$, $k=0,\cdots,N-1$, $\boldsymbol{X}_{\text{tf}}\in\mathbf{C}^{M\times N}$ 表示时频域传输样本矩阵。辛快速傅里叶逆变换对应于一个二维变换,它对 $\boldsymbol{X}$ 的列元素采用M 点 离散傅里叶变换和 $\boldsymbol{X}$ 的行元素采用 N 点离散傅里叶逆变换。

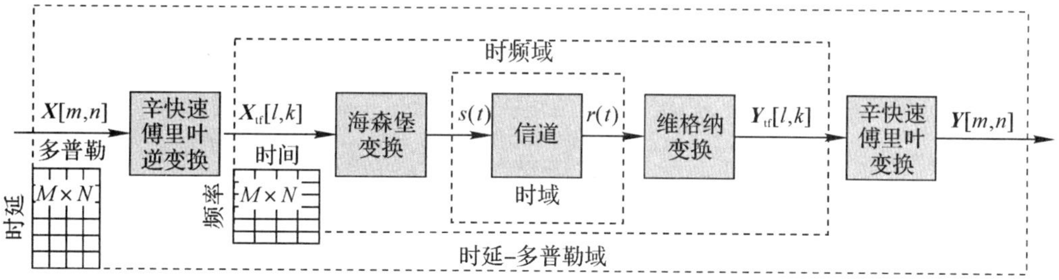

图 4-1 原始形式的 OTFS 系统图

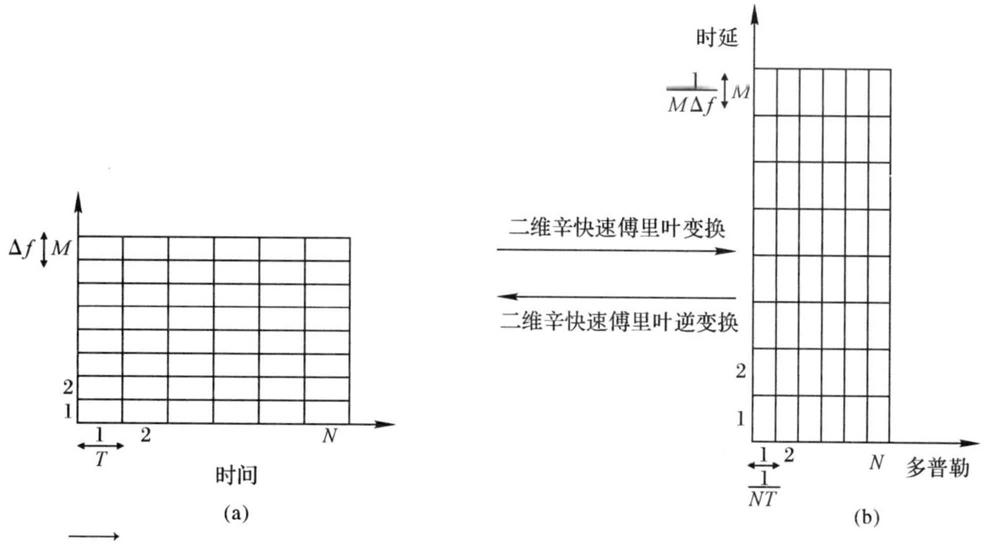

图 4-2 离散时间频率网格(Λ) 和延迟多普勒网格(Γ)

接着，时频调制器使用传输波形 $g_{tx}(t)$ 将二维样本 $\boldsymbol{X}_{tf}[l,k]$ 转换为连续时间波形 $s(t)$，如下式所示：

$$s(t)=\sum_{k=0}^{N-1}\sum_{l=0}^{M-1}\boldsymbol{X}_{tf}[l,k]g_{tx}(t-kT)\mathrm{e}^{\mathrm{j}2\pi l\Delta f(t-kT)} \tag{4.3}$$

上述操作在文献中称为海森堡变换，它取决于 N，M 和 $g_{tx}(t)$。

4.1.3 高移动信道失真

信号 $s(t)$ 通过时变信道传输，其具有时延多普勒信道响应 $h(\tau,\nu)$，对应于时延时域响应 $g(\tau,t)$，其中 τ，ν 是信道延迟和多普勒频移（见第 2 章）。忽略噪声项，接收信号 $r(t)$ 由下式给出：

$$r(t)=\iint h(\tau,\nu)s(t-\tau)\mathrm{e}^{\mathrm{j}2\pi\nu(t-\tau)}\mathrm{d}\tau\mathrm{d}\nu=\int g(\tau,t)s(t-\tau)\mathrm{d}\tau \tag{4.4}$$

其中，$g(\tau,t)=\int_{\nu}h(\tau,\nu)\mathrm{e}^{\mathrm{j}2\pi\nu(t-\tau)}\mathrm{d}\nu$ 在式(2.15) 中给出。

在接收器处，受信道影响的信号通过对 $r(t)$ 进行采样而被离散化，采样时刻为 $t=qT_s=qT/M$，其中 $q=0,\cdots,NM-1$，并且 $\tau=lT_s=lT/M$，其中 $l=0,\cdots,M-1$。然后式(4.4)变为

$$r[q]=\sum_{l}g^{s}[l,q]s[q-l],q=0,\cdots,NM-1 \tag{4.5}$$

其中，离散时延时域响应 $g^{s}[l,q]$ 在式(2.19) 中给出，即

$$g^{s}[l,q]=\sum_{\ell\in\mathscr{L}}\Big(\sum_{\kappa\in\mathcal{K}_{\ell}}\nu_{\ell}(\kappa)z^{\kappa(q-l)}\Big)\operatorname{sinc}(l-\ell) \tag{4.6}$$

其中，$\operatorname{sinc}(x)=\sin(\pi x)/(\pi x)$，$z=\mathrm{e}^{\frac{\mathrm{j}2\pi}{NM}}$，$\nu_{\ell}(\kappa)$ 是在时延偏移 $\ell T/M$ 处的多普勒响应。集合 $\mathscr{L}$ 包含信道的不同归一化延迟偏移 ℓ，而集合 $\mathcal{K}_{\ell}$ 包含归一化多普勒偏移 κ 的集合，κ 是共享相同延迟 $\ell T/M$ 的所有路径集合。

现在我们考虑 P 条路径的时变多径信道，其中第 $i(i=1,\cdots,P)$ 条路径具有信道增益 g_i、信道时延偏移 τ_i 和多普勒偏移 ν_i，在式(2.13)中，多普勒响应在时延偏移 $\ell=\ell_i=\tau_i/M\Delta f$ 处为

$$\nu_{\ell}(\kappa)=\begin{cases}g_i, & \ell=\ell_i=\tau_i/M\Delta f \text{ 且 } \kappa=\kappa_i=\nu_i/NT\\ 0, & \text{其他}\end{cases} \tag{4.7}$$

特别地，当归一化延迟偏移 ℓ_i 和归一化多普勒偏移 κ_i 是整数时，我们用 l_i（整数延迟抽头）和 k_i（整数多普勒抽头）表示它们。然后，式(4.6)中的 sinc 函数由在 l_i 处的单位脉冲替换，产生离散延迟时间多径信道响应：

$$g^{s}[l,q]=\sum_{i=1}^{P}\nu_{l_i}(\kappa_i)z^{\kappa_i(q-l)}\delta[l-l_i]=\sum_{i=1}^{P}g_i z^{\kappa_i(q-l)}\delta[l-l_i] \tag{4.8}$$

其中第 2 步由式(4.7)推导得到。这里认为 l_i 的最大值小于最大信道延迟抽头 $l_{\max}$，即 $l_{\max}<M$。

这里需要指出的是，时延多普勒（或等效的延时）响应假定在一个 OTFS 帧的持续时间内是固定的。这意味着在 $T_f=NT$ 帧持续时间内，延迟多普勒信道参数 g_i，τ_i 和 ν_i 被假定为常数。为了满足这个假设，可能需要降低 N，以换取较低的多普勒偏移分辨率。

4.1.4 OTFS 解调

在图 4-1 中，接收器将接收信号 $r(t)$ 通过匹配滤波器传递，计算交叉模糊函数 $A_{g_{rx},r}(f,t)$ 得到

$$Y(f,t)=A_{g_{rx},r}(f,t)\overset{\text{def}}{=\!=\!=}\int r(t')g_{rx}^{*}(t'-t)\mathrm{e}^{-\mathrm{j}2\pi f(t'-t)}\mathrm{d}t' \tag{4.9}$$

然后在网格点 Λ 上采样 $Y(f,t)$ 形成时频域接收样本矩阵 $\boldsymbol{Y}_{tf}\in\mathbf{C}^{M\times N}$：

$$\boldsymbol{Y}_{tf}[l,k]=Y(f,t)\big|_{f=l\Delta f,t=kT} \tag{4.10}$$

其中，$l=0,\cdots,M-1$，$k=0,\cdots,N-1$。式(4.9)和式(4.10)联合称为维格纳变换。

最后，通过对 $\boldsymbol{Y}_{tf}[m,n]$ 应用辛快速傅里叶变换(SFFT)得到时延多普勒域样本，表达式为

$$\boldsymbol{Y}[m,n]=\frac{1}{\sqrt{NM}}\sum_{k=0}^{N-1}\sum_{l=0}^{M-1}\boldsymbol{Y}_{tf}[l,k]\mathrm{e}^{-\mathrm{j}2\pi\left(\frac{nk}{N}-\frac{ml}{M}\right)} \tag{4.11}$$

其中，$\boldsymbol{Y}_{tf}[m,n]$ 构成时延多普勒域接收样本矩阵 $\boldsymbol{Y}\in\mathbf{C}^{M\times N}$。辛快速傅里叶变换(SFFT)对应于一个二维变换，它是对 $\boldsymbol{Y}$ 的列元素采用 M 点离散傅里叶逆变换和对其行元素采用 N 点离散傅里叶变换。

总之，如图 4-1 所示，OTFS 调制器通过辛快速傅里叶逆变换将时延多普勒域中的 $\boldsymbol{X}[m,n]$ 映射到时频域中的 $\boldsymbol{X}_{tf}[l,k]$。然后对 $\boldsymbol{X}_{tf}[l,k]$ 进行海森堡变换来生成时域信号 $s(t)$。在接收端，通过维格纳变换将 $r(t)$ 变换到时频域，然后在符号解调之前，使用辛快速傅里叶变换到时延多普勒域。

备注：另外，如图 4-3 所示，OTFS 发射器可以使用离散 Zak 逆变换(IDZT)和数模(DA)转换器来形成发射信号 $s(t)$。OTFS 接收器可以在接收到的信号 $r(t)$ 中使用模数(AD)转换器，然后使用离散 Zak 变换(DZT)来实现。这种等价性在第 4.3 节中非常明显，我们建议读者参阅第 5 章以了解有关 Zak 变换的详细信息。

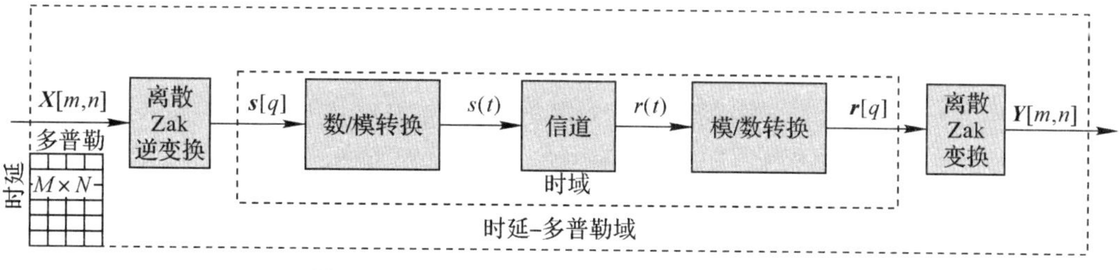

图 4-3 使用离散 Zak 变换的 OTFS 系统图

4.2 理想波形下的 OTFS 输入输出关系

如果 $g_{rx}(t)$ 和 $g_{tx}(t)$ 满足双正交性，那么它们就被认为是理想的：

$$A_{g_{rx},g_{tx}}(f,t)\big|_{f=m\Delta f+(-\nu_{\max},\nu_{\max}),t=nT+(-\tau_{\max},\tau_{\max})}=\delta[m]\delta[n]p_{\nu_{\max}}(f)p_{\tau_{\max}}(t) \tag{4.12}$$

其中，当 $x\in(-a,a)$ 时，$p_a(x)=1$，否则为零。同样地，对于 $n\neq0,m\neq0$，交叉模糊函数为

$$A_{g_{rx},g_{tx}}(f,t)=\begin{cases}0, & f\in(m\Delta f-\nu_{\max},m\Delta f+\nu_{\max}),t\in(nT-\tau_{\max},nT+\tau_{\max})\\1, & f\in(-\nu_{\max},\nu_{\max}),t\in(-\tau_{\max},\tau_{\max})\end{cases}$$

尽管在实践中无法实现理想脉冲，但可以通过波形来近似，该波形在时间和频率上尽可能集中，这是由不确定性原则所限制的。然而，研究具有理想波形的 OTFS 的误码性能仍然很重要，因为它可以作为实际波形（如矩形波形）的 OTFS 性能下限。

4.2.1 时频域分析

如果 g_{tx} 和 g_{rx} 在时间和频率上完全局部化，则它们满足双正交条件。省略噪声项，可以得到

$$\boldsymbol{Y}_{tf}[l,k]=\boldsymbol{H}_{tf}[l,k]\boldsymbol{X}_{tf}[l,k] \tag{4.13}$$

其中，$\boldsymbol{H}_{tf}\in\mathbf{C}^{M\times N}$ 表示时频域信道矩阵，条目为

$$\boldsymbol{H}_{tf}[l,k]=\iint h(\tau,\nu)\mathrm{e}^{\mathrm{j}2\pi\nu kT}\mathrm{e}^{-\mathrm{j}2\pi l\Delta f\tau}\mathrm{d}\tau\mathrm{d}\nu \tag{4.14}$$

其中，$l=0,\cdots,M-1,k=0,\cdots,N-1$。

4.2.2 时延多普勒域分析

时延多普勒传输和接收样本矩阵通过辛快速傅里叶变换（SFFT）与时频域中的样本矩阵关联起来：

$$\begin{cases}\boldsymbol{Y}=\mathrm{SFFT}(\boldsymbol{Y}_{tf})\\\boldsymbol{X}=\mathrm{SFFT}(\boldsymbol{X}_{tf})\end{cases}$$

大小为 $M\times N$ 的时延多普勒域信道矩阵与时频信道矩阵关联如下：

$$\boldsymbol{H}_{dd}=\mathrm{SFFT}(\boldsymbol{H}_{tf})$$

其中

$$\boldsymbol{H}_{dd}[m,n]=\sum_{l}\sum_{k}\boldsymbol{H}_{tf}[l,k]\mathrm{e}^{-\mathrm{j}2\pi\left(\frac{nk}{N}-\frac{ml}{M}\right)}$$

利用辛快速傅里叶变换特性（见附录 B.5），对于在时频域满足双正交条件的脉冲，通过同时对式（4.13）等号的左侧和右侧做辛快速傅里叶变换，可以将时延多普勒域中的接收信号表示为

$$\begin{aligned}\boldsymbol{Y}[m,n]&=\boldsymbol{H}_{dd}[m,n]\circledast\boldsymbol{X}[m,n]\text{（2 维循环卷积）}\\&=\sum_{m'}\sum_{n'}\boldsymbol{H}_{dd}[m',n']\boldsymbol{X}\left[[m-m']_M,[n-n']_N\right]\\&=\sum_{i=1}^{P}g_i\boldsymbol{X}\left[[m-l_i]_M,[n-k_i]_N\right]\end{aligned} \tag{4.15}$$

对于整数延迟和多普勒抽头的情况，即当$\ell_i=l_i,\kappa_i=k_i$ 时，如图 4－4 所示接收信号表示为传输信号 $\boldsymbol{X}$ 与信道 $\boldsymbol{H}$ 的二维循环卷积。尽管如前所述，在实际情况下无法实现完美的双正交性，但可以使用脉冲整型来降低双正交性损失的影响。为了量化双正交性的损失，可以测量每个时间频率资源块外的能量泄漏。使用如图 4－5 所示的窄脉冲可以帮助在时间频率域中实现近似的双正交性，但会牺牲一定的时间频率资源效率。当实现近似的双

正交性时,可以使用单抽头均衡器。

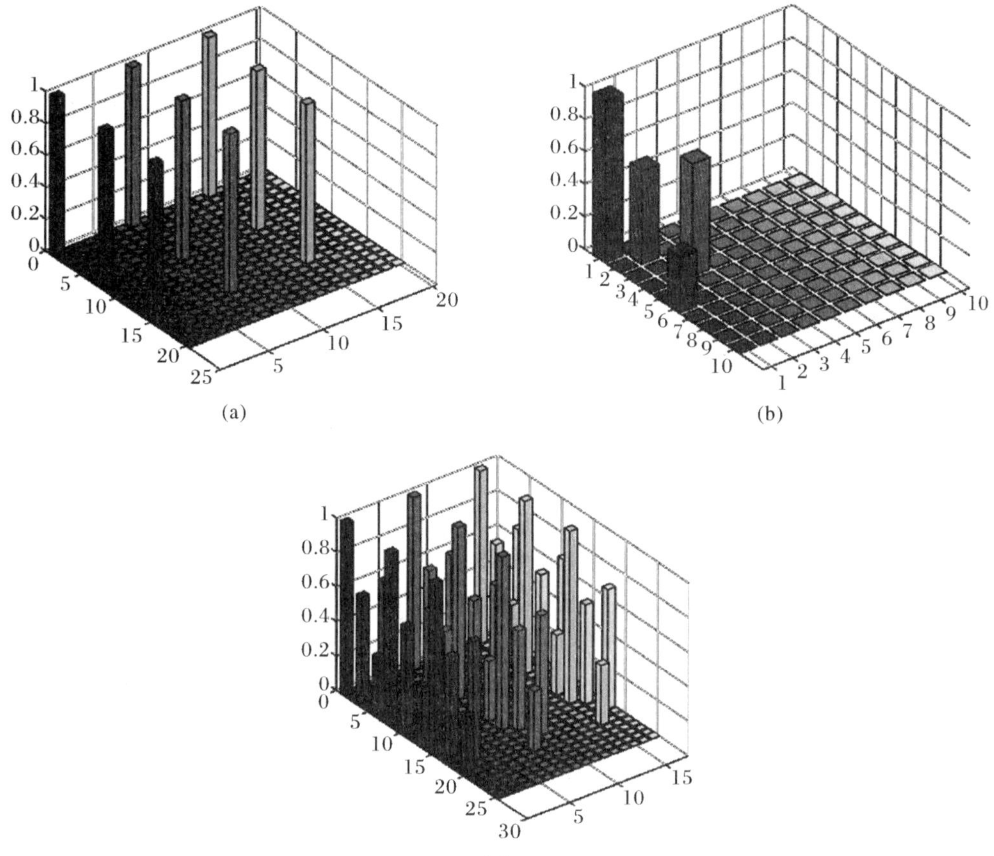

(a) (b) (c)

图 4-4　使理想脉冲的接收二维信号(c) 作为输入(a) 和信道(b) 的二维循环卷积

(a)二维输入信号 $\boldsymbol{X}$;(b)时延多普勒信道 $\boldsymbol{H}_{\mathrm{dd}}$;(c)二维输出信号 $\boldsymbol{Y}=\boldsymbol{H}_{\mathrm{dd}}\circledast\boldsymbol{X}$

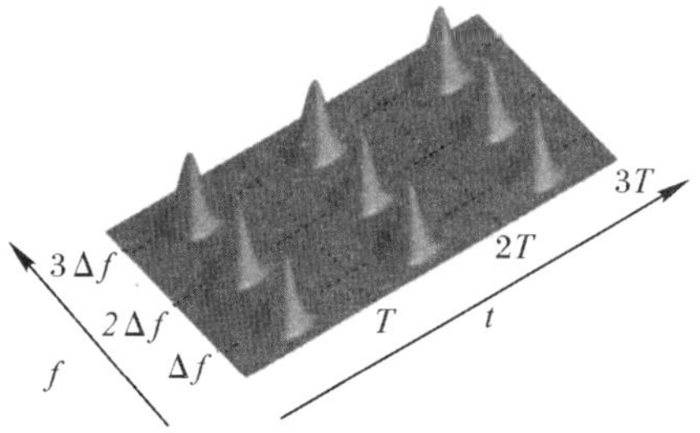

图 4-5　使用 PS-OFDM 传输信号的时频域表示

4.3　OTFS 的矩阵表述

在本节中,我们提出一个更紧凑的 OTFS 矩阵形式,包括 OTFS 调制、解调和不同域中的输入输出关系。

4.3.1 OTFS 调制

回想一下，时延多普勒域中存在信息符号矩阵 $\boldsymbol{X}\in\mathbf{C}^{M\times N}$，其每个符号取自大小为 Q 的调制字母表 $\mathbb{A}=\{a_1,\cdots,a_Q\}$。那么，通过辛快速傅里叶逆变换(ISFFT)生成的时频域信息样本矩阵可以写为

$$\boldsymbol{X}_{\mathrm{tf}}=\boldsymbol{F}_M\cdot\boldsymbol{X}\cdot\boldsymbol{F}_N^{\dagger}\tag{4.16}$$

其中，$\boldsymbol{F}_M$，$\boldsymbol{F}_N^{\dagger}$ 表示 M 点傅里叶变换和 N 点傅里叶逆变换，详见附录 B。

时频域矩阵 $\boldsymbol{X}_{\mathrm{tf}}\in\mathbf{C}^{M\times N}$ 可以通过 M 点快速傅里叶逆变换(IFFT)转化为时域样本矩阵 $\boldsymbol{X}_{\mathrm{tf}}\in\mathbf{C}^{M\times N}$，即

$$\widetilde{\boldsymbol{X}}=\boldsymbol{F}_M^{\dagger}\cdot\boldsymbol{X}_{\mathrm{tf}}=\underbrace{\boldsymbol{F}_M^{\dagger}\cdot\boldsymbol{F}_M}_{\boldsymbol{I}_M}\cdot\boldsymbol{X}\cdot\boldsymbol{F}_N^{\dagger}=\boldsymbol{X}\cdot\boldsymbol{F}_N^{\dagger}\tag{4.17}$$

其中，$\boldsymbol{I}_M$ 表示 $M\times M$ 单位矩阵。最后一步相当于离散 Zak 逆变换(IDZT)。在延迟时间矩阵 $\widetilde{\boldsymbol{X}}$ 的发射器脉冲整形之后，接着进行逐行向量化，得到 NM 长度的时域样本向量：

$$\boldsymbol{s}=\mathrm{vec}(\boldsymbol{G}_{\mathrm{tx}}\cdot\widetilde{\boldsymbol{X}})\in\mathbf{C}^{NM\times 1}\tag{4.18}$$

其中，对角矩阵 $\boldsymbol{G}_{\mathrm{tx}}$ 具有 $\boldsymbol{g}_{\mathrm{tx}}(t)$的样本作为其条目：

$$\boldsymbol{G}_{\mathrm{tx}}=\mathrm{diag}\left[g_{\mathrm{tx}}(0),g_{\mathrm{tx}}(T/M),\cdots,g_{\mathrm{tx}}((M-1)T/M)\right]\in\mathbf{C}^{M\times M}$$

对于矩形波形，它简化为 $M\times M$ 单位矩阵：

$$\boldsymbol{G}_{\mathrm{tx}}=\boldsymbol{I}_M$$

式(4.17)和式(4.18)中的步骤共同构成了海森堡变换。将时域样本向量 $\boldsymbol{s}$ 通过数模转换并发送到无线介质中，表示为 $s(t)$。

4.3.2 通过 IDZT 进行 OTFS 调制

如式(4.17)所示，OTFS 调制相当于一个离散 Zak 逆变换，将时延多普勒域中的 $\boldsymbol{X}$ 转换为延迟时间域中的 $\widetilde{\boldsymbol{X}}$。图 4-6 显示了假设矩形脉冲整形波形 $\boldsymbol{G}_{\mathrm{tx}}=\boldsymbol{I}_M$ 的 IDZT 的等效发射器操作。

在图 4-6 中，时延多普勒和时延时域矩阵被分别拆分为向量 $\boldsymbol{x}_m\in\mathbf{C}^{N\times 1}$ 和 $\widetilde{\boldsymbol{x}}_m\in\mathbf{C}^{N\times 1}$。对式(4.17) 进行转置操作的结果为

$$\widetilde{\boldsymbol{X}}^{\mathrm{T}}=[\widetilde{\boldsymbol{x}}_0,\cdots,\widetilde{\boldsymbol{x}}_{M-1}]=\boldsymbol{F}_N^{\dagger}\,[\boldsymbol{x}_0,\cdots,\boldsymbol{x}_{M-1}]=\boldsymbol{F}_N^{\dagger}\cdot\boldsymbol{X}^{\mathrm{T}}\tag{4.19}$$

其中，由于 $\boldsymbol{F}_N^{\dagger}$ 具有对称性，所以$(\boldsymbol{F}_N^{\dagger})^{\mathrm{T}}=\boldsymbol{F}_N^{\dagger}$。在并行到串行转换之后，由于 $\boldsymbol{G}_{\mathrm{tx}}=\boldsymbol{I}_M$，所以可将式(4.18) 中的时域样本简化为

$$\boldsymbol{s}=\mathrm{vec}(\widetilde{\boldsymbol{X}})=\begin{bmatrix}\boldsymbol{s}_0\\ \vdots\\ \boldsymbol{s}_{N-1}\end{bmatrix}=\{\boldsymbol{s}[q],q=0,\cdots,NM-1\}\tag{4.20}$$

其中，每个块 $\boldsymbol{s}_n\in\mathbf{C}^{M\times 1}(n=0,\cdots,N-1)$中有 M 个时域样本，占用 $T=1/\Delta f$ 秒。

从图 4-6 中我们可以根据式(4.19)和式(4.20)将 $\boldsymbol{X}$ 和 $\boldsymbol{s}$ 联系起来：

$$\boldsymbol{s}=\mathrm{vec}(\widetilde{\boldsymbol{X}})=\mathrm{vec}(\boldsymbol{X}\cdot\boldsymbol{F}_N^{\dagger})\tag{4.21}$$

$$\boldsymbol{s}[q]=\boldsymbol{s}[m+nM]=\frac{1}{\sqrt{N}}\sum_{p=0}^{N-1}\boldsymbol{X}[m,p]\mathrm{e}^{\mathrm{j}2\pi pn/N}\tag{4.22}$$

其中，$q=m+nM, m=0,\cdots,M-1, n=0,\cdots,N-1$，它恰好是 $\boldsymbol{X}$ 的离散 Zak 逆变换（参见关于 Zak 变换的第 5 章，并注意这里使用的延迟和多普勒指引是 Zak 变换的常见符号 l,k，不同于本章中使用的 m,n）。Matlab® OTFS 发送器的实现代码详见 Matlab 附录 C 的 2 和 3。

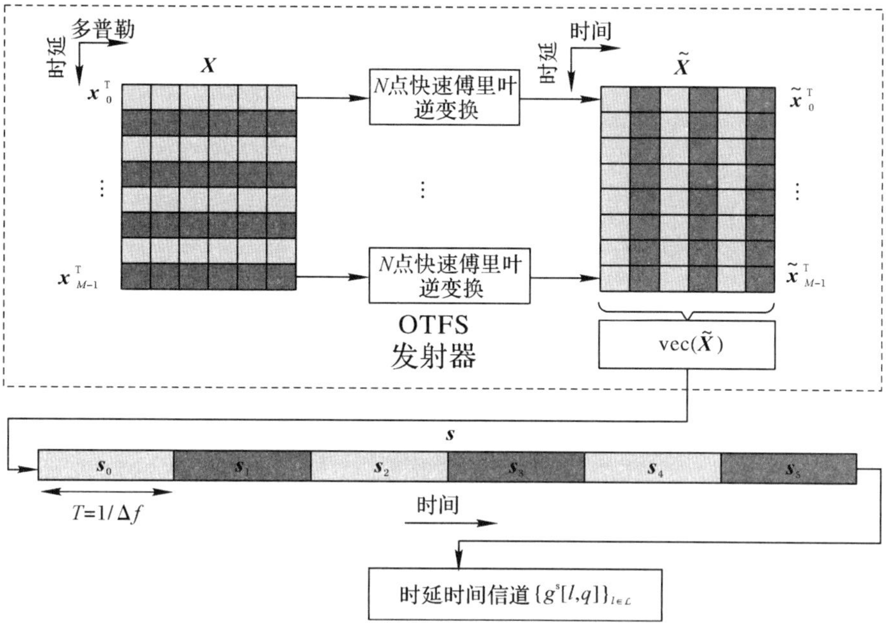

图 4-6　基于 IDZT 的 OTFS 发射器使用矩形脉冲整形波形($M=8, N=6$)

4.3.3　OTFS 解调

在接收端，我们获得接收到的 NM 个复数样本向量如下：

$$\boldsymbol{r}=\begin{bmatrix}\boldsymbol{r}_0\\ \vdots \\ \boldsymbol{r}_{N-1}\end{bmatrix}=\{\boldsymbol{r}[q], q=0,\cdots,NM-1\} \tag{4.23}$$

其中，$\boldsymbol{r}_n\in\mathbf{C}^{M\times 1}, n=0,\cdots,N-1$。将向量 $\boldsymbol{r}$ 转换为时延时域矩阵 $\tilde{\boldsymbol{Y}}\in\mathbf{C}^{M\times M}$，即

$$\tilde{\boldsymbol{Y}}=\boldsymbol{G}_{\mathrm{rx}}\cdot(\mathrm{vec}_{M,N}^{-1}(\boldsymbol{r})) \tag{4.24}$$

其中，运算符 $\mathrm{vec}_{M,N}^{-1}(\boldsymbol{r})$ 将式(4.23)中的 $\boldsymbol{r}\in\mathbf{C}^{NM\times 1}$ 转换为 $M\times N$ 矩阵，对角矩阵 $\boldsymbol{G}_{\mathrm{rx}}$ 是接收脉冲整形矩阵，定义为

$$\boldsymbol{G}_{\mathrm{rx}}=\mathrm{diag}[g_{\mathrm{rx}}(0), g_{\mathrm{rx}}(T/M),\cdots,g_{\mathrm{rx}}((M-1)T/M)]\in\mathbf{C}^{M\times M}$$

对于矩形脉冲整形波形 $\boldsymbol{G}_{\mathrm{rx}}=\boldsymbol{I}_M$，式(4.24)简化为

$$\tilde{\boldsymbol{Y}}=\mathrm{vec}_{M,N}^{-1}(\boldsymbol{r}) \text{ 或 } \boldsymbol{r}=\mathrm{vec}(\tilde{\boldsymbol{Y}}) \tag{4.25}$$

则可以通过对时延时域样本的 M 点离散傅里叶变换（DFT）得到时频域样本矩阵 $\boldsymbol{Y}_{\mathrm{tf}}\in\mathbf{C}^{M\times N}$：

$$\boldsymbol{Y}_{\mathrm{tf}}=\boldsymbol{F}_M\cdot\tilde{\boldsymbol{Y}} \tag{4.26}$$

式(4.24)和式(4.26)中的操作为维格纳变换。执行对称快速傅里叶变换操作以获取时延多普勒域符号。级联在维格纳变换后进行的对称快速傅里叶变换操作可以简化为

$$\boldsymbol{Y}=\boldsymbol{F}_M^\dagger \cdot \boldsymbol{Y}_{\mathrm{tf}} \cdot \boldsymbol{F}_N=\widetilde{\boldsymbol{Y}} \cdot \boldsymbol{F}_N \tag{4.27}$$

4.3.4 通过 DZT 进行 OTFS 解调

根据式(4.24)和式(4.27),OTFS 解调等效于离散 Zak 变换,将接收到的时域样本转换为时延多普勒域。对于矩形脉冲成形波形 $\boldsymbol{G}_{\mathrm{rx}}=\boldsymbol{I}_M$,图 4-7 中展示了等效的离散 Zak 变换接收器操作。在 4-7 图中,时延多普勒和延迟时间矩阵 $\boldsymbol{Y}$ 和 $\widetilde{\boldsymbol{Y}}$ 被拆分为向量 $\boldsymbol{y}_m, \widetilde{\boldsymbol{y}}_m \in \mathbf{C}^{N \times 1}, m=0,\cdots,M-1$。对式(4.27) 进行转置得到

$$\boldsymbol{Y}^{\mathrm{T}}=[\boldsymbol{y}_0,\cdots,\boldsymbol{y}_{M-1}]=\boldsymbol{F}_N[\widetilde{\boldsymbol{y}}_0,\cdots,\widetilde{\boldsymbol{y}}_{M-1}]=\boldsymbol{F}_N \cdot \widetilde{\boldsymbol{Y}}^{\mathrm{T}} \tag{4.28}$$

其中,根据 $\boldsymbol{F}_N$ 的对称性,有 $(\boldsymbol{F}_N)^{\mathrm{T}}=\boldsymbol{F}_N$。

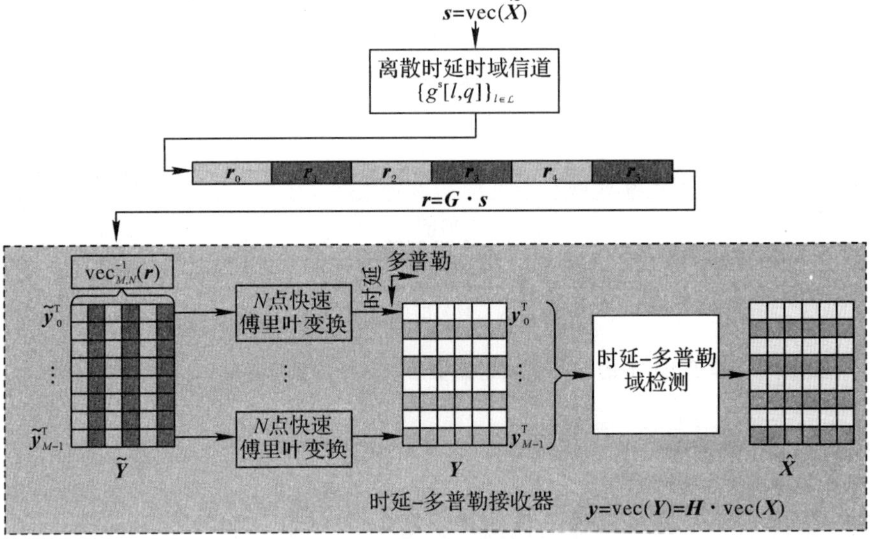

图 4-7 基于 DZT 的矩形脉冲整形波形的 OTFS 接收器($M=8, N=6$)

由图 4-7,我们可以通过式(4.24) 和式(4.28)直接将 $\boldsymbol{r}$ 和 $\boldsymbol{Y}$ 联系起来:

$$\boldsymbol{Y}=\widetilde{\boldsymbol{Y}} \cdot \boldsymbol{F}_N=(\mathrm{vec}_{M,N}^{-1}(\boldsymbol{r})) \cdot \boldsymbol{F}_N \tag{4.29}$$

同时,有

$$\boldsymbol{Y}[m,n]=\frac{1}{\sqrt{N}}\sum_{p=0}^{N-1}\boldsymbol{r}[m+pM]\mathrm{e}^{-\mathrm{j}2\pi np/N} \tag{4.30}$$

其中,$m=0,\cdots M-1, n=0,\cdots N-1$,这是 $\boldsymbol{r}$ 的离散 Zak 变换,即 $\boldsymbol{Y}=Z_m[\boldsymbol{r}]$(见第 5 章并注意那里使用的延迟和多普勒指引是 Zak 变换的常见符号 l,k,不同于本章使用的 m,n)。

OTFS 接收器的 Matlab 的实现详见附录 C 的 Matlab 代码 12。

4.4 向量化形式的 OTFS 输入输出关系

本节中,我们以向量表示实际矩形脉冲整形波形的 OTFS 输入输出关系($\boldsymbol{G}_{\mathrm{tx}}=\boldsymbol{G}_{\mathrm{rx}}=\boldsymbol{I}_M$)。我们的分析将在不同的域中进行,包括时间域、时频域、时延时间域和时延多普勒域。

我们首先介绍相关的符号。在时延多普勒域中,在式(4.19)和式(4.28)中向量化 $\boldsymbol{X}^{\mathrm{T}}$,

$\boldsymbol{Y}^{\mathrm{T}}$ 产生传输和接收的符号向量 $\boldsymbol{x}\in\mathbf{C}^{NM\times 1}$ 和 $\boldsymbol{y}\in\mathbf{C}^{NM\times 1}$，每个都有 M 个块的 N 个样本，即

$$\boldsymbol{x}=\begin{bmatrix}\boldsymbol{x}_0\\ \vdots\\ \boldsymbol{x}_{M-1}\end{bmatrix}=\mathrm{vec}\ (\boldsymbol{X}^{\mathrm{T}}),\boldsymbol{y}=\begin{bmatrix}\boldsymbol{y}_0\\ \vdots\\ \boldsymbol{y}_{M-1}\end{bmatrix}=\mathrm{vec}\ (\boldsymbol{Y}^{\mathrm{T}}) \tag{4.31}$$

其中，子向量 $\boldsymbol{x}_m,\boldsymbol{y}_m\in\mathbf{C}^{N\times 1}(m=0,\cdots,M-1)$沿多普勒轴，如图 4-6 和图 4-7 所示。

在时域中，式(4.20) 和式(4.23)中包含发送和接收的样本向量，每个样本向量都有 M 个块的 N 个样本，即

$$\boldsymbol{s}=\begin{bmatrix}\boldsymbol{s}_0\\ \vdots\\ \boldsymbol{s}_{N-1}\end{bmatrix},\ \boldsymbol{r}=\begin{bmatrix}\boldsymbol{r}_0\\ \vdots\\ \boldsymbol{r}_{N-1}\end{bmatrix}$$

其中，$\boldsymbol{s}_n,\boldsymbol{r}_n\in\mathbf{C}^{M\times 1}(n=0,\cdots,N-1)$是发送和接收样本的子向量。它们与时延多普勒域向量 $\boldsymbol{x}$ 和 $\boldsymbol{y}$ 有关，即

$$\left.\begin{aligned}\boldsymbol{s}&=\boldsymbol{P}\cdot(\boldsymbol{G}_{\mathrm{tx}}\otimes\boldsymbol{F}_N^{\dagger})\cdot\boldsymbol{x}\\ \boldsymbol{r}&=\boldsymbol{P}\cdot(\boldsymbol{G}_{\mathrm{rx}}\otimes\boldsymbol{F}_N^{\dagger})\cdot\boldsymbol{y}\end{aligned}\right\} \tag{4.32}$$

其中，$\boldsymbol{P}\in\mathbf{Z}^{NM\times NM}$ 是由于 $\boldsymbol{X}^{\mathrm{T}}$ 和 $\boldsymbol{Y}^{\mathrm{T}}$ 向量化得到的行列交叉复用矩阵。对任意 NM 长度向量 $\boldsymbol{a}$，通过 $\boldsymbol{P}$ 的置换操作可以看作将 $\boldsymbol{a}$ 的元素按列排列成一个 $N\times M$ 矩阵 $\boldsymbol{A}$，然后按行读取。$NM\times NM$ 矩阵 $\boldsymbol{P}$ 可以表示为

$$\boldsymbol{P}=\begin{bmatrix}\boldsymbol{E}_{1,1} & \boldsymbol{E}_{2,1} & \cdots & \boldsymbol{E}_{M,1}\\ \boldsymbol{E}_{1,2} & \boldsymbol{E}_{2,2} & \cdots & \boldsymbol{E}_{M,2}\\ \vdots & \ddots & \ddots & \vdots\\ \boldsymbol{E}_{1,N} & \boldsymbol{E}_{2,N} & \cdots & \boldsymbol{E}_{M,N}\end{bmatrix} \tag{4.33}$$

其中，$M\times N$ 矩阵 $\boldsymbol{E}_{i,j}$ 可定义为

$$\boldsymbol{E}_{i,j}\ [i',j']=\begin{cases}1, & i'=i \text{ 且} j'=j\\ 0, & \text{其他}\end{cases} \tag{4.34}$$

其中，$i,i'\in[1,M],j,j'\in[1,N]$。置换矩阵 $\boldsymbol{P}$ 的 Matlab 实现详见附录 C 的 Matlab 代码 3。

假设本章剩余部分的脉冲为矩形：

$$\boldsymbol{G}_{\mathrm{tx}}=\boldsymbol{G}_{\mathrm{rx}}=\boldsymbol{I}_M$$

则式(4.32)中的调制和解调步骤可以重写为

$$\left.\begin{aligned}\boldsymbol{s}&=\boldsymbol{P}\cdot(\boldsymbol{I}_M\otimes\boldsymbol{F}_N^{\dagger})\cdot\boldsymbol{x}\\ \boldsymbol{r}&=\boldsymbol{P}\cdot(\boldsymbol{I}_M\otimes\boldsymbol{F}_N^{\dagger})\cdot\boldsymbol{y}\end{aligned}\right\} \tag{4.35}$$

在表 4-1 中，我们总结了本书其余部分用于识别不同域中的信道矩阵的符号，如时延时间域 $\tilde{\cdot}$ 和时频域 $\check{\cdot}$，这些符号也适用于向量。

表 4-1 信道矩阵符号总结

$\boldsymbol{G}$	$NM\times NM$	时域信道矩阵(见图 4-8)
$\boldsymbol{G}_{0,0},\cdots,\boldsymbol{G}_{N-1,0}$	$M\times M$	$\boldsymbol{G}$ 的对角子块
$\boldsymbol{G}_{1,1},\cdots,\boldsymbol{G}_{N-1,1}$	$M\times M$	$\boldsymbol{G}$ 的第一子对角线块
$\boldsymbol{G}_{0,1}$	$M\times M$	$\boldsymbol{G}$ 的右上角子块(仅在 RCP-OTPS 中)

续表

$\boldsymbol{G}$	$NM\times NM$	时域信道矩阵(见图 4-8)
$\check{\boldsymbol{H}}$	$NM\times NM$	时频信道矩阵(见图 4-9)
$\check{\boldsymbol{H}}_{0,0},\cdots,\check{\boldsymbol{H}}_{N-1,0}$	$M\times M$	$\boldsymbol{H}$ 的对角子块
$\check{\boldsymbol{H}}_{1,1},\cdots,\check{\boldsymbol{H}}_{N-1,1}$	$M\times M$	$\check{\boldsymbol{H}}$ 的第一子对角线块
$\widetilde{\boldsymbol{H}}$	$NM\times NM$	延迟时间信道矩阵(见图 4-11)
$\widetilde{\boldsymbol{K}}_{m,l}$	$N\times N$	$\widetilde{\boldsymbol{H}}$ 的第$(m,[m-l]_M)$子块
$\tilde{\boldsymbol{v}}_{m,l}$	$N\times 1$	延迟时间信道向量($\widetilde{\boldsymbol{K}}_{m,l}$ 的对角元素)
$\boldsymbol{H}$	$NM\times NM$	时延多普勒信道矩阵(见图 4-12)
$\boldsymbol{K}_{m,l}$	$N\times N$	$\boldsymbol{H}$ 的第$(m,[m-l]_M)$子块
$\boldsymbol{v}_{m,l}$	$N\times 1$	延迟多普勒信道向量($\boldsymbol{K}_{m,l}$ 的第一列)

4.4.1 时域输入输出关系

考虑使用向量表示的离散时间输入输出关系,我们可以将带噪声项的式(4.5)改写为

$$\boldsymbol{r}[q]=\sum_{l\in\mathscr{L}}g^{\mathrm{s}}[l,q]\boldsymbol{s}[q-l]+\boldsymbol{w}[q],q=0,\cdots,NM-1 \tag{4.36}$$

其中,当我们假设 $\boldsymbol{s}[q-l]=0,q-l<0,g^{\mathrm{s}}[l,q]$是时变脉冲响应 $g(\tau,t)$在 $\tau=lT/M$ 和 $t=qT/M$ 处采样,$\boldsymbol{w}[q]$是独立同分布的加性高斯白噪声(AWGN),方差为 σ_w^2。式(4.36)中的向量输入输出关系可以写为

$$\boldsymbol{r}=\boldsymbol{G}\cdot\boldsymbol{s}+\boldsymbol{w} \tag{4.37}$$

其中,$\boldsymbol{w}\in\mathbf{C}^{NM\times 1}$ 为时域 AWGN 向量,$\boldsymbol{s}$ 是式(4.20)中给出的传输样本向量,$\boldsymbol{G}\in\mathbf{C}^{NM\times NM}$ 是信道矩阵。

接下来,我们推导式(4.37)的块状输入输出关系。我们从矩阵 $\boldsymbol{G}$ 开始,它具有 $l_{\max}+1$ 个非零对角线和子对角线,每个子对角线中的元素为

$$\boldsymbol{G}[q,q-l]=g^{\mathrm{s}}[l,q],\quad l\leqslant q\leqslant NM-1 \tag{4.38}$$

其他值为零。例如,当 $l=0$ 时,q 为任意值都可以得到对角线元素 $\boldsymbol{G}[q,q]$。当 $l=1$ 时,我们得到第一个子对角线上的元素 $\boldsymbol{G}[q,q-1],q\geqslant 1$,依此类推。

图 4-8 展示了一个具有三个延迟路径($l_{\max}=2$) 和 $N=8$ 的信道矩阵 $\boldsymbol{G}$ 的示例,其中 $\boldsymbol{s}_n\in\mathbf{C}^{M\times 1}$ 和 $\boldsymbol{r}_n\in\mathbf{C}^{M\times 1}(n=0,\cdots,N-1)$表示发送和接收的时域向量。因此,块状的输入输出关系可以写为

$$\left.\begin{aligned}&\boldsymbol{r}_0=\boldsymbol{G}_{0,0}\cdot\boldsymbol{s}_0+\boldsymbol{w}_0, && n=0\\&\boldsymbol{r}_n=\boldsymbol{G}_{n,0}\cdot\boldsymbol{s}_n+\boldsymbol{G}_{n,1}\cdot\boldsymbol{s}_{n-1}+\boldsymbol{w}_n, && 1\leqslant n\leqslant N-1\end{aligned}\right\} \tag{4.39}$$

其中,$\boldsymbol{w}_n\in\mathbf{C}^{M\times 1}$ 是第 n 个 AWGN 块向量,$\boldsymbol{G}_{n,n'}\in\mathbf{C}^{M\times M}$表示第 n 个接收块和第 $n-n'$个发送块之间的信道。由于 $l_{\max}<M$,所以第 n 个接收到的块只能受到第 $n-1$ 个块的干扰[见式(4.39)],即 $n'=0$ 或 1。当 $n'=0,n=0,\cdots,N-1$ 时,$\boldsymbol{G}_{n,0}$ 表示 $\boldsymbol{G}$ 的对角块;当 $n'=1$,$n>0$ 时,$\boldsymbol{G}_{n,1}$ 表示 $\boldsymbol{G}$ 的第一个子对角块,它们都是第 n 个接收块和第 $n-1$ 个发送块之间的块间干扰。

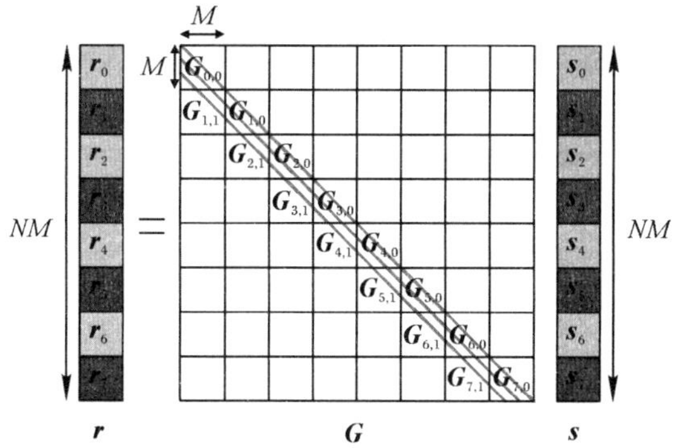

图 4-8 时域信道矩阵 G 分为 $M\times M$ 子矩阵，它具有三个延迟路径，在图中由三条绿色(印刷版中为浅灰色)子对角线表示

4.4.2 时频输入输出关系

通过对时域块 $\boldsymbol{s},\boldsymbol{r}$ 做 M 点的离散傅里叶变换得到发送和接收的时频域 $\check{\boldsymbol{x}},\check{\boldsymbol{y}}$，即

$$\left.\begin{aligned}\check{\boldsymbol{x}}&=(\boldsymbol{I}_N\otimes\boldsymbol{F}_M)\cdot\boldsymbol{s}\\ \check{\boldsymbol{y}}&=(\boldsymbol{I}_N\otimes\boldsymbol{F}_M)\cdot\boldsymbol{r}\end{aligned}\right\}\tag{4.40}$$

在时域关系的两边同乘$(\boldsymbol{I}_N\otimes\boldsymbol{F}_M)$：

$$\boldsymbol{r}=\boldsymbol{G}\cdot\boldsymbol{s}+\boldsymbol{w}$$

得到

$$\begin{aligned}\underbrace{(\boldsymbol{I}_N\otimes\boldsymbol{F}_M)\boldsymbol{r}}_{\check{\boldsymbol{y}}}&=(\boldsymbol{I}_N\otimes\boldsymbol{F}_M)\boldsymbol{G}\cdot\boldsymbol{s}+(\boldsymbol{I}_N\otimes\boldsymbol{F}_M)\boldsymbol{w}\\ &=(\boldsymbol{I}_N\otimes\boldsymbol{F}_M)\boldsymbol{G}(\boldsymbol{I}_N\otimes\boldsymbol{F}_M)^{\dagger}(\boldsymbol{I}_N\otimes\boldsymbol{F}_M)\cdot\boldsymbol{s}+(\boldsymbol{I}_N\otimes\boldsymbol{F}_M)\boldsymbol{w}\\ &=\underbrace{(\boldsymbol{I}_N\otimes\boldsymbol{F}_M)\boldsymbol{G}(\boldsymbol{I}_N\otimes\boldsymbol{F}_M^{\dagger})}_{\check{\boldsymbol{H}}}\underbrace{(\boldsymbol{I}_N\otimes\boldsymbol{F}_M)\cdot\boldsymbol{s}}_{\check{\boldsymbol{x}}}+\underbrace{(\boldsymbol{I}_N\otimes\boldsymbol{F}_M)\boldsymbol{w}}_{\check{\boldsymbol{w}}}\end{aligned}$$

其中，第二步是由$(\boldsymbol{I}_N\otimes\boldsymbol{F}_M)^{\dagger}(\boldsymbol{I}_N\otimes\boldsymbol{F}_M)=\boldsymbol{I}_{NM}$ 得到，最后一步$(\boldsymbol{I}_N\otimes\boldsymbol{F}_M)^{\dagger}=(\boldsymbol{I}_N\otimes\boldsymbol{F}_M^{\dagger})$利用了 $\boldsymbol{F}_M$ 的对称性。因此，时频域的输入输出关系为

$$\check{\boldsymbol{y}}=\check{\boldsymbol{H}}\cdot\check{\boldsymbol{x}}+\check{\boldsymbol{w}}\tag{4.41}$$

具有时频域信道矩阵和 AWGN 向量：

$$\check{\boldsymbol{H}}=(\boldsymbol{I}_N\otimes\boldsymbol{F}_M)\cdot\boldsymbol{G}\cdot(\boldsymbol{I}_N\otimes\boldsymbol{F}_M^{\dagger})\tag{4.42}$$

$$\check{\boldsymbol{w}}=(\boldsymbol{I}_N\otimes\boldsymbol{F}_M)\cdot\boldsymbol{w}\tag{4.43}$$

接下来，我们分别推导式(4.41) 中块和元素间的输入输出关系。将时频样本分成 N 个块作为

$$\check{\boldsymbol{x}}=\begin{bmatrix}\check{\boldsymbol{x}}_0\\ \vdots\\ \check{\boldsymbol{x}}_{N-1}\end{bmatrix},\ \check{\boldsymbol{y}}=\begin{bmatrix}\check{\boldsymbol{y}}_0\\ \vdots\\ \check{\boldsymbol{y}}_{N-1}\end{bmatrix}\tag{4.44}$$

其中，$\check{\boldsymbol{x}}_n,\check{\boldsymbol{y}}_n\in\mathbf{C}^{M\times 1}(n=0,\cdots,N-1)$与长度为 M 的时域块有关，即

$$\check{\boldsymbol{x}}_n=\boldsymbol{F}_M\cdot\boldsymbol{s}_n,\check{\boldsymbol{y}}_n=\boldsymbol{F}_M\cdot\boldsymbol{r}_n\tag{4.45}$$

由式(4.39)、式(4.40)和式(4.45),可得到时频分块的输入输出关系,即

$$\left.\begin{aligned}\check{\boldsymbol{y}}_0 &= \check{\boldsymbol{H}}_{0,0}\cdot\check{\boldsymbol{x}}_0+\check{\boldsymbol{w}}_0, & n&=0\\ \check{\boldsymbol{y}}_n &= \check{\boldsymbol{H}}_{n,0}\cdot\check{\boldsymbol{x}}_n+\check{\boldsymbol{H}}_{n,1}\cdot\check{\boldsymbol{x}}_{n-1}+\check{\boldsymbol{w}}_n, & 1&\leqslant n\leqslant N-1\end{aligned}\right\}\tag{4.46}$$

其中,对于矩形波形,有

$$\check{\boldsymbol{H}}_{n,n'}=\boldsymbol{F}_M\cdot\boldsymbol{G}_{n,n'}\cdot\boldsymbol{F}_M^{\dagger}\tag{4.47}$$

是第 n 个接收块与第 $n-n'$ 个发送块之间的时频信道,其中 $n'\in\{0,1\}$。图 4-9 为 $N=8$ 的时频信道矩阵 $\check{\boldsymbol{H}}$ 结构。与时域信道矩阵结构类似,$\check{\boldsymbol{H}}_{n,0}$ 和 $\check{\boldsymbol{H}}_{n,1}$ ($n=0,\cdots,N-1$)分别是 $\check{\boldsymbol{H}}$ 的对角块和第一个子对角块,其中 $\check{\boldsymbol{H}}_{n,1}$ 表示第 n 个接收块和第 $n-1$ 个发送之间的块间干扰。

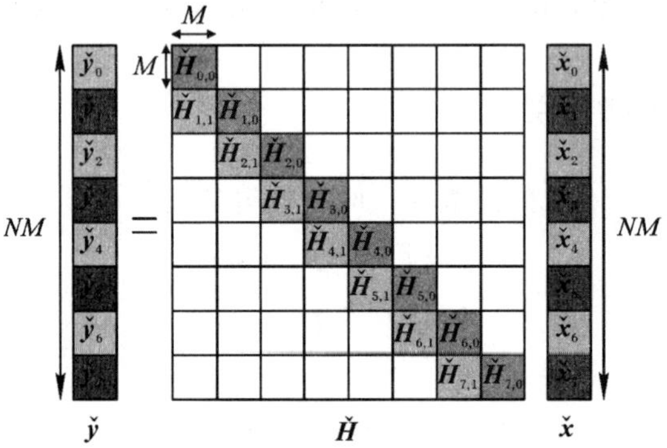

图 4-9 **时频信道矩阵 $\check{\boldsymbol{H}}$ 划分为 $M\times M$ 个子矩阵**

忽略噪声项,时频域中元素的输入输出关系可以写为

$$\check{\boldsymbol{y}}_n[m]=\check{\boldsymbol{H}}_{n,0}[m,m]\check{\boldsymbol{x}}_n[m]+\underbrace{\sum_{m'=0,m'\neq m}^{M-1}\check{\boldsymbol{H}}_{n,0}[m,m']\check{\boldsymbol{x}}_n[m']}_{\text{ICI}}+\underbrace{\sum_{m'=0}^{M-1}\check{\boldsymbol{H}}_{n,1}[m,m']\check{\boldsymbol{x}}_{n-1}[m]}_{\text{ISI}}\tag{4.48}$$

其中,$m=0,\cdots,M-1$。如式(4.48)所示,由于信道多普勒扩展和时延扩展,时频域样本之间的干扰可以大致分为载波间干扰(ICI)和符号间干扰(ISI)。如第 4.2 节所述,对于理想的脉冲整形波形,信道在时频样本间不引入载波间干扰和符号间干扰,即

$$\left.\begin{aligned}\check{\boldsymbol{H}}_{n,0}[m,m']&=0, & m&\neq m'\\ \check{\boldsymbol{H}}_{n,1}[m,m']&=0, & m&,m'\text{为任意常数}\end{aligned}\right\}\tag{4.49}$$

第一个条件意味着 $\check{\boldsymbol{H}}_{n,0}$ 必须是对角矩阵。式(4.49)中的第二个条件意味着块之间不应有符号间干扰。

现在我们来探究假设中理想的脉冲整型波形对所有实际信道都无效的原因。我们从具有任意脉冲整形波形 $\boldsymbol{G}_{\text{tx}}$ 和 $\boldsymbol{G}_{\text{rx}}$ 的通用时频信道矩阵开始,由下式给出:

$$\check{\boldsymbol{H}}_{n,n'}=\boldsymbol{F}_M\cdot\underbrace{\boldsymbol{G}_{\text{rx}}\cdot\boldsymbol{G}_{n,n'}\cdot\boldsymbol{G}_{\text{tx}}}_{\boldsymbol{G}_{\text{eq}}}\cdot\boldsymbol{F}_M^{\dagger}\tag{4.50}$$

其中,$\boldsymbol{G}_{\text{eq}}$ 是等效的时域信道矩阵。由于 $\boldsymbol{G}_{\text{tx}}$ 和 $\boldsymbol{G}_{\text{rx}}$ 是对角矩阵,所以仅当 $\boldsymbol{G}_{\text{eq}}$ 是循环矩阵时,$\check{\boldsymbol{H}}_{n,n'}$ 可以通过傅里叶变换实现对角化。然而,$\boldsymbol{G}_{\text{eq}}$ 的结构只有在静态多径信道的情况

下才是循环的，如第 3 章中的 OFDM 所示。这意味着没有实际的脉冲整型波形可以使 $\boldsymbol{G}_{\text{eq}}$ 为循环矩阵。

4.4.3 时延时域输入输出关系

通过对转置时延时域矩阵式(4.17)中的$\widetilde{\boldsymbol{X}}^{\mathrm{T}}$和式(4.24)中的 $\widetilde{\boldsymbol{Y}}^{\mathrm{T}}$ 向量化产生向量 $\widetilde{\boldsymbol{x}}$ 和 $\widetilde{\boldsymbol{y}}$，可以得到包含 M 个 N 个样本的块的向量，即

$$\widetilde{\boldsymbol{x}}=\begin{bmatrix}\widetilde{\boldsymbol{x}}_0\\ \vdots \\ \widetilde{\boldsymbol{x}}_{M-1}\end{bmatrix}=\text{vec}\ (\widetilde{\boldsymbol{X}}^{\mathrm{T}}),\widetilde{\boldsymbol{y}}=\begin{bmatrix}\widetilde{\boldsymbol{y}}_0\\ \vdots \\ \widetilde{\boldsymbol{y}}_{M-1}\end{bmatrix}=\text{vec}\ (\widetilde{\boldsymbol{Y}}^{\mathrm{T}}) \tag{4.51}$$

其中，$\widetilde{\boldsymbol{x}}_m,\widetilde{\boldsymbol{y}}_m\in\mathbf{C}^{N\times 1}(m=0,\cdots,M-1)$是 $\widetilde{\boldsymbol{x}},\widetilde{\boldsymbol{y}}$ 的子向量。时延时域向量可以通过行列置换操作与时域样本联系起来：

$$\widetilde{\boldsymbol{x}}=\boldsymbol{P}^{\mathrm{T}}\cdot\boldsymbol{s},\widetilde{\boldsymbol{y}}=\boldsymbol{P}^{\mathrm{T}}\cdot\boldsymbol{r} \tag{4.52}$$

行列交错操作如图 4-10 所示。读者应该注意，时延时域样本被分成 M 个向量$\widetilde{\boldsymbol{x}}_m$，每个长度为 N，而时域样本被分成 N 个向量 $\boldsymbol{s}_n$，每个长度为 M。

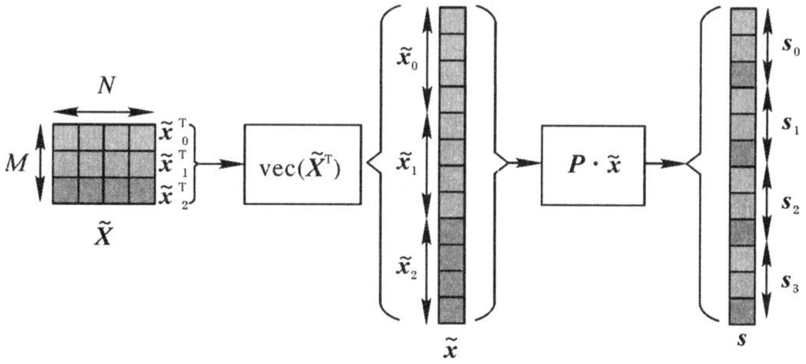

图 4-10 由时延时域样本生成时域样本的行列交错操作，其中 P 是大小为 12 的 OTFS 帧的置换矩阵，其 $M=3$，$N=4$

将时域输入输出关系 $\boldsymbol{r}=\boldsymbol{G}\cdot\boldsymbol{s}+\boldsymbol{w}$ 两边同乘 $\boldsymbol{P}^{\mathrm{T}}$ 得到

$$\underbrace{\boldsymbol{P}^{\mathrm{T}}\cdot\boldsymbol{r}}_{\widetilde{\boldsymbol{y}}}=\underbrace{\boldsymbol{P}^{T}\cdot\boldsymbol{G}\cdot\boldsymbol{P}}_{\widetilde{\boldsymbol{H}}}\underbrace{\boldsymbol{P}^{\mathrm{T}}\cdot\boldsymbol{s}}_{\widetilde{\boldsymbol{x}}}+\underbrace{\boldsymbol{P}^{\mathrm{T}}\cdot\boldsymbol{w}}_{\widetilde{\boldsymbol{w}}} \tag{4.53}$$

其中，$\boldsymbol{P}^{\mathrm{T}}\cdot\boldsymbol{P}=\boldsymbol{I}_{NM}$。我们重新表达时延时域输入输出关系，可写为

$$\widetilde{\boldsymbol{y}}=\widetilde{\boldsymbol{H}}\cdot\widetilde{\boldsymbol{x}}+\widetilde{\boldsymbol{w}} \tag{4.54}$$

其中

$$\widetilde{\boldsymbol{H}}=\boldsymbol{P}^{\mathrm{T}}\cdot\boldsymbol{G}\cdot\boldsymbol{P} \tag{4.55}$$

$$\widetilde{\boldsymbol{w}}=\boldsymbol{P}^{\mathrm{T}}\cdot\boldsymbol{w} \tag{4.56}$$

接下来，我们推导式(4.54)的逐块的输入输出关系。设$\widetilde{\boldsymbol{K}}_{m,l}\in\mathbf{C}^{N\times N}$ 为信道矩阵 $\widetilde{\boldsymbol{H}}$ 的子块，表示第 m 个接收块与第 $[m-l]_M$ 个发送块之间的时延时域信道，其中 $m=0,\cdots,M-1,l=0,\cdots,l_{\max}-1$。图 4-11 表示 $l_{\max}=2$ 和 $M=8$ 的时延时域信道矩阵。那么时延时域中的块输入输出关系可以写为

$$\widetilde{\boldsymbol{y}}_m=\sum_{l\in\mathcal{L}}\widetilde{\boldsymbol{K}}_{m,l}\cdot\widetilde{\boldsymbol{x}}_{[m-l]_M}+\widetilde{\boldsymbol{w}}_m \tag{4.57}$$

其中，$\widetilde{\boldsymbol{w}}_m\in\mathbf{C}^{N\times 1}(m=0,\cdots,M-1)$是时延时域条件下的 AWGN 向量。请注意，$[m-l]_M$是由行列交错和块间干扰效应造成的。

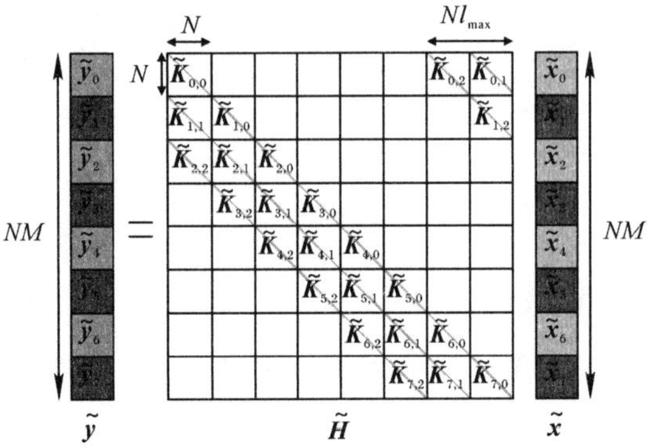

图 4-11　将具有三条延迟路径的时延时域信道矩阵 $\widetilde{\boldsymbol{H}}=\boldsymbol{P}^{\mathrm{T}}\cdot\boldsymbol{G}\cdot\boldsymbol{P}$ 划分为 $N\times N$ 的子矩阵

4.4.4　时延多普勒输入输出关系

已知$(\boldsymbol{P}\cdot(\boldsymbol{I}_M\otimes\boldsymbol{F}_N^{\dagger}))^{\dagger}=(\boldsymbol{I}_M\otimes\boldsymbol{F}_N)\boldsymbol{P}^{\mathrm{T}}$，利用式(4.35)中的结论，将式$\boldsymbol{r}=\boldsymbol{G}\cdot\boldsymbol{s}+\boldsymbol{w}$两边同时乘以$\boldsymbol{A}=(\boldsymbol{I}_M\otimes\boldsymbol{F}_N)\boldsymbol{P}^{\mathrm{T}}$，得

$$\underbrace{\boldsymbol{A}\cdot\boldsymbol{r}}_{\boldsymbol{y}}=\underbrace{\boldsymbol{A}\cdot\boldsymbol{G}\boldsymbol{A}^{\dagger}}_{\boldsymbol{H}}\underbrace{\boldsymbol{A}\cdot\boldsymbol{s}}_{\boldsymbol{x}}+\underbrace{\boldsymbol{A}\boldsymbol{w}}_{\boldsymbol{z}} \tag{4.58}$$

其中，$\boldsymbol{A}^{\dagger}\boldsymbol{A}=\boldsymbol{I}_{NM\times NM}$。可以得到时延多普勒条件下的输入输出方程：

$$\boldsymbol{y}=\boldsymbol{H}\cdot\boldsymbol{x}+\boldsymbol{z} \tag{4.59}$$

其中，$NM\times NM$时延多普勒信道矩阵和$NM\times 1$的 AWGN 向量是

$$\boldsymbol{H}=(\boldsymbol{I}_M\otimes\boldsymbol{F}_N)\cdot(\boldsymbol{P}^{\mathrm{T}}\cdot\boldsymbol{G}\cdot\boldsymbol{P})\cdot(\boldsymbol{I}_M\otimes\boldsymbol{F}_N^{\dagger})=(\boldsymbol{I}_M\otimes\boldsymbol{F}_N)\cdot\widetilde{\boldsymbol{H}}\cdot(\boldsymbol{I}_M\otimes\boldsymbol{F}_N^{\dagger}) \tag{4.60}$$

$$\boldsymbol{z}=(\boldsymbol{I}_M\otimes\boldsymbol{F}_N)\cdot(\boldsymbol{P}^{\mathrm{T}}\cdot\boldsymbol{w})=(\boldsymbol{I}_M\otimes\boldsymbol{F}_N)\cdot\widetilde{\boldsymbol{w}} \tag{4.61}$$

接下来，我们将探究 OTFS 块中时延多普勒的输入输出关系。设$\boldsymbol{K}_{m,l}\in\mathbf{C}^{N\times N}$为信道矩阵$\boldsymbol{H}$的子块，表示第$m$个接收块与第$[m-l]_M$个发送块之间的时移多普勒信道块，其中$m=0,\cdots,M-1,l=0,\cdots,l_{\max}$。图 4-12 表示$M=8$的时延多普勒信道矩阵。时延多普勒信道块矩阵$\boldsymbol{K}_{m,l}$与$\widetilde{\boldsymbol{K}}_{m,l}$使用二维离散傅里叶变换(DFT)相联系：

$$\boldsymbol{K}_{m,l}=\boldsymbol{F}_N\cdot\widetilde{\boldsymbol{K}}_{m,l}\cdot\boldsymbol{F}_N^{\dagger} \tag{4.62}$$

回顾式(4.31)中发送和接收的块(或子向量)$\boldsymbol{x}_m,\boldsymbol{y}_m\in\mathbf{C}^{N\times 1}(m=0,\cdots,M-1)$，我们得到块中的时延多普勒输入输出关系为

$$\boldsymbol{y}_m=\sum_{l\in\mathcal{L}}\boldsymbol{K}_{m,l}\cdot\boldsymbol{x}_{[m-l]_M}+\boldsymbol{z}_m \tag{4.63}$$

其中，$\boldsymbol{z}_m\in\mathbf{C}^{N\times 1}$是 AWGN 向量。

注意，所有 4 个域中的噪声向量$\boldsymbol{w}$(时域)、$\check{\boldsymbol{w}}$(时频域)、$\widetilde{\boldsymbol{w}}$(时延时间域)和$\boldsymbol{z}$(时延多普勒域)具有相同的统计特性，因为它们可以通过酉变换联系起来。

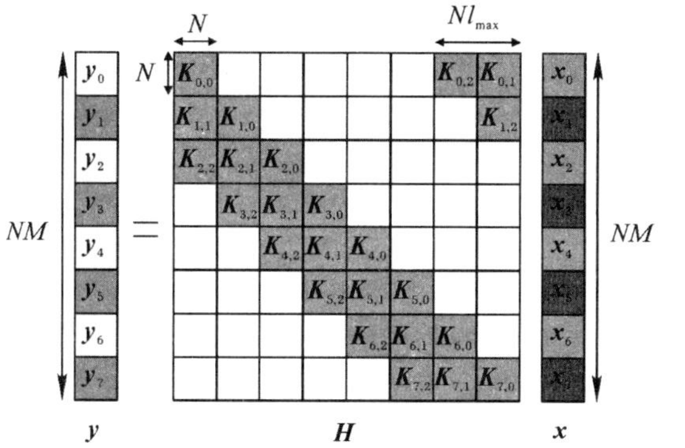

图 4-12　将具有三条延迟路径的时延多普勒域信道矩阵
$\boldsymbol{H}=(\boldsymbol{I}_M \otimes \boldsymbol{F}_N)\cdot\widetilde{\boldsymbol{H}}\cdot(\boldsymbol{I}_M \otimes \boldsymbol{F}_N^{\dagger})$ 划分为 $N\times N$ 的子矩阵

4.5 OTFS 的变体

在前面的部分中，我们分析了 OTFS 收发器和单个 OTFS 时间帧中 NM 个样本的输入输出关系。在本节中，我们将讨论 OTFS 帧结构的不同变体(见图 4-13)。

简化的 ZP/CP-OTFS(RZP/RCP-OTFS)：将单个零填充(ZP)或将循环前缀(CP)添加到 OTFS 帧中[见图 4-13(a)]。

ZP/CP-OTFS：在时域 OTFS 帧的每个块中添加 L_g 样本的循环前缀(CP)或零填充(ZP)(CP 在块前，ZP 在块尾)[见图 4-13(b)]。

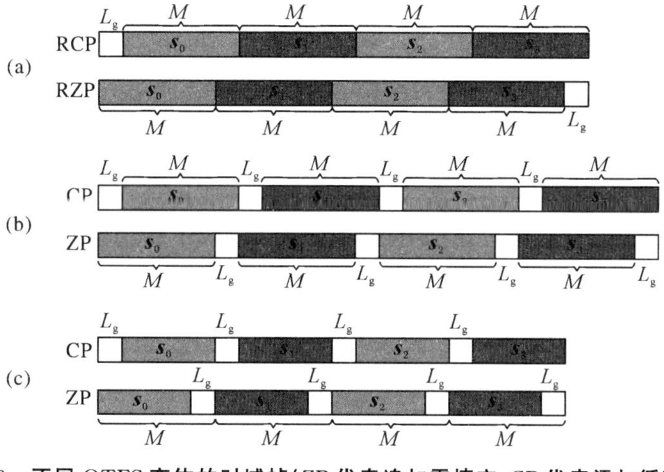

图 4-13　不同 OTFS 变体的时域帧(ZP 代表追加零填充，CP 代表添加循环前缀)

(a)将单个 CP/ZP 添加到帧中；(b)将 CP/ZP 追加到每个块；(c)每个块中都包含一个 CP/ZP

在图 4-13(b)的情况下，OTFS 帧持续时间 T_f 延长了一个因子 $\gamma_g=(1+L_g/M)$，因此多普勒分辨率 $1/T_f$ 也相应增加。在接收器处丢弃 ZP/CP 后，信道抽头的所有多普勒频移 κ_i 都按 γ_g 的因子缩放。为了与 *OFDM* 中更常用的循环前缀插入兼容，我们将在本章和所有与检测有关的讨论(第 6 和 8 章)中遵循这种情况。

另一种解决方案如图 4-13(c)所示,其中 OTFS 帧中信息符号的数量减少到 $(M-L_g)N$,以便在插入 ZP/CP 后总帧大小保持 MN 个样本。在接收器处,ZP/CP 未被丢弃,因此多普勒频移在 MN 时延多普勒网格中保持不变。在第 7 章中描述信道估计方法以及附录 C 中给出的大多数 Matlab 代码中,我们将遵循这种情况。

4.5.1 RZP-OTFS

对于 RZP-OTFS,我们单独考虑 NM 个样本的 OTFS 时间帧。我们在帧中添加一个长度为 $l_{\max}$ 的 ZP,以避免由于信道延迟扩展而受到前一帧的干扰,如图 4-13 所示。注意 RZP-OTFS 与 ZP-OTFS 不同,因为 RZP-OTFS 每帧有一个 ZP,而 ZP-OTFS 每个块有一个 ZP。

1. RZP-OTFS:时域分析

RZP-OTFS 时域输入输出关系与式(4.36)相同,即

$$\boldsymbol{r}[q]=\sum_{l} g^{s}[l,q]\boldsymbol{s}[q-l]+\boldsymbol{w}[q],q=0,\cdots,NM-1 \tag{4.64}$$

其中,$\boldsymbol{s}[q-l]=0,q-l<0,g^{s}[l,q]$是信道 $g(\tau,t)$在 $\tau=lT/M$ 和 $t=qT/M$ 处采样的响应。向量的输入输出关系与式(4.37)中的相同,即 $\boldsymbol{r}=\boldsymbol{G}\cdot\boldsymbol{s}+\boldsymbol{w}$。

接下来,我们推导出逐元素的输入输出关系。忽略噪声并将 $q=m+nM$ 代入式(4.64)得到

$$\boldsymbol{r}[m+nM]=\sum_{l} g^{s}[l,m+nM]\boldsymbol{s}[m+nM-l] \tag{4.65}$$

其中,$m=0,\cdots,M-1,n=0,\cdots,N-1$。

我们现在可以缩小到每个 OTFS 块。对于第 n 个块,第 m 个样本可以写作

$$\boldsymbol{r}_n[m]=\boldsymbol{r}[m+nM] \tag{4.66}$$

和

$$\left.\begin{aligned}\boldsymbol{s}_n[m-l]&=\boldsymbol{s}[m+nM-l], & m\geqslant l\\ \boldsymbol{s}_n[[m-l]_M]&=\boldsymbol{s}[m+nM-l], & m<l\end{aligned}\right\} \tag{4.67}$$

然后,可以通过将式(4.66)和式(4.67)代入式(4.65)来获得逐元素的输入输出关系:

$$\boldsymbol{r}_n[m]=\sum_{l,l\leqslant m} g^{s}[l,m+nM]\boldsymbol{s}_n[m-l]+\underbrace{\sum_{l,l>m} g^{s}[l,m+nM]\boldsymbol{s}_{n-1}[[m-l]_M]}_{\text{块间干扰}} \tag{4.68}$$

对于第一个块($n=0$),我们设置零填充:

$$\boldsymbol{s}_{n-1}[[m-l]_M]=0,n=0,m<l$$

从而得到

$$\boldsymbol{r}_0[m]=\sum_{l,l\leqslant m} g^{s}[l,m]\boldsymbol{s}_0[m-l] \tag{4.69}$$

这意味着第一个块 $\boldsymbol{s}_0$ 没有块间干扰,因为在第 0 个块之前没有发送样本。

2. RZP-OTFS:时延时间域分析

让我们看一下块间干扰在时延时间域中的表现。由于给式(4.52)中的行列交错操作,时延时间块样本与时域块样本有关,如下所示:

$$\boldsymbol{r}_n[m]=\widetilde{\boldsymbol{y}}_m[n],\boldsymbol{s}_n[m]=\widetilde{\boldsymbol{x}}_m[n] \tag{4.70}$$

通过使用式(4.70) 中的关系,我们可以在式(4.68) 中,将 $g^s[l,m+nM]$ 替换为$\widetilde{\boldsymbol{v}}_{m,l}[n]$并替换 $\boldsymbol{r}_n[m]$,$\boldsymbol{s}_n$ 和 $\boldsymbol{s}_{n-1}$,并得到时延时间符号向量$\widetilde{\boldsymbol{y}}_m[n]$,表达式为

$$\widetilde{\boldsymbol{y}}_m[n]=\sum_{l,l\leqslant m}\widetilde{\boldsymbol{v}}_{m,l}[n]\widetilde{\boldsymbol{x}}_{m-l}[n]+\sum_{l,l>m}\widetilde{\boldsymbol{v}}_{m,l}[n]\widetilde{\boldsymbol{x}}_{[m-l]_M}[n-1] \tag{4.71}$$

其中,$m=0,\cdots,M-1$,$n=0,\cdots,N-1$,设

$$\widetilde{\boldsymbol{x}}_{[m-l]_M}[n-1]=0,n=0,m<l$$

基于式(4.6),时延时间信道$\widetilde{\boldsymbol{v}}_{m,l}\in\mathbf{C}^{N\times 1}$ 表示为

$$\begin{aligned}\widetilde{\boldsymbol{v}}_{m,l}[n]&=g^s[l,q]=g^s[l,m+nM]\\&=\sum_{\ell\in\mathcal{L}}\Big(\sum_{\kappa\in\mathcal{K}_\ell}\nu_\ell(\kappa)z^{\kappa(m+nM-l)}\Big)\operatorname{sinc}(l-\ell)\\&=\sum_{\ell\in\mathcal{L}}\Big(\sum_{\kappa\in\mathcal{K}_\ell}\nu_\ell(\kappa)z^{\kappa(m-l)}\mathrm{e}^{\frac{j2\pi\kappa n}{N}}\Big)\operatorname{sinc}(l-\ell)\end{aligned} \tag{4.72}$$

在整数时延信道(即$\ell=l\in\mathbf{Z}$)的情况下,式(4.72) 简化为

$$\widetilde{\boldsymbol{v}}_{m,l}[n]=\sum_{\kappa\in\mathcal{K}_\ell}\nu_l(\kappa)z^{\kappa(m-l)}\mathrm{e}^{\frac{j2\pi\kappa n}{N}},\quad n=0,\cdots,N-1 \tag{4.73}$$

它表示每个延迟抽头$\widetilde{\boldsymbol{v}}_{m,l}$ 是$\nu_l(\kappa)z^{\kappa(m-l)}$的傅里叶逆变换。式(4.71) 中包含噪声的时延时间输入输出关系可以概括为

$$\widetilde{\boldsymbol{y}}_m=\sum_{\ell\in\mathcal{L}}\widetilde{\boldsymbol{K}}_{m,l}\cdot\widetilde{\boldsymbol{x}}_{[m-l]_M}+\widetilde{\boldsymbol{w}}_m,\quad m=0,\cdots,M-1 \tag{4.74}$$

其中,$\widetilde{\boldsymbol{w}}_m\in\mathbf{C}^{N\times 1}$ 是 AWGN 向量,$\widetilde{\boldsymbol{K}}_{m,l}\in\mathbf{C}^{N\times N}$ 是$\widetilde{\boldsymbol{H}}$ 的子矩阵,表示第 ($[m-l]_M$) 个发送向量和第 m 个接收时延时间向量之间的时延时间域信道矩阵,由下式给出:

$$\widetilde{\boldsymbol{K}}_{m,l}=\begin{cases}\operatorname{diag}\ [\widetilde{\boldsymbol{v}}_{m,l}], & m\geqslant l\\ \operatorname{diag}\ [0,\widetilde{\boldsymbol{v}}_{m,l}[1],\cdots,\widetilde{\boldsymbol{v}}_{m,l}[N-1]]\cdot\boldsymbol{\Pi}, & m<l\end{cases} \tag{4.75}$$

其中,$\boldsymbol{\Pi}$ 是列左循环移位的置换矩阵。矩阵$\widetilde{\boldsymbol{K}}_{m,l}$ 的表达式为

$$\underbrace{\begin{bmatrix}\widetilde{\boldsymbol{v}}_{m,l}[0] & 0 & \cdots & 0\\ 0 & \widetilde{\boldsymbol{v}}_{m,l}[1] & \cdots & 0\\ \vdots & \ddots & \ddots & \vdots\\ 0 & 0 & \cdots & \widetilde{\boldsymbol{v}}_{m,l}[N-1]\end{bmatrix}}_{\widetilde{\boldsymbol{K}}_{m,l},m\geqslant l}\underbrace{\begin{bmatrix}0 & 0 & \cdots & 0\\ \widetilde{\boldsymbol{v}}_{m,l}[1] & 0 & \cdots & 0\\ \vdots & \ddots & \ddots & \vdots\\ 0 & \cdots & \widetilde{\boldsymbol{v}}_{m,l}[N-1] & 0\end{bmatrix}}_{\widetilde{\boldsymbol{K}}_{m,l},m<l}$$

图 4-14 显示了 $M=8$ 的 RZP-OTFS 的时延时间信道矩阵。$m<l$ 对应时延时间信道矩阵 $\widetilde{\boldsymbol{H}}$ 右上角块(见图 4-14 阴影块)。

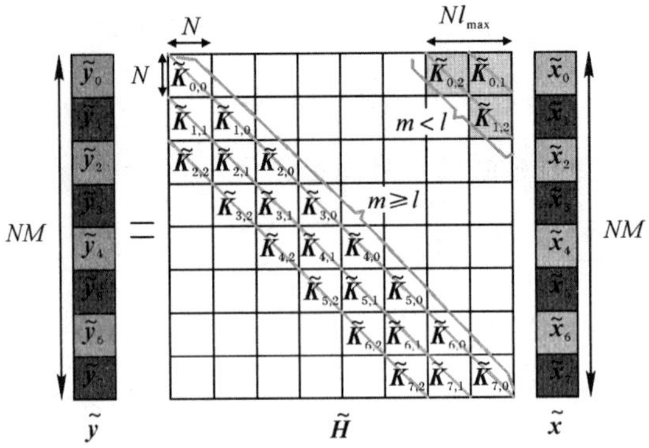

图 4-14　将具有三条延迟路径 RZP-OTFS 时延时间域信道矩阵 $\widetilde{H}=P^{\mathrm{T}}\cdot G\cdot P$ 划分为 $N\times N$ 子矩阵

3. RZP-OTFS：时延多普勒域分析

使用 式(4.62) 中给出的时延时间和时延多普勒之间的关系，可以将式(4.74) 中的块输入-输出关系转换为时延多普勒域，即

$$\boldsymbol{y}_m=\sum_{l\in\mathscr{L}}\boldsymbol{K}_{m,l}\cdot\boldsymbol{x}_{[m-l]_M}+\boldsymbol{z}_m,\quad m=0,\cdots,M-1$$

其中，$\boldsymbol{z}_m\in\mathbf{C}^{N\times1}$ 是时延多普勒 AWGN 向量。

$$\boldsymbol{K}_{m,l}=\begin{cases}\mathrm{circ}\ [\boldsymbol{v}_{m,l}], & m\geq l\\ \left(\mathrm{circ}\ [\boldsymbol{v}_{m,l}]-\dfrac{1}{N}\tilde{\nu}_{m,l}(0)\mathbf{1}_{N\times N}\right)\cdot\boldsymbol{D}, & m<l\end{cases}\tag{4.76}$$

是第 l 个延迟抽头处的多普勒扩展矩阵，其中 $\mathbf{1}_{N\times N}\in\mathbf{C}^{N\times N}$ 表示全一矩阵。其中，

$$\boldsymbol{D}=\mathrm{diag}\left[1,\mathrm{e}^{-\mathrm{j}2\pi/N},\cdots,\mathrm{e}^{-\mathrm{j}2\pi(N-1)/N}\right]$$

是由式(4.75)中的$\widetilde{\boldsymbol{K}}_{m,l}$ 与矩阵 $\boldsymbol{\Pi}$ 的循环移位引起的相位旋转。循环矩阵 $[\boldsymbol{v}_{m,l}]$ 表达式如下：

$$\mathrm{circ}\ [\boldsymbol{v}_{m,l}]=\begin{bmatrix}\boldsymbol{v}_{m,l}[0] & \boldsymbol{v}_{m,l}[N-1] & \cdots & \boldsymbol{v}_{m,l}[1]\\ \boldsymbol{v}_{m,l}[1] & \boldsymbol{v}_{m,l}[0] & \cdots & \boldsymbol{v}_{m,l}[2]\\ \vdots & \ddots & \ddots & \vdots\\ \boldsymbol{v}_{m,l}[N-1] & \boldsymbol{v}_{m,l}[N-2] & \cdots & \boldsymbol{v}_{m,l}[0]\end{bmatrix}$$

时延时间域信道向量$\tilde{\boldsymbol{v}}_{m,l}$ 与时延多普勒域信道向量 $\boldsymbol{v}_{m,l}$ 之间的关系可以通过一维傅里叶变换表示为

$$\boldsymbol{v}_{m,l}[k]=\frac{1}{N}\sum_{n=0}^{N-1}\tilde{\boldsymbol{v}}_{m,l}[n]\mathrm{e}^{\frac{-\mathrm{j}2\pi kn}{N}}\tag{4.77}$$

图 4-15 为 $M=8$ 的 RZP-OTFS 的时延多普勒域信道矩阵。请注意，当 $m\geq l$ 时，$\boldsymbol{K}_{m,l}$ 是循环矩阵，当 $m<l$(右上角块)时，它不是循环矩阵。

将式(4.97) 代入式(4.77)，我们现在可以为以下信道条件，以信道多普勒响应 $\nu_\ell(\boldsymbol{\kappa})$的形式写出离散多普勒扩展向量 $\boldsymbol{v}_{m,l}\in\mathbf{C}^{N\times1}$。

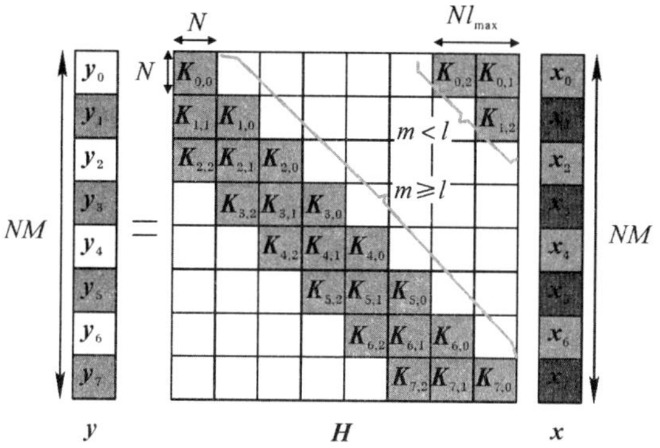

图 4-15 将具有三条时延路径 RZP-OTFS 时延-多普勒域的信道矩阵 $\boldsymbol{H}$ 划分为 $N\times N$ 的子矩阵

4. RZP-OTFS：分数时延和分数多普勒频移

考虑到分数时延和分数多普勒频移的情况，有

$$\boldsymbol{v}_{m,l}[k]=\frac{1}{N}\sum_{\ell\in\mathscr{L}}\Big(\sum_{\kappa\in K_{\ell}}\nu_{\ell}(\kappa)z^{\kappa(m-l)}\zeta_N(\kappa-k)\Big)\operatorname{sinc}(l-\ell) \tag{4.78}$$

其中$\ell,\kappa\in\mathbf{R}$，周期性 sinc 函数 $\zeta(\cdot)$包括由于分数多普勒偏移而导致的多普勒展宽向量中的额外相位和幅度变化，为

$$\zeta_N(x)=\sum_{n=0}^{N-1}\mathrm{e}^{\frac{\mathrm{j}2\pi xn}{N}}=\frac{\sin(\pi x)}{\sin(\pi x/N)}\mathrm{e}^{\frac{\mathrm{j}\pi x(N-1)}{N}} \tag{4.79}$$

5. RZP-OTFS：整数时延和分数多普勒频移

对于$(l-\ell)$的整数值，当$\ell=l$ 时，函数 $\operatorname{sinc}(l-\ell)$的计算结果为 1，当$\ell\neq l$ 时，计算结果为 0。因此，式(4.78) 简化为

$$\boldsymbol{v}_{m,l}[k]=\frac{1}{N}\sum_{\kappa\in K_l}\nu_l(\kappa)z^{\kappa(m-l)}\zeta_N(\kappa-k) \tag{4.80}$$

其中，$l=\ell\in\mathbf{Z}$，$\kappa\in\mathbf{R}$。

6. RZP-OTFS：整数时延和整数多普勒频移

对于 x 为整数的情况，当 $x=0$ 时，函数 $\zeta_N(x)$的计算结果为 N，当 x 为其他值时，计算结果为 0。因此式(4.80) 简化为

$$\boldsymbol{v}_{m,l}[k]=\begin{cases}\nu_l(\kappa)z^{\kappa(m-l)}, & l=\ell\text{且 }k=[\kappa]_N\\ 0, & \text{其他}\end{cases} \tag{4.81}$$

其中，$l=\ell\in\mathbf{Z}$，$\kappa\in\mathbf{Z}$。由于 κ 可以是负整数多普勒频移，所以我们确保 $k=[\kappa]_N\in[0,N-1]$。

图 4-16 为整数多普勒和分数多普勒情况下的离散多普勒扩展矢量 $\boldsymbol{v}_{m,l}$。黑色虚线表示在式(4.79) 中定义的周期性 sinc 函数 $\zeta_N(\cdot)$。可以看出，在分数多普勒频移的情况下，多普勒指数的离散化导致泄漏到所有多普勒频段。

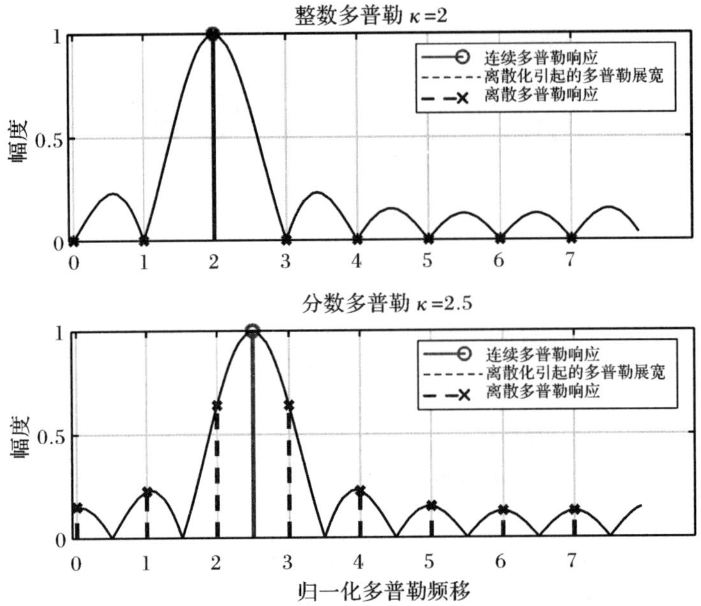

图 4-16 连续($\nu_\ell(\kappa)$)与离散($\nu_{m,l}(\kappa)$)多普勒响应,整数多普勒 $\mathcal{K}_\ell=\{2\}$(顶部)和分数多普勒 $\mathcal{K}_\ell=\{2.5\}$(底部)

4.5.2 RCP-OTFS

对于 RCP-OTFS,我们在时域 OTFS 帧前置长度为 $l_{\max}$ 的循环前缀(CP),其中 CP 是帧中最后 $l_{\max}$ 个样本的副本。在接收端,CP 在进一步处理之前被丢弃。

1. RCP-OTFS:时域分析

对于 RCP-OTFS,在去除 CP 后,式(4.36)中的时域输入输出关系可以改写为

$$\boldsymbol{r}[q]=\sum_{l} g^{\mathrm{s}}[l,q]\boldsymbol{s}\left[[q-l]_{MN}\right]+\boldsymbol{w}[q], \quad q=0,\cdots,NM-1 \tag{4.82}$$

请注意,式(4.82)相对于式(4.36)中的输入输出关系的主要区别是由于 CP 移除导致的模 MN 操作。向量形式的 RCP-OTFS 输入输出关系可以写成式(4.37),$\boldsymbol{r}=\boldsymbol{G}\cdot\boldsymbol{s}+\boldsymbol{w}$,其中,$q=0,\cdots,NM-1$。

$$\boldsymbol{G}\left[q,[q-l]_{MN}\right]=g^{\mathrm{s}}[l,q] \tag{4.83}$$

对于 RCP-OTFS,Matlab 实现生成 $\boldsymbol{G}$ 的方法可以使用式(4.83),附录 C 中提供了接收到的时域信号(参见 Matlab 代码 16)。

图 4-17 为 $N=8$ 的 RCP-OTFS 的时域信道矩阵。与图 4-8 中的情况不同,$\boldsymbol{G}$ 不是下三角矩阵,并且由于 CP 存在,矩阵右上角存在非零元素。式(4.39) 中的逐块输入输出关系简化为

$$\boldsymbol{r}_n=\boldsymbol{G}_{n,0}\cdot\boldsymbol{s}_n+\boldsymbol{G}_{n,1}\cdot\boldsymbol{s}_{[n-1]_N}+\boldsymbol{w}_n \tag{4.84}$$

替代地,式(4.84)中的逐块输入输出关系(为简洁起见省略噪声)可以按元素格式写为

$$\boldsymbol{r}_n[m]=\sum_{l,l\leqslant m} g^{\mathrm{s}}[l,m+nM]\boldsymbol{s}_n[m-l]+\underbrace{\sum_{l,l>m} g^{\mathrm{s}}[l,m+nM]\boldsymbol{s}_{[n-1]_N}\left[[m-l]_M\right]}_{\text{块间干扰}} \tag{4.85}$$

与 RZP－OTFS 的式(4.68)不同，第一个块 $\boldsymbol{s}_0$ 会受到 CP 的干扰，这相当于受到最后一个块的干扰 $\boldsymbol{s}_{N-1}$。

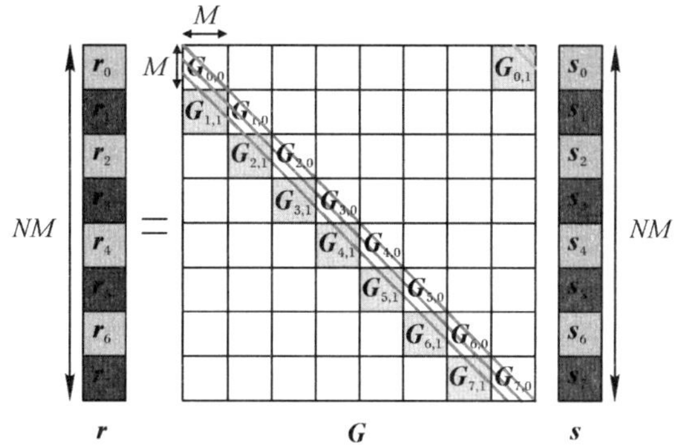

图 4－17 RCP－OTFS **时域信道矩阵 $\boldsymbol{G}$，具有三个延迟路径，被分为 $M\times M$ 的子矩阵**

2. RCP－OTFS：时延时间域和时延多普勒域分析

按照推导 RZP－OTFS 的相同步骤，我们可以在延迟时间域中以向量形式将式(4.85)写为

$$\tilde{\boldsymbol{y}}_m=\sum_{\ell\in\mathcal{L}}\tilde{\boldsymbol{K}}_{m,l}\cdot\tilde{\boldsymbol{x}}_{[m-l]_M}+\tilde{\boldsymbol{w}}_M \tag{4.86}$$

其中

$$\tilde{\boldsymbol{K}}_{m,l}=\begin{cases}\operatorname{diag}\left[\tilde{\boldsymbol{v}}_{m,l}\right], & m\geqslant l\\ \operatorname{diag}\left[\tilde{\boldsymbol{v}}_{m,l}\right]\cdot\boldsymbol{\Pi}, & m<l\end{cases} \tag{4.87}$$

是第$[m-l]_M$ 个发送时延时间向量和第 m 个接收时延时间向量之间的时延时间信道矩阵。RCP－OTFS 的矩阵$\tilde{\boldsymbol{K}}_{m,l}$ 写为

$$\underbrace{\begin{bmatrix}\tilde{\boldsymbol{v}}_{m,l}(0) & 0 & \cdots & 0\\ 0 & \tilde{\boldsymbol{v}}_{m,l}(1) & \cdots & 0\\ \vdots & \ddots & \ddots & \vdots\\ 0 & 0 & \cdots & \tilde{\boldsymbol{v}}_{m,l}(N-1)\end{bmatrix}}_{\tilde{\boldsymbol{K}}_{m,l},m\geqslant l}\underbrace{\begin{bmatrix}0 & 0 & \cdots & \tilde{\boldsymbol{v}}_{m,l}(0)\\ \tilde{\boldsymbol{v}}_{m,l}(1) & 0 & \cdots & 0\\ \vdots & \ddots & \ddots & \vdots\\ 0 & \cdots & \tilde{\boldsymbol{v}}_{m,l}(N-1) & 0\end{bmatrix}}_{\tilde{\boldsymbol{K}}_{m,l},m<l}$$

类似地，式(4.87) 可以转换为时延多普勒域：

$$\boldsymbol{y}_m=\sum_{\ell\in\mathcal{L}}\boldsymbol{K}_{m,l}\cdot\boldsymbol{x}_{[m-l]_M}+\boldsymbol{z}_m \tag{4.88}$$

其中第 l 个延迟抽头的多普勒扩展矩阵为

$$\boldsymbol{K}_{m,l}=\begin{cases}\operatorname{circ}\left[\boldsymbol{v}_{m,l}\right], & m\geqslant l\\ \operatorname{circ}\left[\boldsymbol{v}_{m,l}\right]\cdot\boldsymbol{D}, & m<l\end{cases} \tag{4.89}$$

添加 CP 而不是 ZP 与式(4.76) 相比简化了输入输出关系。注意，类似于 RZP－OTFS，其中 $m\geqslant l$，$\boldsymbol{K}_{m,l}$ 是循环矩阵，而对于 $m<l$，它不是循环矩阵。因为可以使用低复杂度检测方法，所以可以将时延多普勒信道矩阵 $\boldsymbol{H}$ 的所有子矩阵 $\boldsymbol{K}_{m,l}$ 作为循环块。为了获得这样的效果，我们讨论接下来的两种 OTFS 传输方案。

4.5.3 CP - OTFS

在本节中,我们介绍 CP - OTFS 方案,即在每个 N 传输时域块中添加一个 CP,类似于 CP - OFDM。在接收端,进一步处理之前,将丢弃这 N 个循环前缀。

1. CP - OTFS:时域分析

令 $\boldsymbol{s}_{\mathrm{CP}}$ 和 $\boldsymbol{r}_{\mathrm{CP}}$ 为加 CP 后的时域发射和接收信号。那么时域输入输出关系可以写为

$$\boldsymbol{r}_{\mathrm{CP}}[q]=\sum_{\ell\in\mathcal{L}}g^{\mathrm{s}}[l,q]\boldsymbol{s}_{\mathrm{CP}}[q-l]+\boldsymbol{w}_{\mathrm{CP}}[q] \tag{4.90}$$

其中,$q=0,\cdots,(M+L_{\mathrm{CP}})N-1$,$L_{\mathrm{CP}}\geqslant l_{\max}$ 表示 CP 的长度。在每个块中移除 CP 后,式(4.90) 变为

$$\boldsymbol{r}[m+nM]=\sum_{\ell\in\mathcal{L}}g^{\mathrm{s}}[l,m+n(M+L_{\mathrm{CP}})]\,\boldsymbol{s}[[m-l]_M+nM]+\boldsymbol{w}[m+nM] \tag{4.91}$$

$m=0,\cdots,M-1,n=0,\cdots,N-1$,其中 g^{s} 中的指引和模 M 操作是由每个块的 CP 移除而产生的。

分块矩阵的输入输出关系可以写为

$$\boldsymbol{r}_n=\boldsymbol{G}_{n,0}\cdot\boldsymbol{s}_n+\boldsymbol{w}_n \tag{4.92}$$

其中,$\boldsymbol{r}_n,\boldsymbol{s}_n,\boldsymbol{w}_n\in\mathbf{C}^{M\times 1}$ 是接收和发送样本的子向量,以及 AWGN 噪声,$\boldsymbol{G}_{n,0}\in\mathbf{C}^{M\times M}(n=0,\cdots,N-1)$是信道矩阵 $\boldsymbol{G}$ 的对角块(见图 4 - 18 示例) 中的插图,带有元素

$$\boldsymbol{G}_{n,0}[m,[m-l]_M]=g^{\mathrm{s}}[l,m+n(M+L_{\mathrm{CP}})] \tag{4.93}$$

如图 4 - 18 所示,$N=8$,$\boldsymbol{G}_{n,0}$ 是带状矩阵,由每个块的 CP 产生,带宽为 $l_{\max}+1$。与式(4.68) 和式(4.85)中的 RZP/RCP - OTFS 不同,由于每个块存在 CP,所以 CP - OTFS 没有块间干扰。

在附录 C 的 Matlab 代码 17 中提供了生成等效 $\boldsymbol{G}$ 矩阵以及每个块去除 *CP* 后接收到的时域 *CP - OTFS* 信号的代码。

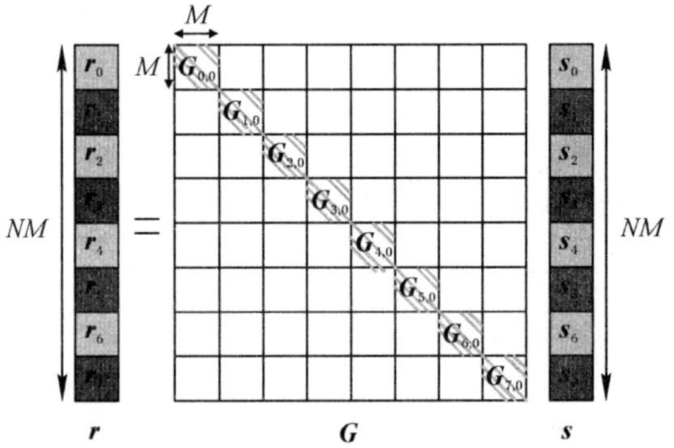

图 4 - 18 具有 3 个延迟路径的 CP - OTFS 时域信道矩阵 $\boldsymbol{G}$,划分为 $M\times M$ 子矩阵

2. CP - OTFS:时延时间域分析

现在考虑 CP - OTFS 的每个块。基于式(4.93),式(4.92)中的输入输出关系(为了简化省略噪声)可以用逐元素格式表示为

$$\begin{aligned}\boldsymbol{r}_n[m] &= \sum_{\ell\in\mathcal{L}} \boldsymbol{G}_{n,0}\left[m,[m-l]_M\right]\boldsymbol{s}_n\left[[m-l]_M\right] \\ &= \sum_{\ell\in\mathcal{L}} g^{\mathrm{s}}\left[l, m+n(M+L_{\mathrm{CP}})\right]\boldsymbol{s}_n\left[[m-l]_M\right]\end{aligned} \tag{4.94}$$

其中，n=0，…，N−1 ，m=0，…，M−1。使用式(4.52) 中的行列交错，时延时间块样本与时域块样本有关，如下所示：

$$\boldsymbol{r}_n[m]=\tilde{\boldsymbol{y}}_m[n],\boldsymbol{s}_n[m]=\tilde{\boldsymbol{x}}_m[n] \tag{4.95}$$

类似于 RCP - OTFS 的推导，通过用 $\tilde{\boldsymbol{v}}_{m,l}[n]$ 替换 $g^{\mathrm{s}}[l,m+n(M+L_{\mathrm{CP}})]$，并使用式(4.95)中的关系式替换 $\boldsymbol{s}_n$ 的元素，可以得到式(4.94)在时延时间条件下的表达式：

$$\tilde{\boldsymbol{y}}_m[n]=\sum_{\ell\in\mathcal{L}}\tilde{\boldsymbol{v}}_{m,l}[n]\tilde{\boldsymbol{x}}_{[m-l]_M}[n] \tag{4.96}$$

其中，$n=0,\cdots,N-1$，$m=0,\cdots,M-1$，$\tilde{\boldsymbol{v}}_{m,l}\in\mathbf{C}^{N\times 1}$是

$$\tilde{\boldsymbol{v}}_{m,l}[n]=\sum_{\ell\in\mathcal{L}}\Big(\sum_{\kappa\in\mathcal{K}_l}\nu_\ell(\kappa)z^{\kappa(m-l)}\mathrm{e}^{\frac{\mathrm{j}2\pi}{N}\kappa\gamma_{\mathrm{g}}n}\Big)\operatorname{sinc}(l-\ell),\quad n=0,1,\cdots,N-1 \tag{4.97}$$

其中. $\gamma_{\mathrm{g}}=\left(1+\dfrac{L_{\mathrm{CP}}}{M}\right)$是实际信道多普勒频移的缩放，这是由于块之间的 CP 导致帧持续时间增加的结果。假设整数延迟抽头信道，即 $l=\ell\in\mathbf{Z}$，式(4.97) 简化为

$$\tilde{\boldsymbol{v}}_{m,l}[n]=\sum_{\kappa\in\mathcal{K}_\ell}\nu_\ell(\kappa)z^{\kappa(m-l)}\mathrm{e}^{\frac{\mathrm{j}2\pi}{N}\kappa\gamma_{\mathrm{g}}n},\quad n=0,1,\cdots,N-1 \tag{4.98}$$

我们可以从式(4.98) 中注意到，每个离散时延时间响应$\tilde{\boldsymbol{v}}_{m,l}$ 在时刻 $t=m\dfrac{T}{M}+nT\gamma_{\mathrm{g}}$ 与 $\nu_l(\kappa)z^{\kappa(q-l)}$ 的傅里叶逆变换在 $q=m+nM\gamma_{\mathrm{g}}$ 的采样有关。

令$\widetilde{\boldsymbol{K}}_{m,l}\in\mathbf{C}^{N\times N}$ 为在第$[m-l]_M$ 个发射与第 m 个接收时延时间符号向量之间的时延时间信道矩阵和：

$$\widetilde{\boldsymbol{K}}_{m,l}=\operatorname{diag}\left[\tilde{\boldsymbol{v}}_{m,l}\right],\quad m=0,\cdots,M-1 \tag{4.99}$$

使用式(4.99)，式(4.96)中的时延时间输入输出关系可以写为

$$\tilde{\boldsymbol{y}}_m=\sum_{\ell\in\mathcal{L}}\widetilde{\boldsymbol{K}}_{m,l}\cdot\tilde{\boldsymbol{x}}_{[m-l]_M}=\sum_{\ell\in\mathcal{L}}\operatorname{diag}\left[\tilde{\boldsymbol{v}}_{m,l}\right]\cdot\tilde{\boldsymbol{x}}_{[m-l]_M}=\sum_{\ell\in\mathcal{L}}(\tilde{\boldsymbol{v}}_{m,l}\circ\tilde{x}_{[m-l]_M}) \tag{4.100}$$

其中，操作符 $\boldsymbol{a}\circ\boldsymbol{b}$ 表示对向量$\boldsymbol{a}$ 和$\boldsymbol{b}$ 进行逐元素乘法运算。

2. CP - OTFS：时延多普勒域分析

使用式(4.100)，可以得到时延多普勒域接收符号向量：

$$\begin{aligned}\boldsymbol{y}_m=\boldsymbol{F}_N\cdot\tilde{\boldsymbol{y}}_m &= \sum_{\ell\in\mathcal{L}}\boldsymbol{F}_N\cdot(\tilde{\boldsymbol{v}}_{m,l}\circ\tilde{\boldsymbol{x}}_{[m-l]_M}) \\ &= \sum_{\ell\in\mathcal{L}}(\boldsymbol{F}_N\cdot\tilde{\boldsymbol{v}}_{m,l})\circledast(\boldsymbol{F}_N\cdot\tilde{\boldsymbol{x}}_{[m-l]_M}) \\ &= \sum_{\ell\in\mathcal{L}}\boldsymbol{v}_{m,l}\circledast\boldsymbol{x}_{[m-l]_M}\end{aligned} \tag{4.101}$$

其中，操作符⊛表示循环卷积，第二步是利用了附录 B 中傅里叶变换的循环卷积性质，以及

$$\boldsymbol{v}_{m,l}[k]=\frac{1}{N}\sum_{n=0}^{N-1}\tilde{\boldsymbol{v}}_{m,l}(n)\,\mathrm{e}^{\frac{-\mathrm{j}2\pi kn}{N}} \tag{4.102}$$

对于 $0\leqslant k\leqslant N-1, 0\leqslant m\leqslant M-1$，$\boldsymbol{v}_{m,l}$ 是第 l 个信道延迟分量上的离散多普勒扩展向量，$M\times N$ 的时延多普勒网格中第 $[m-l]_M$ 行的所有符号都经历了这个扩展。

那么式(4.101)可以写为

$$\boldsymbol{y}_m=\sum_{\ell\in\mathscr{L}}\boldsymbol{K}_{m,l}\cdot\boldsymbol{x}_{[m-l]_M} \tag{4.103}$$

其中，第 l 个延迟抽头处的多普勒扩展矩阵是

$$\boldsymbol{K}_{m,l}=\text{circ}\ [\boldsymbol{v}_{m,l}],\quad m=0,\cdots,M-1 \tag{4.104}$$

将式(4.97)代入式(4.102)，根据信道多普勒响应 $\nu_\ell(\kappa)$，我们可以写出离散多普勒扩展向量 $\boldsymbol{v}_{m,l}\in\mathbf{C}^{N\times1}$，用于以下信道模型。

3. CP - OTFS：分数延迟和分数多普勒频移

在分数延迟和分数多普勒频移的情况下，我们得到

$$\boldsymbol{v}_{m,l}[k]=\frac{1}{N}\sum_{\ell\in\mathcal{L}}\Big(\sum_{\kappa\in\mathcal{K}_\ell}\nu_\ell(\kappa)z^{\kappa(m-l)}\zeta_N(\kappa\gamma_g-k)\Big)\,\text{sinc}(l-\ell) \tag{4.105}$$

其中，$\ell,\kappa\in\mathbf{R}$，$\gamma_g=\left(1+\dfrac{L_{CP}}{M}\right)$。

4. CP - OTFS：整数延迟和分数多普勒频移

对于 $(l-\ell)$ 的整数值，当 $\ell=l$ 时，函数 $\text{sinc}(l-\ell)$ 的计算结果为 1，当 $\ell\neq l$ 时，计算结果为 0。因此，式(4.105)简化为

$$\boldsymbol{v}_{m,l}[k]=\frac{1}{N}\sum_{\kappa\in\mathcal{K}_l}\nu_l(\kappa)z^{\kappa(m-l)}\zeta_N(\kappa\gamma_g-k) \tag{4.106}$$

其中，$\ell=l\in\mathbf{Z}$，$\kappa\in\mathbf{R}$。

5. CP - OTFS：整数延迟和整数多普勒频移

对于 x 的整数值，当 $x=0$ 时，函数 $\zeta_N(x)$ 的计算结果为 $\sqrt{N}$，当 x 为其他值时，结果为 0。因此，式(4.106)简化为

$$\boldsymbol{v}_{m,l}[k]=\begin{cases}\nu_l(\kappa)z^{\kappa(m-l)}, & \ell=l,k=[\kappa\gamma_g]_N\\ 0, & \text{其他}\end{cases} \tag{4.107}$$

对于 $\ell=l\in\mathbf{Z}$ 和 $\kappa\gamma_g\in\mathbf{Z}$。由于 $\kappa\gamma_g$ 可以是负整数多普勒频移，所以我们保证 $k=[\kappa\gamma_g]_N\in[0,N-1]$。

4.5.4 ZP - OTFS

在这一节中，我们介绍 ZP - OTFS，其中长度为 $L_{ZP}\geqslant l_{\max}$ 的 ZP 是添加到每个 N 时域块。ZP - OTFS 的一个优点是 ZP 能够插入用于信道估计的导频符号，这将在第 7 章中介绍。

1. ZP - OTFS：时域分析

类似于式(4.92)，去除 ZP 后无噪声 ZP - OTFS 块的时域输入输出关系为

$$\boldsymbol{r}_n=\boldsymbol{G}_{n,0}\cdot\boldsymbol{s}_n \tag{4.108}$$

其中，$\boldsymbol{G}_{n,0} \in \mathbf{C}^{M\times M}(n=0,\cdots,N-1)$是信道矩阵 $\boldsymbol{G}$ 的对角块(见图 4-19 中 $N=8$ 中的示例图)与元素

$$\boldsymbol{G}_{n,0}[m,m-l]=g^{s}[l,m+n(M+L_{ZP})],\quad m\geqslant l \tag{4.109}$$

其中，$l\in\mathcal{L}$，当 $m<l$ 时，结果为 0。由于每个块中存在 ZP，所以 $\boldsymbol{G}_{n,0}$ 是带状的下三角矩阵，带宽为$(l_{\max}+1)$。

附录 C 的 Matlab 代码 18 中给出了生成 $\boldsymbol{G}$ 矩阵和时域 ZP-OTFS 接收信号每个块的代码。

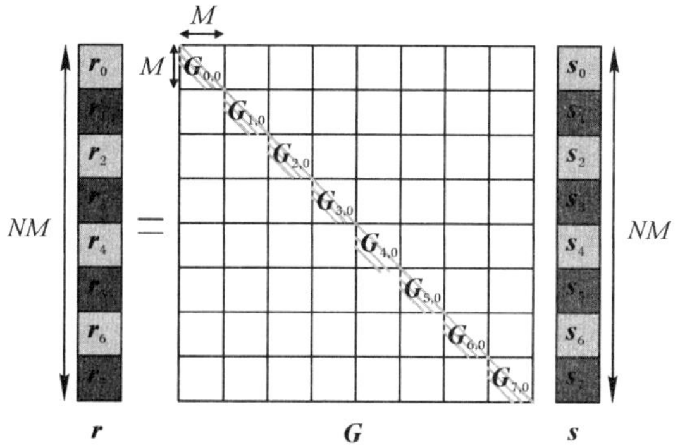

图 4-19　ZP-OTFS 具有 3 个延迟路径的时域信道矩阵 $\boldsymbol{G}$，划分为 $M\times M$ 子矩阵

2. ZP-OTFS：时延时间和时延多普勒域分析

然后将时延时间域输入输出关系修正为

$$\tilde{\boldsymbol{y}}_m[n]=\sum_{\ell\in\mathcal{L}}\tilde{\boldsymbol{v}}_{m,l}[n]\tilde{\boldsymbol{x}}_{m-l}[n] \tag{4.110}$$

其中，$m=0,\cdots,M-1$，以及

$$\tilde{\boldsymbol{x}}_{m-l}[n]=0,\quad m<l \tag{4.111}$$

与 CP-OTFS 类似，由于每个块的 ZP，所以 ZP-OTFS 没有块间干扰。

按照与式(4.101)中相同的步骤，时延多普勒输入输出关系被修改为

$$\boldsymbol{y}_m-\sum_{\ell\in\mathcal{L}}\boldsymbol{K}_{m,l}\cdot\boldsymbol{x}_{m-l}=\sum_{\ell\in\mathcal{L}}\boldsymbol{v}_{m,l}\circledast\boldsymbol{x}_{m-l} \tag{4.112}$$

其中，$m=0,\cdots,M-1$，以及

$$\boldsymbol{x}_{m-l}[n]=0,\quad m<l \tag{4.113}$$

与 CP-OTFS 类似，我们可以通过在式(4.105)～式(4.107)中将 L_{CP} 替换为 L_{ZP}，将离散多普勒展宽向量 $\boldsymbol{v}_{m,l}\in\mathbf{C}^{N\times 1}$ 重新表示为不同通道的信道多普勒响应 $\nu_\ell(\kappa)$。

4.6　信道表达和 OTFS 变体的输入输出关系总结

在本章中，我们按照 OTFS 技术时间表的顺序介绍了 4 种 OTFS 变体。我们首先介绍了 RZP/RCP-OTFS，然后是 CP/ZP-OTFS，因为前者是 Hadani 等人提出的原始 OTFS 方案。

在本节中，我们提供这些方案的通道表达和输入输出关系的总结。为了便于解释，我

们以增加数学表达式的复杂性的顺序呈现我们的结论。我们从最简单的方案 CP - OTFS 开始，然后是 ZP - OTFS、RCP - OTFS 和 RZP - OTFS。附录 C 中给出了用于生成所有情况的信道矩阵 $\boldsymbol{G}$ 和时域接收信号 $\boldsymbol{r}$ 的 Matlab 代码。

4.6.1 OTFS 变体的信道表达

从前面的章节中可知，延迟时间信道向量$\tilde{\boldsymbol{v}}_{m,l}(n)$可以从离散时域信道 $g^{s}[q,l]$中获得：

$$\tilde{\boldsymbol{v}}_{m,l}[n]=\begin{cases} g^{s}[m+n(M+L_{CP}),l] & (\text{CP} \quad \text{OTFS}) \\ g^{s}[m+n(M+L_{ZP}),l] & (\text{ZP - OTFS}) \\ g^{s}[m+nM,l] & (\text{RCP - OTFS 和 RZP - OTFS}) \end{cases}$$

其中，$n=0,\cdots,N-1,m=0,\cdots,M-1,l\in\mathscr{L}$。然后，可以得到时延多普勒信道向量为

$$\boldsymbol{v}_{m,l}[k]=\frac{1}{N}\sum_{n=0}^{N-1}\tilde{\boldsymbol{v}}_{m,l}[n]\mathrm{e}^{\frac{-\mathrm{j}2\pi kn}{N}}$$

针对所有情况的块延迟时间和时延多普勒输入输出关系被概括为

$$\tilde{\boldsymbol{y}}_{m}=\sum_{l\in\mathscr{L}}\widetilde{\boldsymbol{K}}_{m,l}\cdot\tilde{\boldsymbol{x}}_{[m-l]_M}+\tilde{\boldsymbol{w}}_{m} \tag{4.114}$$

$$\boldsymbol{y}_{m}=\sum_{l\in\mathscr{L}}\boldsymbol{K}_{m,l}\cdot\boldsymbol{x}_{[m-l]_M}+\boldsymbol{z}_{m} \tag{4.115}$$

上述时延多普勒域的输入输出关系可以通过图 4-20 中使用因子图来说明，该图以 3 个时延路径的示例为基础。$l\in\mathcal{L}=\{0,1,2\}$。该图显示符号向量 $\boldsymbol{x}_{[m-l]_M}$，由于延迟扩展而相互干扰，而每个符号向量内的分量干扰由于多普勒频移效应，通过 $\boldsymbol{K}_{m,l}$ 乘以每个符号向量来建模。

传输符号向量：$\boldsymbol{x}_m$

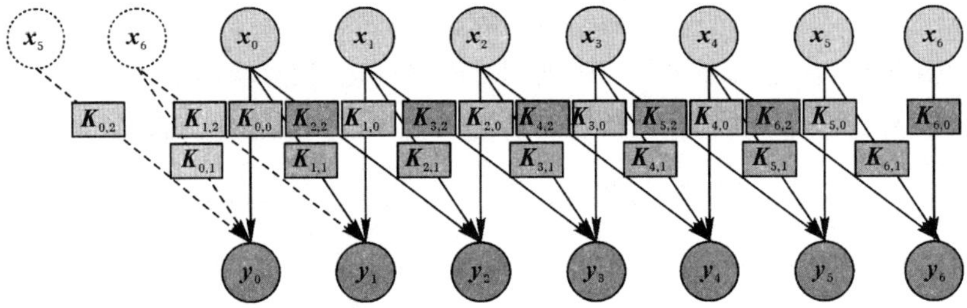

接收符号向量：$\boldsymbol{y}_m=\sum_{l\in\mathscr{L}}\boldsymbol{K}_{m,l}\cdot\boldsymbol{x}_{[m-l]_M}$

图 4-20 时延多普勒域 I/O 关系的因子图表示

OTFS 变体之间的主要区别在于时延时间和时延多普勒信道矩阵的 $\widetilde{\boldsymbol{H}}$ 和 $\boldsymbol{H}$ 的结构：当 $m<l$ 时，对于 CP/ZP - OTFS，它们是下块三角矩阵，而对于 RCP/RZP - OTFS，它们在右上角有非零块(见图 4-14 和图 4-15 中的示例)。对于 $m\geq l$ 和 $m<l$ 的情况，表 4-2 总结了不同的子矩阵$\widetilde{\boldsymbol{K}}_{m,l}$ 和 $\boldsymbol{K}_{m,l}$。例如，图 4-20 中，$\boldsymbol{K}_{0,1}$，$\boldsymbol{K}_{0,2}$ 和 $\boldsymbol{K}_{1,2}$(灰色阴影)用于 $m<l$，而其余的是 $m\geq l$。

这些子矩阵$\boldsymbol{K}_{m,l}$ 的循环特性可用于设计高效的 OTFS 检测器，将在第 6 章中讨论。信道矩阵 $\boldsymbol{H}$ 的另一个理想特性是它的稀疏性，它决定了检测的复杂性。令 S 为信道矩阵 $\boldsymbol{H}$

每一行中非零元素的数量，由于我们在离散延迟多普勒域中操作，S 对应于时延多普勒网格中观察到的时延多普勒路径的数量，不应与传播路径的实际数量 P 混淆。网格样本只能表示整数延迟和多普勒抽头。然而，在实际情况下，具有 P 路径的多径信道可能会导致 $S \geqslant P$，这是由于分数延迟和多普勒路径引起的泄漏，如第 4.5 节所述并在图 4-16 的分数多普勒情况下进行说明。通过增加持续时间 NT 或改变脉冲整型波形 $g_{\text{tx}}(t)$，可以使离散路径的数量 S 在常数 $M\Delta f$ 条件下更接近于 P。

表 4-2 OTFS 变体的子矩阵 $\widetilde{\boldsymbol{K}}_{m,l}$ 和 $\boldsymbol{K}_{m,l}$

	$m \geqslant l$	$m < l$
CP	$\widetilde{\boldsymbol{K}}_{m,l}=\text{diag}\,[\tilde{\boldsymbol{v}}_{m,l}]$，$\boldsymbol{K}_{m,l}=\text{circ}\,[\boldsymbol{v}_{m,l}]$	$\widetilde{\boldsymbol{K}}_{m,l}=\text{diag}\,[\tilde{\boldsymbol{v}}_{m,l}]$，$\boldsymbol{K}_{m,l}=\text{circ}\,[\boldsymbol{v}_{m,l}]$
ZP	$\widetilde{\boldsymbol{K}}_{m,l}=\text{diag}\,[\tilde{\boldsymbol{v}}_{m,l}]$，$\boldsymbol{K}_{m,l}=\text{circ}\,[\boldsymbol{v}_{m,l}]$	$\widetilde{\boldsymbol{K}}_{m,l}=\boldsymbol{0}_{N,N}$，$\boldsymbol{K}_{m,l}=\boldsymbol{0}_{N,N}$
RCP	$\widetilde{\boldsymbol{K}}_{m,l}=\text{diag}\,[\tilde{\boldsymbol{v}}_{m,l}]$，$\boldsymbol{K}_{m,l}=\text{circ}\,[\boldsymbol{v}_{m,l}]$	$\widetilde{\boldsymbol{K}}_{m,l}=\text{diag}\,[\tilde{\boldsymbol{v}}_{m,l}]\cdot\boldsymbol{\Pi}$，$\boldsymbol{K}_{m,l}=\text{circ}\,[\boldsymbol{v}_{m,l}]\cdot\boldsymbol{D}$
RZP	$\widetilde{\boldsymbol{K}}_{m,l}=\text{diag}\,[\tilde{\boldsymbol{v}}_{m,l}]$，$\boldsymbol{K}_{m,l}=\text{circ}\,[\boldsymbol{v}_{m,l}]$	$\widetilde{\boldsymbol{K}}_{m,l}=\text{diag}\,[0,\tilde{\boldsymbol{v}}_{m,l}(1),\cdots\tilde{\boldsymbol{v}}_{m,l}(N-1)]\cdot\boldsymbol{\Pi}$， $\boldsymbol{K}_{m,l}=\left(\text{circ}\,[\boldsymbol{v}_{m,l}]-\dfrac{\tilde{\boldsymbol{v}}_{m,l}(0)}{N}\boldsymbol{I}_{N,N}\right)\cdot\boldsymbol{D}$

4.6.2 OTFS 变体的时延多普勒输入输出关系

考虑具有 P 路径的无线信道，其中每个信道都有增益 g_i，具有归一化延迟偏移 ℓ_i 和多普勒偏移 κ_i，$i=1,\cdots,P$。当接收器具有足够的延迟和多普勒分辨率时，分数延迟和多普勒频移不会分别导致明显泄漏到相邻延迟和多普勒网格点。在这样的假设下，我们可以假设 $\ell_i=l_i$ 和 $\kappa_i=k_i$ 是整数。对于 CP/ZP-OTFS(见第 4.5 节)，我们假设 $\kappa\gamma_g=k_i$ 是整数。回顾第 4.1.3 节，多普勒响应 $\nu_l(k)$ 为

$$\nu_l(k)=\begin{cases} g_i, & l=l_i, k=k_i \\ 0, & \text{其他} \end{cases} \tag{4.116}$$

我们现在对 OTFS 变体的符号时延多普勒输入输出关系进行总结。我们从 CP-OTFS 开始，因为它具有最简单的输入输出表达式。

1. CP-OTFS

基于式(4.101)和式(4.107)，在去除 CP 后，时延多普勒输入输出关系为

$$\begin{aligned}\boldsymbol{y}_m[n] &= \sum_{\ell\in\mathscr{L}}\sum_{k=0}^{N-1}\boldsymbol{v}_{m,l}[k]\boldsymbol{x}_{[m-l]_M}[[n-k]_N] \\ &= \sum_{\ell\in\mathscr{L}}\sum_{k=-N/2}^{N/2-1}\boldsymbol{v}_l(k)z^{k(m-l)}\boldsymbol{x}_{[m-l]_M}[[n-k]_N]\end{aligned} \tag{4.117}$$

将 $\boldsymbol{y}_m[n]$ 替换为 $\boldsymbol{Y}[m,n]$ 并将 $\boldsymbol{x}_m[n]$ 替换为 $\boldsymbol{X}[m,n]$，将式(4.116) 代入式(4.117)，当 $m\geqslant l_i$ 或 $m<l_i$ 时，可得

$$\boldsymbol{Y}[m,n]=\sum_{i=1}^{P}g_i z^{k_i(m-l_i)}\boldsymbol{X}[[m-l_i]_M,[n-k_i]_N] \tag{4.118}$$

其中，$m=0,\cdots,M-1$，$n=0,\cdots,N-1$。可以注意到，接收到的信息符号 $\boldsymbol{Y}[m,n]$ 是传输符

号 $\boldsymbol{X}[m,n]$ 和滤波器的二维卷积的输出，其滤波器由于相位旋转而具有时变系数 $z^{k_i(m-l_i)}$。这与式(4.15)中的理想脉冲整型不同。其中时延多普勒域接收符号是时不变二维循环卷积的输出。

2. ZP－OTFS

与前一种情况的唯一区别是延迟域上没有循环干扰。在丢弃 ZP 后，式(4.118) 中的输入输出关系可以通过从 $\boldsymbol{X}$ 的第一个索引中删除模 M 操作来简单地修改为

$$\boldsymbol{Y}[m,n]=\sum_{i=1}^{P}g_i z^{k_i(m-l_i)}\boldsymbol{X}[m-l_i,[n-k_i]_N],\quad m\geqslant l_i \tag{4.119}$$

其中，当 $m<l_i$ 时，$\boldsymbol{X}[m-l_i,n]=0$。

3. RCP－OTFS

当 $m\geqslant l_i$ 时，输入输出关系可以写为

$$\boldsymbol{Y}[m,n]=\sum_{i=1}^{P}g_i z^{k_i(m-l_i)}\boldsymbol{X}[m-l_i,[n-k_i]_N],\quad m\geqslant l_i \tag{4.120}$$

对于 $m<l_i$，有

$$\boldsymbol{Y}[m,n]=\sum_{i=1}^{P}g_i z^{k_i([m-l_i]_M)}\mathrm{e}^{-\mathrm{j}2\pi n/N}\boldsymbol{X}[[m-l_i]_M,[n-k_i]_N],\quad m<l_i \tag{4.121}$$

4. RZP－OTFS

对于 $m\geqslant l_i$，式(4.120)中的输入输出关系对 RZP－OTFS 也有效。当 $m<l_i$ 时，从第 4.5.1 节可以看出，RZP－OTFS 输入输出关系不像其他情况那样具有紧凑形式，但当 N 的值很大时，可以近似为

$$\boldsymbol{Y}[m,n]\approx\sum_{i=1}^{P}g_i\left(\frac{N-1}{N}\right)z^{k_i(m-l_i)}\mathrm{e}^{\frac{-\mathrm{j}2\pi}{N}[n-k_i]_N}\boldsymbol{X}[[m-l_i]_M,[n-k_i]_N] \tag{4.122}$$

上述近似的详细步骤可以在第 5 章中找到，该章使用 Zak 变换推导 RZP－OTFS 输入输出关系。

假设在所有 OTFS 变体中移除 CP/ZP，我们可以总结得到一个涵盖所有上述情况的一般形式为

$$\boldsymbol{Y}[m,n]=\sum_{i=1}^{P}g_i\alpha_{l_i,k_i}[m,n]\boldsymbol{X}[[m-l_i]_M,[n-k_i]_N] \tag{4.123}$$

其中，相位旋转 $\alpha_{l_i,k_i}[m,n]$可以总结为表 4－3。

表 4－3　OTFS 变体的相位旋转 $\alpha_{l_i,k_i}[m,n]$

	$m\geqslant l_i$	$m<l_i$
CP	$z^{k_i(m-l_i)}$	$z^{k_i(m-l_i)}$
ZP	$z^{k_i(m-l_i)}$	0
RCP	$z^{k_i(m-l_i)}$	$z^{k_i([m-l_i]_M)}\mathrm{e}^{-\mathrm{j}2\pi n/N}$
RZP	$z^{k_i(m-l_i)}$	$\left(\frac{N-1}{N}\right)z^{k_i(m-l_i)}\mathrm{e}^{\frac{-\mathrm{j}2\pi}{N}[n-k_i]_N}$

4.6.3 OTFS 变体的比较

对于本章中讨论的 OTFS 变体，表 4-4 基于归一化频谱效率，总发射功率(P_T)和信道矩阵 $\boldsymbol{H}$ 的稀疏性进行比较。信道矩阵 $\boldsymbol{H}$ 的稀疏性提供了信道估计和 MP 检测复杂性的粗略指示。

考虑 Q-QAM 调制字母表，每个符号具有 $\log_2 Q$ 比特和平均符号能量 E_s。表 4-4 表明 RZP/RCP-OTFS 由于每帧 CP/ZP 而具有更高的 NSE，而 ZP/CP-OTFS 由于每块 CP/ZP 而具有较低的 NSE。在所有情况下，M 的值远大于 L_{CP} 或 L_{ZP} 确保高 NSE。

就发射功率(P_T)而言，ZP/RZP-OTFS 需要的功率最少，而 CP-OTFS 需要更多的功率，因为每个块需要发送额外的 L_{CP} 个保护样本。

我们基于表 4-2 中的信道子矩阵 $\boldsymbol{K}_{m,l}$ 研究矩阵 $\boldsymbol{H}$ 的稀疏性。可以观察到 ZP-OTFS 具有最稀疏的信道矩阵，因为右上角子矩阵($\boldsymbol{K}_{m,l}$，其中 $m<l$)是零矩阵。CP/RCP-OTFS 具有相同的信道稀疏度，高于 ZP-OTFS。对于 RZP-OTFS，右上角子矩阵($\boldsymbol{K}_{m,l}$，$m<l$)是满矩阵式(4.76)，从而使 $\boldsymbol{H}$ 最不稀疏。然而，当 N 很大时，RZP-OTFS 输入输出关系可以近似为式(4.122)，因此，其稀疏性接近 CP/RCP-OTFS。

OTFS 变体之间的选择不仅取决于此处讨论的设计约束，还取决于检测和信道估计的复杂性，将在第 6 和 7 章中讨论。

表 4-4 OTFS 变体的比较

	归一化频谱效率	发射功率 P_T	$\boldsymbol{H}$ 的稀疏性
CP	$\frac{M}{M+L_{CP}}$	$N(M+L_{CP})E_s$	低
ZP	$\frac{M}{M+L_{ZP}}$	NME_s	最低
RCP	$\frac{NM}{NM+L_{CP}}$	$(NM+L_{CP})E_s$	低
RZP	$\frac{NM}{NM+L_{ZP}}$	NME_s	适中

4.7 参考文献及注释

OTFS 调制首先由 Hadani 等人在 2017 年 IEEE 无线通信和网络会议[1]中提出。在文献[2-4]中明确推导出 RZP/RCP-OTFS 的 OTFS 输入输出关系，其中式(4.122)中的近似值已在文献[2]中详细说明。然后，在文献[5-7]中给出了 RZP/RCP-OTFS 矩阵形式的 OTFS 输入输出关系，并在文献[8-16]中给出了 ZP/CP-OTFS 的关系。OTFS 调制是使用文献[17,18]中的 Zak 变换原理导出的。在文献[19]中，OTFS 在时频域中以二维正交预编码的形式被推广。在文献[20,21]中，对 OTFS 在时延多普勒域中的误码性能进行了分析。还可以注意到，OTFS 调制类似于为静态无线信道提出的非对称 OFDM[22]。文献[14,23,24]探讨了 OTFS 调制与其他调制技术的联系。

【参考文献】

[1] R. Hadani, S. Rakib, M. Tsatsanis, A. Monk, A. J. Goldsmith, A. F. Molisch, R. Calderbank, Orthogonal time frequency space modulation, in: 2017 IEEE Wireless Communications and Networking Conference (WCNC), 2017, pp. 1 – 6.

[2] P. Raviteja, K. T. Phan, Y. Hong, E. Viterbo, Interference cancellation and iterative detection for orthogonal time frequency space modulation, IEEE Transactions on Wireless Communications 17 (10) (2018) 6501 – 6515, https://doi.org/10.1109/TWC.2018.2860011.

[3] K. R. Murali, A. Chockalingam, On OTFS modulation for high-Doppler fading channels, in: 2018 Information Theory and Applications Workshop (ITA), 2018, pp. 1 – 6.

[4] L. Gaudio, M. Kobayashi, G. Caire, G. Colavolpe, On the effectiveness of OTFS for joint radar parameter estimation and communication, IEEE Transactions on Wireless Communications 19 (9) (2020) 5951 – 5965, https://doi.org/10.1109/TWC.2020.2998583.

[5] P. Raviteja, Y. Hong, E. Viterbo, E. Biglieri, Practical pulse-shaping waveforms for reduced-cyclic-prefix OTFS, IEEE Transactions on Vehicular Technology 68 (1) (2019) 957 – 961, https://doi.org/10.1109/TVT.2018.2878891.

[6] P. Raviteja, Y. Hong, E. Viterbo, E. Biglieri, Effective diversity of OTFS modulation, IEEE Communications Letters 9 (2) (2020) 249 – 253, https://doi.org/10.1109/LWC.2019.2951758.

[7] S. Tiwari, S. S. Das, Circularly pulse-shaped orthogonal time frequency space modulation, Electronics Letters 56 (3) (2020) 157 – 160, https://doi.org/10.1049/el.2019.2503.

[8] A. Farhang, A. RezazadehReyhani, L. E. Doyle, B. Farhang-Boroujeny, Low complexity modem structure for OFDM – based orthogonal time frequency space modulation, IEEE References 91 Wireless Communications Letters 7 (3) (2018) 344 – 347, https://doi.org/10.1109/LWC.2017.2776942.

[9] A. Rezazadehreyhani, A. Farhang, A. Ji, R. R. Chen, B. Farhang-Boroujeny, Analysis of discrete-time MIMO OFDM – based orthogonal time frequency space modulation, in: 2018 IEEE International Conference on Communications, 2018, pp. 1 – 6.

[10] W. Shen, L. Dai, J. An, P. Z. Fan, R. W. Heath, Channel estimation for orthogonal time frequency space (OTFS) massive MIMO, IEEE Transactions on Signal Processing 67 (16) (2019) 4204 – 4217, https://doi.org/10.1109/TSP.2019.2919411.

[11] T. Thaj, E. Viterbo, Low complexity iterative rake decision feedback equalizer for zero-padded OTFS systems, IEEE Transactions on Vehicular Technology 69 (12) (2020) 15606 – 15622, https://doi.org/10.1109/TVT.2020.3044276.

[12] T. Thaj, E. Viterbo, Y. Hong, Orthogonal time sequency multiplexing modulation: analysis and low-complexity receiver design, IEEE Transactions on Wireless Communications 20 (12) (2021) 7842 – 7855, https://doi.org/10.1109/TWC.2021.3088479.

[13] M. K. Ramachandran, G. D. Surabhi, A. Chockalingam, OTFS: a new modulation scheme for

high-mobility use cases, Journal of the Indian Institute of Science (2020) 315 – 336, https://doi. org/10. 1007/s41745 – 020 – 00167 – 4.

[14] V. Rangamgari, S. Tiwari, S. S. Das, S. C. Mondal, OTFS: interleaved OFDM with block CP, in: 2020 IEEE National Conference on Communications (NCC), 2020, pp. 1 – 6.

[15] S. S. Das, V. Rangamgari, S. Tiwari, S. C. Mondal, Time domain channel estimation and equalization of CP – OTFS under multiple fractional Dopplers and residual synchronization errors, IEEE Access 9 (2020) 10561 – 10576, https://doi. org/10. 1109/ACCESS. 2020. 3046487.

[16] D. Shi, W. Wang, L. You, X. Song, Y. Hong, X. Gao, G. Fettweis, Deterministic pilot design and channel estimation for downlink massive MIMO — OTFS systems in presence of the fractional Doppler, IEEE Transactions on Wireless Communications 20 (11) (2021) 7151 – 7165, https://doi. org/10. 1109/TWC. 2021. 3081164.

[17] S. K. Mohammed, Derivation of OTFS modulation from first principles, IEEE Transactions on Vehicular Technology 70 (8) (2021) 7619 – 7636, https://doi. org/10. 1109/TVT. 2021. 3069913.

[18] S. K. Mohammed, Time-domain to delay-Doppler domain conversion of OTFS signals in very high mobility scenarios, IEEE Transactions on Vehicular Technology 70 (6) (2021) 6178 – 6183, https://doi. org/10. 1109/TVT. 2021. 3071942.

[19] T. Zemen, M. Hofer, D. Löschenbrand, C. Pacher, Iterative detection for orthogonal precoding in doubly selective channels, in: 2018 IEEE 29th Annual International Symposium on Personal, Indoor and Mobile Radio Communications (PIMRC), 2018, pp. 1 – 7.

[20] E. Biglieri, P. Raviteja, Y. Hong, Error performance of orthogonal time frequency space (OTFS) modulation, in: 2019 IEEE International Conference on Communications Workshops (ICC Workshops), 2019, pp. 1 – 6.

[21] Z. Wei, W. Yuan, S. Li, J. Yuan, D. W. K. Ng, Transmitter and receiver window designs for orthogonal time-frequency space modulation, IEEE Transactions on Communications 69 (4) (2021) 2207 – 2223, https://doi. org/10. 1109/TCOMM. 2021. 3051386.

[22] J. Zhang, A. D. S. Jayalath, Y. Chen, Asymmetric OFDM systems based on layered FFT structure, IEEE Signal Processing Letters 14 (11) (2007) 812 – 815, https://doi. org/10. 1109/LSP. 2007. 903230.

[23] A. Nimr, M. Chafii, M. Matthe, G. Fettweis, Extended GFDM framework: OTFS and GFDM comparison, in: 2018 IEEE Global Communications Conference (GLOBECOM), 2018, pp. 1 – 6.

[24] G. D. Surabhi, R. M. Augustine, A. Chockalingam, Peak-to-average power ratio of OTFS modulation, IEEE Commununications Letters 23 (6) (2019) 999 – 1002, https://doi. org/10. 1109/LCOMM. 2019. 2914042.

第 5 章　时延多普勒通信的 Zak 变换分析

章节要点

- ▲ Zak 变换的基本特性。
- ▲ 时延多普勒通信中的连续 Zak 变换。
- ▲ 时延多普勒通信中的离散 Zak 变换。

蝴蝶用瞬间而不是用月份来计算生命，所以有充裕的光阴。——泰戈尔

本章回顾通过 Zak 变换（ZT）对信号进行时延多普勒分析和处理的基本概念。首先回顾关于不同类型的傅里叶变换（对于连续和离散时间信号）的一些基本知识，并通过列举不同类型的正交傅里叶基函数明确地呈现谐波分析的解释。然后提出 Zak 变换及其所有特性和相应的基函数。最后，本章通过信号在高移动性信道上传输并经过 Zak 变换的过程，说明时延多普勒的输入输出关系。

5.1　不同傅里叶变换的简要回顾

时域信号的频谱由 4 种不同形式的傅里叶变换提供，具体取决于时域信号的类型（离散/连续、周期/非周期）。表 5 - 1 说明了傅里叶变换如何成为频率变量的函数，频率变量可以是离散索引 k 或连续变量 f。对于离散时间信号，频谱是周期性的。考虑覆盖一个周期的有限频率范围。对于连续时间信号，频率轴是离散的（在 $\mathbf{Z}$ 中）或连续的（在 $\mathbf{R}$ 中）。我们将傅里叶变换的域称为频域，注意它在一维轴上表示。

在谐波分析中，时间域信号是通过在正交傅里叶基函数上取适当定义的标量积来投影的，这些函数是周期性的时间信号。这样的傅里叶基函数的周期的倒数定义了用来评估时间域信号的频谱在频率轴上的点。时间域信号可以被合成为傅里叶基信号的组合，表 5 - 2 中对此进行了总结。

表 5-1 4 种不同频域的傅里叶变换

	离散时间(n)	连续时间(t)
周期性时间(由 N 或 T 描述)	离散傅里叶变换 DFT(k),$0\leqslant k<N$	傅里叶级数(k),$-\infty<k<+\infty$
非周期性时间	离散时间傅里叶变换 DTFT(f),$0\leqslant f<1$,周期性的频率	连续时间傅里叶变换 CTFT(f),$-\infty<f<+\infty$,非周期性的频率

表 5-2 不同傅里叶变换的周期性傅里叶基函数

离散傅里叶变换 DFT $p_k[n]=\exp\left(\mathrm{j}\dfrac{2\pi k}{N}n\right)$	$x[n]=\dfrac{1}{\sqrt{N}}\sum\limits_{k=0}^{N-1}X[k]p_k[n]$ $X[k]=\langle x[k],p_k[n]\rangle\overset{\text{def}}{=}\dfrac{1}{\sqrt{N}}\sum\limits_{n=0}^{N-1}x[n]p_k^*[n]$
傅里叶级数(周期 T) $\phi_k(t)=\exp\left(\mathrm{j}\dfrac{2\pi k}{T}t\right)$	$x(t)=\sum\limits_{k=-\infty}^{+\infty}a_k\phi_k(t)$ $a_k=\langle x(t),\phi_k(t)\rangle\overset{\text{def}}{=}\dfrac{1}{T}\int_0^T x(t)\phi_k^*(t)\mathrm{d}t$
离散时间傅里叶变换 DTFT (采样周期 T_s) $\psi_n(f)=\exp(\mathrm{j}2\pi nT_sf)$	$x[n]=x(nT_s)=\sqrt{T_s}\int_0^{1/T_s}X(f)\psi_n(f)\mathrm{d}f$ $X(f)=\langle x[n],\psi_n(f)\rangle\overset{\text{def}}{=}\sqrt{T_s}\sum\limits_{n=-\infty}^{+\infty}x[n]\psi_n^*(f)$
连续时间傅里叶变换 CTFT $\psi(f,t)=\exp(\mathrm{j}2\pi ft)$	$x(t)=\int_{-\infty}^{+\infty}X(f)\psi(f,t)\mathrm{d}f$ $X(f)=\langle x(t),\psi(f,t)\rangle\overset{\text{def}}{=}\int_{-\infty}^{+\infty}x(t)\psi^*(f,t)\mathrm{d}t$

换言之,傅里叶变换提供了由一组正交傅里叶基函数定义的不同坐标系中时域信号的表示。图 5-1 说明了一个抽象信号(图中以黑点结尾的向量)如何在两个不同的坐标系中被表示:$\boldsymbol{x}$ 由时间基定义,$\boldsymbol{X}$ 由傅里叶基定义。

坐标轴变换是统一(正交)的,即它保留任何一对点之间的距离。此特性符合著名的帕塞瓦尔(Parseval) 恒等式:

$$\underbrace{\langle x,y\rangle}_{\text{时间}}=\underbrace{\langle \mathcal{F}(x),\mathcal{F}(y)\rangle}_{\text{频率}}\tag{5.1}$$

这意味着任何一对向量之间的角度都与坐标系无关,无论是时间基还是傅里叶基。物理意义上,标量积定义了时域中两个信号之间的相关性,信号与自身的标量积定义了它的能量(或周期信号的功率)。由式(5.1)可知,时域信号的能量或功率可以等效地从其在频域中的表示中求得。

总之,给定傅里叶周期性的基函数,傅里叶变换显示了给定的时域信号在各个频率的频谱。众所周知,在基本信号处理中,频率变量可以是离散或连续的,频谱是一维频域上的函数。我们将在下文中看到如何将变换域扩展到二维平面,从根本上分析信号在频域之外的不同特征。

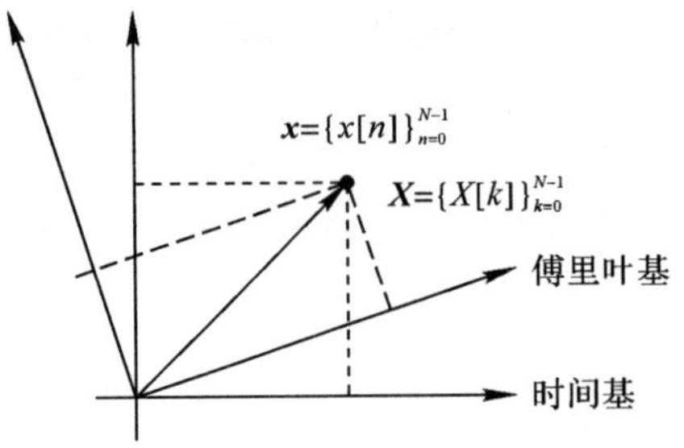

图 5-1 傅里叶变换可以视为坐标系变化

5.2 Zak 变换

Zak 变换是分析和处理时延多普勒域信号的实用工具。给定连续时间信号 $x(t)$，我们将 Zak 变换与步骤 T 定义为时延多普勒(τ,ν) 平面：

$$Z_T[x(t)](\tau,\nu)=\sqrt{T}\sum_{n=-\infty}^{+\infty}x(\tau+nT)\mathrm{e}^{-\mathrm{j}2\pi nT\nu},\quad -\infty<\tau,\nu<+\infty \tag{5.2}$$

我们注意到，对于任何给定的时间偏移(或延迟)$-\infty<\tau<+\infty$，式(5.2)中的总和是通过从 τ 开始每隔 T 秒对 $x(t)$ 进行采样而得到的离散时间信号 $x_\tau[n]=x(\tau+nT)$ 的离散时间傅里叶变换(DTFT)。这意味着 Zak 变换在变量 ν 上是周期性的，周期等于 $\Delta f=1/T$，给定的采样周期 T_s 等于 T。

在 $\nu=0$(无多普勒效应) 的特殊情况下，有

$$Z_T[x(t)](\tau,0)=\langle\sqrt{T}\sum_{n\rangle=-\infty}^{+\infty}x(\tau+nT),\quad -\infty<\tau<+\infty \tag{5.3}$$

Zak 变换在 τ 中也是周期性的，周期为 T 且与 $x(t)$ 的周期一致。

与傅里叶变换类似，Zak 变换是将时域信号 $x(t)$ 投影到时域 Zak 基函数上的结果，由参数 τ 和 ν 组成的关系式表示：

$$Z_T[x(t)](\tau,\nu)=\langle x(t),\Phi_{\tau,\nu}(t)\rangle=\int_{-\infty}^{+\infty}x(t)\Phi_{\tau,\nu}(t)^*\,\mathrm{d}t \tag{5.4}$$

其中，$(\cdot)^*$ 表示复共轭，以及

$$\Phi_{\tau,\nu}(t)=\sqrt{T}\sum_{n=-\infty}^{+\infty}\delta(t-\tau-nT)\mathrm{e}^{\mathrm{j}2\pi(t-\tau)\nu}=\sqrt{T}\sum_{n=-\infty}^{+\infty}\delta(t-\tau-nT)\mathrm{e}^{\mathrm{j}2\pi nT\nu} \tag{5.5}$$

这些 Zak 基函数是由偏移 τ 和频率 ν 的复正弦波调制而成的脉冲序列。OTFS 的发明者哈达尼(Hadani) 将这些函数称为脉冲，因为它们可以看作由复杂频率调制成的脉冲序列。

5.2.1 Zak 变换的特性

易证 Zak 变换具有以下性质。

(1)线性：

$$Z_T[ax(t)+by(t)](\tau,\nu)=aZ_T[x(t)](\tau,\nu)+bZ_T[y(t)](\tau,\nu) \tag{5.6}$$

(2)当 $\Delta f=1/T$ 时，Zak 变换中 ν 是周期性的：

$$Z_T[x(t)](\tau,\nu+\Delta f)=Z_T[x(t)](\tau,\nu) \tag{5.7}$$

(3)时间变换 $0\leqslant\tau_0<T$：

$$Z_T[x(t+\tau_0)](\tau,\nu)=Z_T[x(t)](\tau+\tau_0,\nu) \tag{5.8}$$

如果 $\tau_0=mT$，m 是整数，则

$$Z_T[x(t+mT)](\tau,\nu)=\mathrm{e}^{\mathrm{j}2\pi mT\nu}Z_T[x(t)](\tau,\nu) \tag{5.9}$$

Zak 变换在 τ 中是类周期性的，周期为 T，即对于每个周期间隔 $[mT,(m+1)T)$ 内，它是周期性的，最多有一个相移 $\mathrm{e}^{\mathrm{j}2\pi mT\nu}$。

(4)用频率为 ν_0 的复正弦波进行调制：

$$Z_T[\mathrm{e}^{\mathrm{j}2\pi\nu_0 t}x(t)](\tau,\nu)=\mathrm{e}^{\mathrm{j}2\pi\nu_0\tau}Z_T[x(t)](\tau,\nu-\nu_0) \tag{5.10}$$

如果 $\nu_0=m\Delta f=m/T$，ν_0 是 Δf 的整数倍，则

$$Z_T[\mathrm{e}^{\mathrm{j}2\pi m\Delta ft}x(t)](\tau,\nu)=Z_T[x(t)](\tau,\nu) \tag{5.11}$$

(3)对于 τ_0 的联合平移和频率为 ν_0 的复数正弦波的调制：

$$Z_T[\mathrm{e}^{\mathrm{j}2\pi\nu_0 t}x(t-\tau_0)](\tau,\nu)=\mathrm{e}^{\mathrm{j}2\pi\nu_0(\tau-\tau_0)}Z_T[x(t)](\tau-\tau_0,\nu-\nu_0) \tag{5.12}$$

(6)共轭性：

$$Z_T[x^*(t)](\tau,\nu)=Z_T^*[x(t)](\tau,-\nu) \tag{5.13}$$

(7)对称性：

$$Z_T[x(t)](\tau,\nu)=Z_T^*[x(t)](-\tau,-\nu),\quad x(t)\text{是偶函数} \tag{5.14}$$

$$Z_T[x(t)](\tau,\nu)=-Z_T^*[x(t)](-\tau,-\nu),\quad x(t)\text{是奇函数} \tag{5.15}$$

(8)时域乘积：

$$y(t)=h(t)x(t) \tag{5.16}$$

那么

$$Z_T[y(t)](\tau,\nu)=\sqrt{T}\int_0^{\Delta f}Z_T[h(t)](\tau,u)Z_T[x(t)](\tau,u-\nu)\mathrm{d}u \tag{5.17}$$

对于任何给定的延时 τ，式(5.17)可解释多普勒域中的卷积。

(9)时域卷积：

$$y(t)=h(t)*x(t)=\int_{-\infty}^{+\infty}h(\theta)x(t-\theta)\mathrm{d}\theta \tag{5.18}$$

那么

$$Z_T[y(t)](\tau,\nu)=\frac{1}{\sqrt{T}}\int_0^T Z_T[h(t)](\theta,\nu)Z_T[x(t)](\tau-\theta,\nu)\mathrm{d}\theta \tag{5.19}$$

对于任何给定的多普勒频移 ν，式(5.19)可解释为时延域中的卷积。

示例：

为了让读者更加了解时域卷积的示例，我们将展示式(5.19)的逐步证明：

$$Z_T[y(t)](\tau,\nu)=\sqrt{T}\sum_n y(\tau+nT)\mathrm{e}^{-\mathrm{j}2\pi nT\nu}$$

$$=\sqrt{T}\int_{-\infty}^{+\infty}h(\theta)\sum_n hx(\tau+nT-\theta)\mathrm{e}^{-\mathrm{j}2\pi nT\nu}\mathrm{d}\theta$$

$$=\int_{-\infty}^{+\infty}h(\theta)Z_T[x(t)](\tau-\theta,\nu)\mathrm{d}\theta$$

$$=\sum_n\int_{nT}^{(n+1)T}h(\theta)Z_T[x(t)](\tau-\theta,\nu)\mathrm{d}\theta$$

$$=\sum_n\int_0^T h(\theta+nT)Z_T[x(t)](\tau-\theta-nT,\nu)\mathrm{d}\theta$$

$$\overset{(a)}{=}\int_0^T\sum_n h(\theta+nT)\mathrm{e}^{-\mathrm{j}2\pi nT\nu}Z_T[x(t)](\tau-\theta,\nu)\mathrm{d}\theta$$

$$=\frac{1}{\sqrt{T}}\int_0^T Z_T[h(t)](\theta,\nu)Z_T[x(t)](\tau-\theta,\nu)\mathrm{d}\theta \tag{5.20}$$

在步骤(a)中使用了 T 整数倍的变换式(5.9)。

鉴于式(5.7) 中 ν 的周期性和式(5.9) 中相位项 $\mathrm{e}^{\mathrm{j}2\pi m\nu}$ 的准周期性，Zak 变换完全由其在矩形区域的值决定：

$$\mathcal{R}=\{\tau\in[0,T),\nu\in[0,1/T)\} \tag{5.21}$$

我们将 $\mathcal{R}$ 称为基本区域，并将 Zak 变换的约束条件表示为 $\mathcal{R}$：$\bar{Z}_T[x(t)](\tau,\nu)$ 和 $\bar{Z}_T[x(t)](\tau,\nu)=0,(\tau,\nu)\notin\mathcal{R}$。那么就可以写为

$$Z_T[x(t)](\tau,\nu)=\sum_n\sum_m\bar{Z}_T[x(t)](\tau-nT,\nu-m\Delta f)\mathrm{e}^{\mathrm{j}2\pi nT(\nu-m\Delta f)}$$

$$=\sum_n\sum_m\bar{Z}_T[x(t)](\tau-nT,\nu-m\Delta f)\mathrm{e}^{\mathrm{j}2\pi nT\nu} \tag{5.22}$$

图 5-2 提供了式(5.22) 的图形描述，显示了多普勒的周期性和时延的类周期性。

时延(n) ⟹

多普勒(m) ⇓

$\bar{Z}_T(\tau+T,\nu+\Delta f)\times\mathrm{e}^{\mathrm{j}2\pi T\nu}$ $n=-1,m=-1$	$\bar{Z}_T(\tau,\nu+\Delta f)$ $n=0,m=-1$	$\bar{Z}_T(\tau-T,\nu+\Delta f)\times\mathrm{e}^{-\mathrm{j}2\pi T\nu}$ $n=1,m=-1$
$\bar{Z}_T(\tau+T,\nu)\times\mathrm{e}^{\mathrm{j}2\pi T\nu}$ $n=-1,m=0$	$\mathcal{R}$ $\bar{Z}_T[(x(t))](t,\nu)$ $n=0,m=0$	$\bar{Z}_T(\tau-T,\nu)\times\mathrm{e}^{-\mathrm{j}2\pi T\nu}$ $n=1,m=0$
$\bar{Z}_T(\tau+T,\nu-\Delta f)\times\mathrm{e}^{\mathrm{j}2\pi T\nu}$ $n=-1,m=1$	$\bar{Z}_T(\tau,\nu-\Delta f)$ $n=0,m=0$	$\bar{Z}_T(\tau-T,\nu-\Delta f)\times\mathrm{e}^{-\mathrm{j}2\pi T\nu}$ $n=1,m=1$

图 5-2　Zak 变换的周期性和类周期性

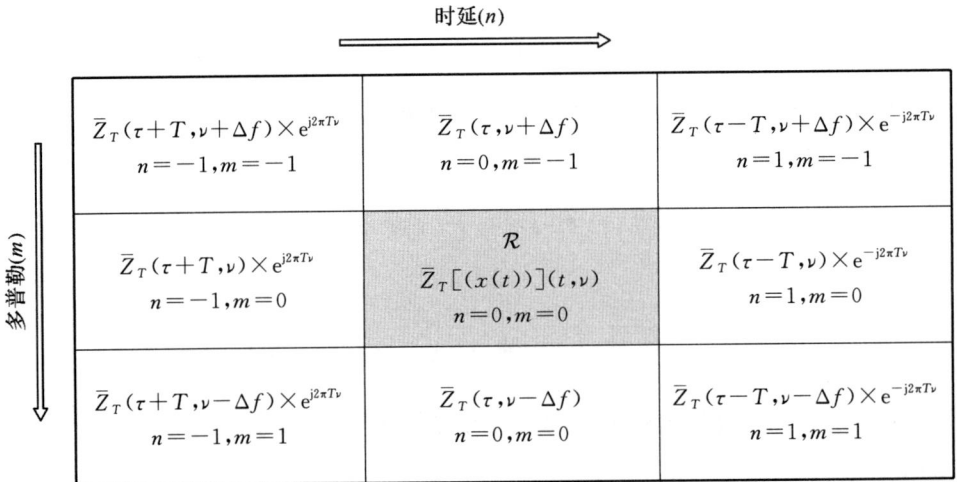

5.2.2 Zak逆变换

Zak逆变换将时域信号 $x(t)$ 返回为

$$x(t)=\sqrt{T}\int_0^{\Delta f} Z_T[x(t)](\tau,\nu)\mathrm{d}\nu,\ -\infty<\tau<+\infty \tag{5.23}$$

为了阐明式(5.23)的原理,我们替换式(5.22) 并使用式(5.9) 和式(5.11)来求

$$x(t)=\sqrt{T}\sum_{n=-\infty}^{+\infty}\int_0^{\Delta f}\bar{Z}_T[x(t)](\tau+nT,\nu)\mathrm{e}^{\mathrm{j}2\pi nT\nu}\mathrm{d}\nu=\sum_{n=-\infty}^{+\infty}x(\tau+nT) \tag{5.24}$$

其中,$0\leqslant\tau<T,-\infty<t<+\infty$ 是贯穿区间 $[nT,(n+1)T)$ 得到的时间变量。对于任何给定的时移(时延) $0\leqslant\tau<T$,式(5.24)中的积分是一个离散时间傅里叶逆变换(IDTFT),它产生了通过每隔 T 秒从 τ 开始采样 $x(t)$ 得到的离散时间信号样本 $x_\tau[n]=x(\tau+nT)$。当所有的交错样本被连接起来时,$x(t)$ 就形成了。这种重构操作在第5.5节讨论的离散Zak变换(DZT)中会变得更加自然。

5.3 时延多普勒基函数

如前所述,时延多普勒基函数 $\Phi_{\tau_0,\nu_0}(t)$ 是由时延和多普勒变量 τ_0 和 ν_0 表示的时域信号。它们也可以作为Dirac脉冲在 $(\tau_0,\nu_0)\in\mathcal{R}$ 处的Zak逆变换,即

$$\bar{Z}_T[\Phi_{\tau_0,\nu_0}(t)](\tau,\nu)=\delta(\tau-\tau_0)\delta(\nu-\nu_0) \tag{5.25}$$

导致

$$\Phi_{\tau_0,\nu_0}(t)=\sqrt{T}\sum_{n=-\infty}^{+\infty}\mathrm{e}^{\mathrm{j}2\pi nT\nu_0}\delta(t-\tau_0-nT) \tag{5.26}$$

“DC ”基函数是关于 $\tau_0=0$ 和 $\nu_0=0$ 的脉冲序列:

$$\Phi_{0,0}(t)=\sqrt{T}\sum_{n=-\infty}^{+\infty}\delta(t-nT) \tag{5.27}$$

仅具有时延 τ_0 和 $\nu_0=0$ 的基函数是脉冲序列关于 τ_0 的时延:

$$\Phi_{\tau_0,0}(t)=\sqrt{T}\sum_{n=-\infty}^{+\infty}\delta(t-\tau_0-nT) \tag{5.28}$$

对于式(5.26)中的一般情况 $\nu\neq\nu_0$,当脉冲序列由一个具有频率 ν_0 的复正弦波 $\mathrm{e}^{\mathrm{j}2\pi nT\nu_0}$ 调制时,图5-3显示了基函数 $\frac{1}{\sqrt{T}}|\Phi_{\tau_0,\nu_0}(t)|$ 的归一化时延 $\left(\frac{\tau_0}{T}=0\right)$ 的幅度。红色(印刷版本为浅灰色)和蓝色(印刷版本为深灰色)虚线分别表示 $\frac{\nu_0}{\Delta f}=0.3$ 和 $\frac{\nu_0}{\Delta f}=0.6$ 的调制指数 $\mathrm{Re}\{\mathrm{e}^{\mathrm{j}2\pi\nu_0(t-\tau_0)}\}$ 的实部。图中还给出了两个多普勒频移的三维可视化。

Zak基信号 $\Phi_{\tau_{0},\nu_0}(t)$ 在Zak域中对应基本矩形 $[0,T]\times[0,\Delta f]$ 中 (τ_0,ν_0) 处的单个增量脉冲,如式(5.25)所示。在这个域中,显而易见,时延多普勒平面不同位置的任何一对delta脉冲都是正交的,并且所有delta脉冲的集合对于所有 (τ_0,ν_0) 形成时延多普勒域的正交基。因此,时域Zak基信号 $\Phi_{\tau_{0},\nu_0}(t)$ 也形成标准正交基。

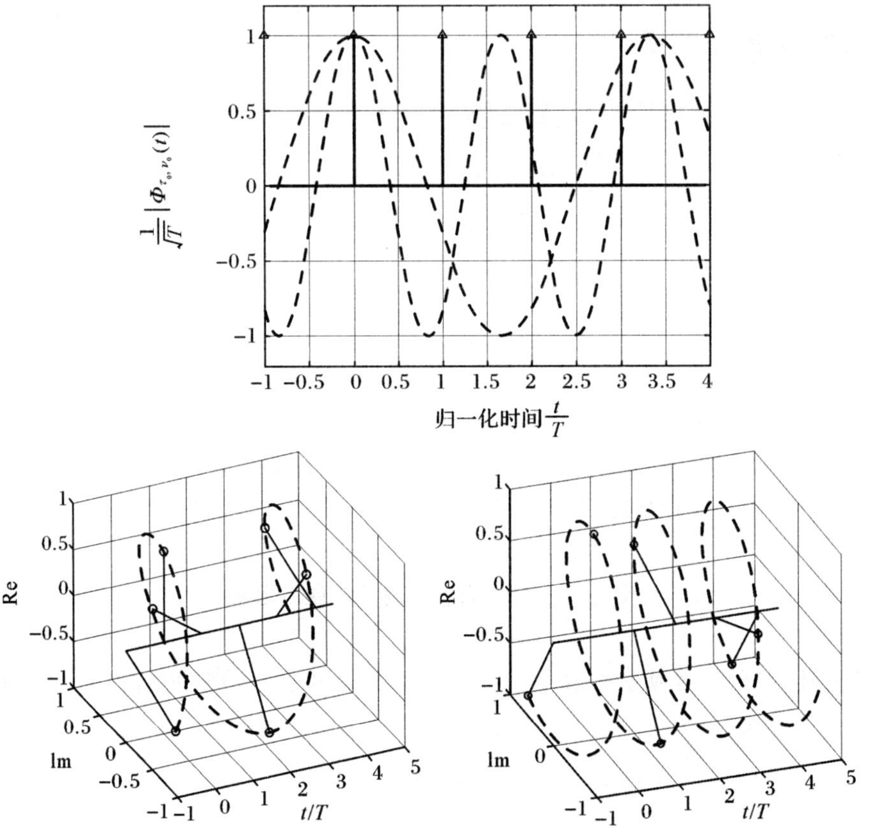

图 5-3 $\frac{1}{\sqrt{T}}|\Phi_{\tau_0,\nu_0}(t)|$ **是归一化时延**$\left(\frac{\tau_0}{T}=0\right)$**，归一化多普勒频移**$\left(\frac{\nu_0}{\Delta f}=0.3\right)$**[由红色(印刷版本为浅灰色)虚线表示]和归一化多普勒频移**$\left(\frac{\nu_0}{\Delta f}=0.6\right)$**[由蓝色(印刷版本为深灰色)虚线表示]**

5.4 时延多普勒通信中的 Zak 变换

5.4.1 单径时延多普勒信道

$s(t)$ 如果通过具有延时 τ_p、多普勒偏移 ν_p 和增益 g_p 的单径信道传输，则接收到的信号为

$$r(t)=g_p \mathrm{e}^{\mathrm{j}2\pi\nu_p(t-\tau_p)}s(t-\tau_p) \tag{5.29}$$

其对应的 Zak 变换为

$$\begin{aligned}
Z_T[r(t)](\tau,\nu) &= \sqrt{T}\sum_n g_p \mathrm{e}^{\mathrm{j}2\pi\nu_p(\tau+nT-\tau_p)} s(\tau+nT-\tau_p)\mathrm{e}^{-\mathrm{j}2\pi nT\nu} \\
&= \sqrt{T}\sum_n g_p \mathrm{e}^{\mathrm{j}2\pi[\nu_p(\tau-\tau_p)-nT(\nu-\nu_p)]} s(\tau+nT-\tau_p) \\
&= g_p \mathrm{e}^{\mathrm{j}2\pi\nu_p(\tau-\tau_p)}\sqrt{T}\sum_n s(\tau-\tau_p+nT)\mathrm{e}^{-\mathrm{j}2\pi nT(\nu-\nu_p)} \\
&= g_p \mathrm{e}^{\mathrm{j}2\pi\nu_p(\tau-\tau_p)} Z_T[s(t)](\tau-\tau_p,\nu-\nu_p)
\end{aligned} \tag{5.30}$$

路径的时延和多普勒频移在相应两个轴上发生偏移，并在时延轴由 $e^{j2\pi\nu_p(\tau-\tau_p)}$ 调制，因此接收信号 $r(t)$ 的 Zak 变换等于传输信号 $s(t)$ 的 Zak 变换。

5.4.2 多径和一般时延多普勒信道

利用 Zak 变换的线性性质，式(5.30)中的结果可以简单地扩展到时延多普勒路径个数之和为 P 的多径信道：

$$Z_T[r(t)](\tau,\nu)=\sum_{p=1}^{P}g_p e^{j2\pi\nu_p(\tau-\tau_p)}Z_T[s(t)](\tau-\tau_p,\nu-\nu_p) \tag{5.31}$$

在信道用时延多普勒响应 $h(\theta,u)$ 模拟的情况下，我们用连续变量 θ 和 u 替换在式(5.31)中的 τ_p 和 ν_p。然后用时延多普勒响应 $h(\theta,u)=Z_T[h(t)](\theta,u)$ 替换 g_p。我们得到

$$\begin{aligned}Z_T[r(t)](\tau,\nu)&=\int_0^T\int_0^{\Delta f}e^{j2\pi u(\tau-\theta)}h(\theta,u)Z_T[s(t)](\tau-\theta,\nu-u)\mathrm{d}\theta\mathrm{d}u\\&=\int_0^T\int_0^{\Delta f}e^{j2\pi u(\tau-\theta)}Z_T[h(t)](\theta,u)Z_T[s(t)](\tau-\theta,\nu-u)\mathrm{d}\theta\mathrm{d}u\end{aligned} \tag{5.32}$$

这对应于时延多普勒域内 Zak 变换的二维扭曲卷积。

备注：需要注意的是，时延多普勒信道对输入信号进行了时间偏移和调制，因此时延多普勒信道不能作为线性时变信道来对待，在这种信道中，输出是输入与脉冲响应的线性卷积得到的。尽管如此，时延多普勒域中的输入输出关系仍可简化为扭曲的二维卷积等式(5.31)。因为时延多普勒域中多径信道的表示非常稀疏，所以这种时延多普勒域中的卷积相对简单。

如果我们使用式(5.26)中的时延多普勒域基函数在多路径信道上传输一个信息符号 a_0，即 $s(t)=a_0\phi_{\tau_0,\nu_0}(t)$，那么我们接收

$$r(t)=\sum_{p=1}^{P}a_0g_pe^{j2\pi\nu_p(t-\tau_p)}\Phi_{\tau_0,\nu_0}(t-\tau_p)$$

通过 Zak 变换来移动到时延-多普勒域，有

$$Z_T[s(t)](\tau,\nu)=a_0\delta(\tau-\tau_0)\delta(\nu-\nu_0)$$

和

$$Z_T[r(t)](\tau,\nu)=\sum_{p=1}^{P}a_0g_pe^{j2\pi\nu_p(\tau-\tau_p)}\delta(\tau-\tau_0+\tau_p)\delta(\nu-\nu_0+\nu_p)$$

多径信道将任何信息符号分散到相对较小区域 $[\tau_0,\tau_0+\tau_{\max}]\times[\nu_0-\nu_{\max},\nu_0+\nu_{\max}]$ 的 P 个不同位置，该区域在延迟-多普勒域的基本矩形内，基本矩形的大小为 $[0,T]\times[0,\Delta f]$。在这种情况下，即单独传输一个符号，接收机可以很容易地从路径中恢复所有能量。然而，当在不同的时延多普勒域的正交基信号上复用多个信息符号时，分散的符号的位置可能会重叠并产生符号间干扰。这表明，由信道引起的时延多普勒平面上的局部干扰，导致所传输的标准正交基信号在接收机处略微损失了正交性。

在 CP－OFDM 的情况下，信息符号被复用在正交的傅里叶基函数上，当在 $\tau_{\max}$ 短于 CP 的静态多径信道上传输时，这些符号在接收机处保持其正交性。然而，时延-多普勒多径信道会在整个时频域内造成干扰。由于干扰不是局部的，所以接收机的正交性损失非常

严重,均衡变得更为复杂。

5.4.3 带限及时间受限的时延多普勒基函数

我们在前面章节中定义的 Zak 基信号 $\Phi_{\tau_0,\nu_0}(t)$既没有带宽限制也没有时间限制,因为它们本质上是无限持续时间和无限带宽的脉冲序列。在实际的通信系统中,我们处理近似带限和时限的信号。因此,研究在这样的限制下基函数的形状是至关重要的。

5.4.3.1 带宽受限的基函数

考虑一个理想带限滤波器,具有频率响应 $H_B(f)$:

$$H_B(f)=\begin{cases}1, & 0\leqslant f<M\Delta f\\ 0, & \text{其他}\end{cases} \tag{5.33}$$

该滤波器的时域脉冲响应由下式给出:

$$\begin{aligned}h_B(t)&=\int_{-\infty}^{+\infty}H_B(f)\mathrm{e}^{\mathrm{j}2\pi ft}\,\mathrm{d}f=\int_0^{M\Delta f}\mathrm{e}^{\mathrm{j}2\pi ft}\,\mathrm{d}f\\&=\mathrm{e}^{\mathrm{j}\pi M\Delta ft}M\Delta f\,\mathrm{sinc}(M\Delta ft)\end{aligned} \tag{5.34}$$

然后与理想滤波器的脉冲响应进行卷积,得到了带限 Zak 基函数 $\Phi^{B}_{\tau_0,\nu_0}(t)$:

$$\Phi^{B}_{\tau_0,\nu_0}(t)=\Phi_{\tau_0,\nu_0}(t)*h_B(t) \tag{5.35}$$

图 5-4 显示了具有归一化时延$\left(\frac{\tau_0}{T}=0\right)$和归一化多普勒频移$\left(\frac{\nu_0}{\Delta f}=0.3\right)$的基函数$\left|\frac{\sqrt{T}}{M}\Phi^{B,T}_{\tau_0,\nu_0}(t)\right|$的大小。虚线表示基函数相位的实部。这可以与相应 Zak 基函数$|\Phi_{\tau_0,\nu_0}(t)|$的大小相比较,且没有图 5-3 所示的带宽限制。

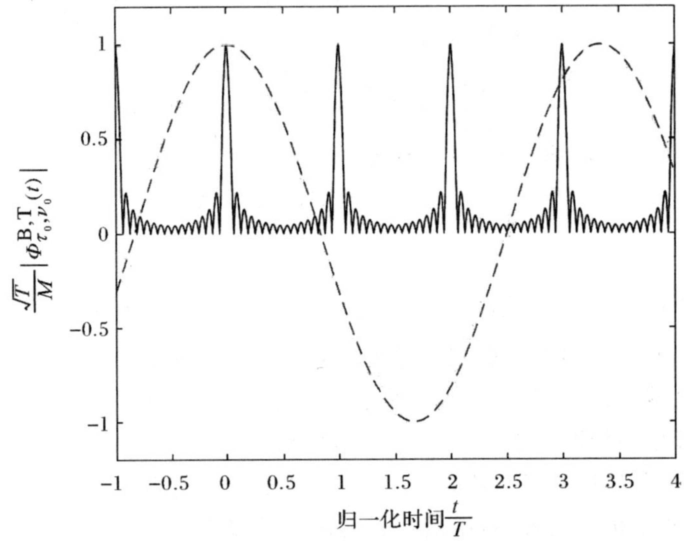

图 5-4 归一化时延$\left(\frac{\tau_0}{T}=0\right)$和归一化多普勒频移$\left(\frac{\nu_0}{\Delta f}=0.3\right)$情况下的$\left|\frac{\sqrt{T}}{M}\Phi^{B,T}_{\tau_0,\nu_0}(t)\right|$,其中 $M=16$

5.4.3.2 时间受限的基函数

应用窗口函数 h_{T} 可以获得持续时间 NT(s) 的有时限的基函数 $\Phi_{\tau_0,\nu_0}(t)$：

$$\Phi^{\mathrm{T}}_{\tau_0,\nu_0}(t)=\Phi_{\tau_0,\nu_0}(t)h_{\mathrm{T}}(t) \tag{5.36}$$

其中

$$h_{\mathrm{T}}(t)=\begin{cases}1, & 0\leqslant t<NT\\ 0, & \text{其他}\end{cases} \tag{5.37}$$

5.4.3.3 带宽及时间受限的基函数

结合频带和时限的影响，所得到的频带和时限(BT)时延-多普勒基函数 $\Phi^{\mathrm{B,T}}_{\tau_0,\nu_0}(t)$可以写为

$$\Phi^{\mathrm{B,T}}_{\tau_0,\nu_0}(t)=(\Phi_{\tau_0,\nu_0}(t)*h_{\mathrm{B}}(t))h_{\mathrm{T}}(t) \tag{5.38}$$

通过对两边进行 Zak 变换，并分别应用式(5.17)和式(5.19)中的乘法性质和卷积性质，得到

$$\begin{aligned}Z^{\mathrm{B,T}}_{T}[\Phi_{\tau_0,\nu_0}(t)](\tau,\nu)&=Z_T[(\Phi_{\tau_0,\nu_0}(t)*h_{\mathrm{B}}(t))h_T(t)](\tau,\nu)\\&=\int_{\tau'}\int_{\nu'}\delta(\tau'-\tau_0)\delta(\nu'-\nu_0)\times\\&\quad Z_T[h_{\mathrm{B}}(t)](\tau-\tau',\nu)Z_T[h_{\mathrm{T}}(t)](\tau',\nu-\nu')\,\mathrm{d}\tau'\mathrm{d}\nu'\\&=Z_T[h_{\mathrm{B}}(t)](\tau-\tau_0,\nu)\cdot Z_T[h_{\mathrm{T}}(t)](\tau_0,\nu-\nu_0)\end{aligned} \tag{5.39}$$

式中，$h_{\mathrm{B}}(t)$ 和 $h_{\mathrm{T}}(t)$的 Zak 变换为

$$Z_T[h_{\mathrm{B}}(t)](\tau,\nu)=\frac{1}{\sqrt{T}}\mathrm{e}^{\mathrm{j}2\pi\nu\tau}\mathrm{e}^{-\mathrm{j}2\pi\left\lfloor\frac{\nu}{\Delta f}\right\rfloor\Delta f\tau}\mathrm{e}^{\mathrm{j}\pi(M-1)\Delta f\tau}\frac{\sin(\pi M\Delta f\tau)}{\sin(\pi\Delta f\tau)} \tag{5.40}$$

$$Z_T[h_{\mathrm{T}}(t)](\tau,\nu)=\sqrt{T}\,\mathrm{e}^{\mathrm{j}2\pi\nu\left\lfloor\frac{\tau}{T}\right\rfloor T}\mathrm{e}^{-\mathrm{j}\pi\nu(N-1)T}\frac{\sin(\pi\nu NT)}{\sin(\pi\nu T)} \tag{5.41}$$

通过证明式(5.40)，可以推导 $Z_T[h_{\mathrm{B}}(t)](\tau,\nu)$。由 $h_{\mathrm{B}}(t)$ 的定义式(5.34)中求解 $[0,M\Delta f]$积分之前的倒数第二步，它的 Zak 变换可以写为

$$\begin{aligned}Z_T[h_{\mathrm{B}}(t)](\tau,\nu)&=\sqrt{T}\sum_n h_{\mathrm{B}}(\tau+nT)\mathrm{e}^{-\mathrm{j}2\pi nT\nu}\\&=\sqrt{T}\sum_n\left(\int_0^{M\Delta f}\mathrm{e}^{\mathrm{j}2\pi f(\tau+nT)}\mathrm{d}f\right)\mathrm{e}^{-\mathrm{j}2\pi nT\nu}\\&=\sqrt{T}\int_0^{M\Delta f}\mathrm{e}^{\mathrm{j}2\pi f\tau}\left(\sum_n\mathrm{e}^{\mathrm{j}2\pi(f-\nu)nT}\right)\mathrm{d}f\\&=\sqrt{T}\int_0^{M\Delta f}\mathrm{e}^{\mathrm{j}2\pi f\tau}\frac{1}{T}\sum_m\delta(f-\nu-m\Delta f)\mathrm{d}f\\&=\frac{1}{\sqrt{T}}\sum_m\left(\int_0^{M\Delta f}\mathrm{e}^{\mathrm{j}2\pi f\tau}\delta(f-\nu-m\Delta f)\mathrm{d}f\right)\end{aligned} \tag{5.42}$$

其中

$$\int_0^{M\Delta f}\mathrm{e}^{\mathrm{j}2\pi f\tau}\delta(f-\nu-m\Delta f)=\begin{cases}\mathrm{e}^{\mathrm{j}2\pi(\nu+m\Delta f)\tau}, & 0\leqslant\nu+m\Delta f<M\Delta f\\ 0, & \text{其他}\end{cases} \tag{5.43}$$

因为 $0\leqslant\nu+m\Delta f\leqslant M\Delta f$，只需要对 m 在 $-\left\lfloor\frac{\nu}{\Delta f}\right\rfloor\leqslant m<M-\left\lfloor\frac{\nu}{\Delta f}\right\rfloor$ 进行求和，其中 $\lfloor x\rfloor$ 表示小于或等于 $x\in\mathbf{R}$ 的最大整数。我们有

$$\begin{aligned}Z_T\left[h_{\mathrm{B}}(t)\right](\tau,\nu)&=\frac{1}{\sqrt{T}}\sum_{m=-\left\lfloor\frac{\nu}{\Delta f}\right\rfloor}^{M-1-\left\lfloor\frac{\nu}{\Delta f}\right\rfloor}\mathrm{e}^{\mathrm{j}2\pi(\nu+m\Delta f)\tau}\\&=\frac{1}{\sqrt{T}}\mathrm{e}^{-\mathrm{j}2\pi\left\lfloor\frac{\nu}{\Delta f}\right\rfloor\Delta f\tau}\sum_{m=0}^{M-1}\mathrm{e}^{\mathrm{j}2\pi(\nu+m\Delta f)\tau}\\&=\frac{1}{\sqrt{T}}\mathrm{e}^{\mathrm{j}2\pi\nu\tau}\mathrm{e}^{-\mathrm{j}2\pi\left\lfloor\frac{\nu}{\Delta f}\right\rfloor\Delta f\tau}\sum_{m=0}^{M-1}\mathrm{e}^{\mathrm{j}2\pi m\Delta f\tau}\\&=\frac{1}{\sqrt{T}}\mathrm{e}^{\mathrm{j}2\pi\nu\tau}\mathrm{e}^{-\mathrm{j}2\pi\left\lfloor\frac{\nu}{\Delta f}\right\rfloor\Delta f\tau}\mathrm{e}^{\mathrm{j}\pi(M-1)\Delta f\tau}\frac{\sin(\pi M\Delta f\tau)}{\sin(\pi\Delta f\tau)}\end{aligned}\tag{5.44}$$

ZT 有基本限制区域，可以写成

$$\bar{Z}_T\left[h_{\mathrm{B}}(t)\right](\tau,\nu)=\frac{1}{\sqrt{T}}\mathrm{e}^{\mathrm{j}2\pi\nu\tau}\mathrm{e}^{\mathrm{j}\pi(M-1)\Delta f\tau}\frac{\sin(\pi M\Delta f\tau)}{\sin(\pi\Delta f\tau)}\tag{5.45}$$

其中，$(\tau,\nu)\in[0,T]\times[0,1/T]$。

证明式(5.41)，可以从下式获得 $Z_T\left[h_{\mathrm{T}}(t)\right](\tau,\nu)$：

$$Z_T\left[h_{\mathrm{T}}(t)\right](\tau,\nu)=\sqrt{T}\sum_{n}h_{\mathrm{T}}(\tau+nT)\mathrm{e}^{-\mathrm{j}2\pi nT\nu}\tag{5.46}$$

由式(5.37)可知，$h_{\mathrm{T}}(\tau+nT)$ 仅在 $0\leqslant\tau+nT<NT$ 时非零。在 $-\left\lfloor\frac{\tau}{T}\right\rfloor\leqslant n<N-\left\lfloor\frac{\tau}{T}\right\rfloor$，$n$ 的求和为无穷大。我们有

$$\begin{aligned}Z_T\left[h_{\mathrm{T}}(t)\right](\tau,\nu)&=\sqrt{T}\sum_{n=-\left\lfloor\frac{\tau}{T}\right\rfloor}^{N-1-\left\lfloor\frac{\tau}{T}\right\rfloor}\mathrm{e}^{-\mathrm{j}2\pi nT\nu}\\&=\sqrt{T}\,\mathrm{e}^{-\mathrm{j}2\pi\left\lfloor\frac{\tau}{T}\right\rfloor T}\sum_{n=0}^{N-1}\mathrm{e}^{-\mathrm{j}2\pi nT\nu}\\&=\sqrt{T}\,\mathrm{e}^{-\mathrm{j}2\pi\left\lfloor\frac{\tau}{T}\right\rfloor T\nu}\mathrm{e}^{-\mathrm{j}\pi\nu(N-1)T}\frac{\sin(\pi\nu NT)}{\sin(\pi\nu T)}\end{aligned}\tag{5.47}$$

ZT 的基本限制区域可写成

$$\bar{Z}_T\left[h_{\mathrm{T}}(t)\right](\tau,\nu)=\sqrt{T}\,\mathrm{e}^{-\mathrm{j}\pi\nu(N-1)T}\frac{\sin(\pi\nu NT)}{\sin(\pi\nu T)}\tag{5.48}$$

其中，$(\tau,\nu)\in[0,T]\times[0,1/T]$。

在图 5-5 中，我们绘制了不同的 N 和 M 的 BT 时延-多普勒基函数 $\left|\frac{1}{MN}Z_T^{\mathrm{B,T}}(\tau,\nu)\right|$ 的大小。可以注意到，由于时间和带宽的限制，BT 基函数不再是时延多普勒域中的一个脉冲。而且，大部分 $Z_T\left[\Phi_{\tau_0,\nu_0}(t)\right]$ 的能量集中在 (τ_0,ν_0)，分别在时延多普勒域宽度为 $\frac{2}{M\Delta f}$ 和

$\frac{2}{NT}$的区间。随着我们增加 N 和 M[见图 5－5(b)],BT 时延-多普勒函数接近无限时间和带宽的情况[增量脉冲位于(τ_0,ν_0)]。

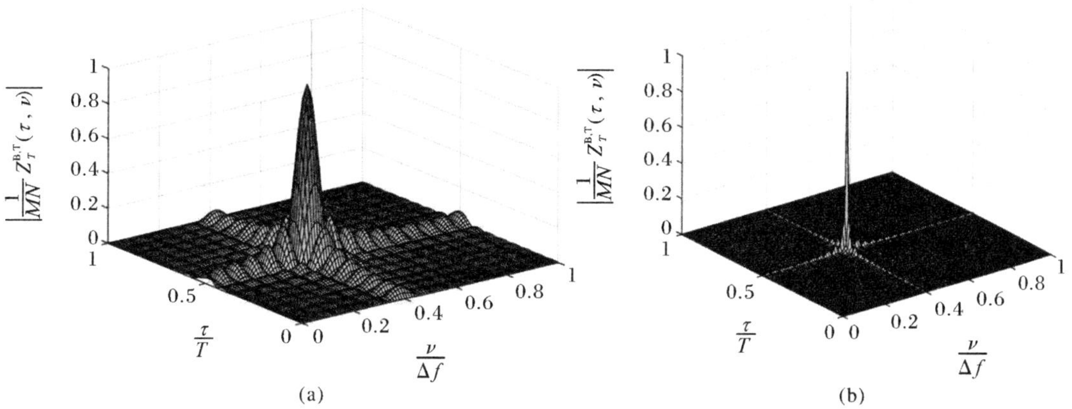

图 5－5　$\left|\frac{1}{MN}Z_T^{B,T}(\tau,\nu)\right|$ **与归一化时延**$\left(\frac{\tau}{T}\right)$**和归一化多普勒频移**$\left(\frac{\nu}{\Delta f}\right)$**在** $\tau_0=0.5$ **和** $T\nu_0=0.4\Delta f$ **的对比**

(a)$N=16,M=16$;(b)$N=128,M=128$

5.4.4　使用带宽及时间受限的信号通信

考虑一个发送信号：

$$s(t)=\sum_i a_i\Phi_{\tau_i,\nu_i}^{B,T}(t)$$

其中,有限数量的信息符号 a_i 在带限和时限基函数 $\Phi_{\tau_i,\nu_i}^{B,T}(t)$,在 $0\leqslant t<NT$ 上多路复用。该信号的 *Zak* 变换可以在时延-多普勒域内写为

$$Z_T[s(t)](\tau,\nu)=\sum_i a_i Z_T^{B,T}[\Phi_{\tau_i,\nu_i}(t)](\tau,\nu)$$

如果这些基函数在时延-多普勒平面上的采样点(τ_i,ν_i)上正交,则可以完美地从 $s(t)$ 恢复信息符号 a_i。然而,如图 5－5 所示,时延-多普勒基函数是二维周期性的 sinc 函数,如果位置(τ_i,ν_i)选择不当,则可能会在信息符号间引入符号间干扰。

从式(5.40)和式(5.41)中可以看出,这些二维周期性 *sinc* 函数分别在时延多普勒域的$\frac{1}{M\Delta f}$和$\frac{1}{NT}$整数倍[式(4.1)中时延多普勒网格 Γ]有零点。利用这个特性,如果我们限制 τ_i 和 ν_i 为$\frac{1}{M\Delta f}$和$\frac{1}{NT}$的整数倍,那么在网格 Γ 点(l,k)采样的时延-多普勒域基函数为

$$Z_T^{B,T}[\Phi_{\tau_i,\nu_i}(t)]\left(\frac{l}{M\Delta f},\frac{k}{NT}\right)=\delta_{l,l_i}\delta_{k,k_i} \tag{5.49}$$

其中,$\tau_i=\frac{l_i}{M\Delta f}$,$\nu_i=\frac{k_i}{NT}$,$l_i,k_i\in\mathbf{Z}$。

图 5-6 显示了当信息符号 a_i 放置在 $\tau_i=5/M\Delta f$ 和 $\nu_i=4/NT$ 时的时延-多普勒域的等高线图。红色(印刷版中的灰色)点表示时延多普勒平面上的整数采样点,其中其他信息符号可以多路复用,因为时延多普勒 Zak 基函数保持完全正交。

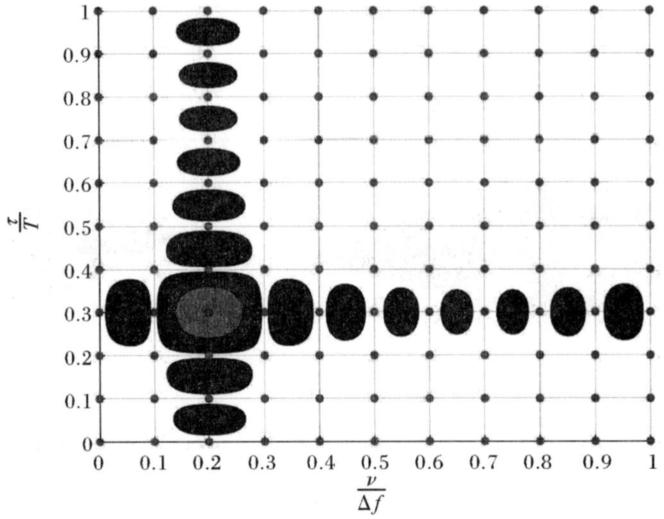

图 5-6　当 $M=10,N=10$ 时,$|\bar{Z}_T^{\mathrm{B,T}}[s(t)](\tau,\nu)|$ 的等高线图和放置在 $\tau_0=3/M\Delta f$ 和 $\nu_0=2/NT$ 上,归一化时延 $\left(\frac{\tau}{T}\right)$ 和归一化多普勒频移 $\left(\frac{\nu}{\Delta f}\right)$ 的一个信息符号的对比

现在考虑在多径信道上传输单个信息符号 a_0,我们使用 BT 时延-多普勒域基函数,即 $s(t)=a_0\Phi_{\tau_0,\nu_0}^{\mathrm{B,T}}(t)$ 的情况,那么

$$r(t)=\sum_{p=1}^{P}g_p\mathrm{e}^{\mathrm{j}2\pi\nu_p(t-\tau_p)}a_0\Phi_{\tau_0,\nu_0}^{\mathrm{B,T}}(t-\tau_p)$$

其中,g_p 为路径增益,τ_p 和 ν_p 为与第 p 条路径相关的时延和多普勒频移。然后得到接收信号的 Zak 变换为

$$Z_T[r(t)](\tau,\nu)=a_0\sum_{p=1}^{P}g_p\mathrm{e}^{\mathrm{j}2\pi\nu_p(\tau-\tau_p)}Z_T^{\mathrm{B,T}}[\Phi_{\tau_0,\nu_0}(t)](\tau-\tau_p,\nu-\nu_p)$$

图 5-7 显示了单个信息符号 a_0 在 $(\tau_0,\nu_0)=(3/M\Delta f,2/NT)$ 通过具有 $P=2$,$(\tau_1,\nu_1)=(0/M\Delta f,0/NT)$ 和 $(\tau_2,\nu_2)=(3/M\Delta f,3/NT)$ 的路径的信道传输,在时延多普勒域中接收信号的等高线图。为了便于可视化,我们取 $g_1=g_2=1$。

在式(5.49)中,可以观察到,如果 $Z_T[r(t)](\tau,\nu)$ 以 $1/M\Delta f$ 和 $1/NT$ 的整数倍(用红色(印刷版灰色表示)采样,那么在 NM 采样点之外,接收端只有两个非零值的点,从而限制了符号间干扰最多只限于 P 个其他信息信号。我们可以注意到非整数倍的抽样可能导致显著的符号间干扰。然而,符号间干扰中显著项的数量仍然可以通过增加 N 和 M 来限制(相对于 MN),如图 5-8 所示,其中 $s(t)$ 的持续时间和带宽比图 5-7 中增加了一倍。

综上所述,通过在接收机上选择适当的基函数以及帧的持续时间和带宽,可以保持连续时间时延多普勒域内信道的稀疏性。给定具有整数时延和多普勒频移的 P 条路径的稀疏信道，如果时延和多普勒域以 $1/M\Delta f$ 和 $1/NT$ 的整数倍采样，则时延-多普勒域的符号间干扰可以限制在 P 个其他符号。连续时延多普勒域的均匀采样使我们得到了一个有限版本的 Zak 变换，称为离散 Zak 变换(DZT)。利用 DZT 可以进一步简化时延-多普勒通信的 Zak 分析。

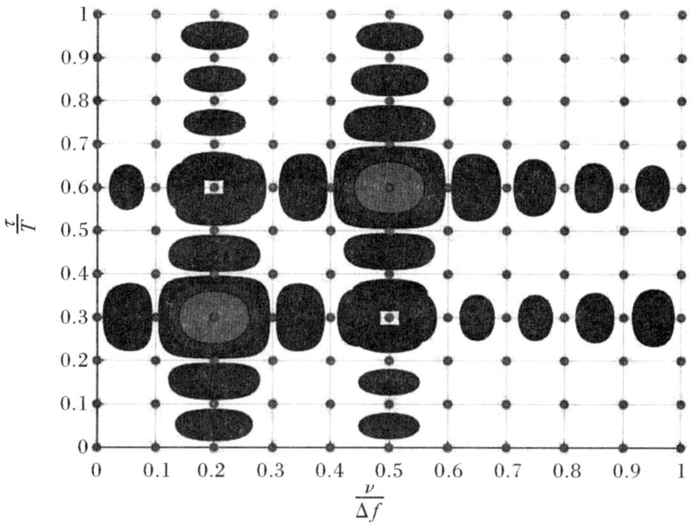

图 5－7　$|Z_T[r(t)](\tau,\nu)|$ 的等高线图和信道参数 $(\tau_1,\nu_1)=(0/M\Delta f,0/NT)$，$(\tau_2,\nu_2)=(3/M\Delta f,3/NT)$ 归一化时延 $\left(\frac{\tau}{T}\right)$ 和归一化多普勒频移 $\left(\frac{\nu}{\Delta f}\right)$ 在 $M=10,N=10,\tau_0=3/M\Delta f,\nu_0=2/NT$ 情况下的对比

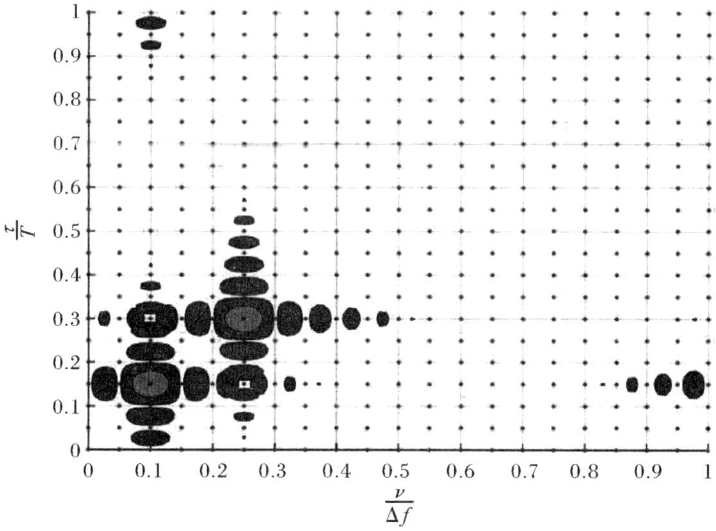

图 5－8　$|Z_T[r(t)](\tau,\nu)|$ 的等高线图和信道参数 $(\tau_1,\nu_1)=(0/M\Delta f,0/NT)$，$(\tau_2,\nu_2)=(3/M\Delta f,3/NT)$ 归一化时延 $\left(\frac{\tau}{T}\right)$ 和归一化多普勒频移 $\left(\frac{\nu}{\Delta f}\right)$ 在 $M=20,N=20,\tau_0=3/M\Delta f,\nu_0=2/NT$ 情况下的对比

5.5 离散 Zak 变换

现在让我们考虑一个离散时间信号 $\bar{x}[q]$，$q=0,\cdots,NM-1$，通过采样 $x(t)$ 以采样间隔 $T_s=T/M$，NT 大小的窗口。我们将无限网格 $[l,k]\in\mathbf{Z}^2$ 上的离散 Zak 变换定义为①

$$Z_{\bar{x}}[l,k]=\sum_n\sum_m\bar{Z}_{\bar{x}}[l+nM,k+mN]\mathrm{e}^{\mathrm{j}\frac{2\pi}{N}n(k+mN)}$$
$$=\sum_n\sum_m\bar{Z}_{\bar{x}}[l+nM,k+mN]\mathrm{e}^{\mathrm{j}\frac{2\pi}{N}nk} \tag{5.50}$$

和

$$\bar{Z}_{\bar{x}}[l,k]=\frac{1}{\sqrt{N}}\sum_{n'=0}^{N-1}\bar{x}[l+n'M]\,\mathrm{e}^{-\mathrm{j}\frac{2\pi}{N}n'k},\quad 0\leqslant l\leqslant M-1,\ 0\leqslant k\leqslant N-1 \tag{5.51}$$

这里离散 Zak 变换仅定义在基本区域 $\mathcal{R}=[0,M-1]\times[0,N-1]$，而在其他地方为零。

我们注意到，对于任意给定的延时(或时移)$0\leqslant l<M-1$，式(5.51)中的求和是通过抽取 $\bar{x}[q]M$ 次时间获得的离散时间信号 $\bar{x}_l[n]=\bar{x}[l+nM]$ 的 N 点离散傅里叶变换，具有样本 l 的偏移量。$\bar{Z}_{\bar{x}}[l,k]$ 可以方便地用一个 $M\times N$ 的矩阵 $\mathbf{Z}_x$ 表示，其中向量 $\boldsymbol{x}$ 有 NM 个分量 $\bar{x}[q]$。

与傅里叶变换类似，离散 Zak 变换是时域信号 $x[q]$ 在时域 Zak 傅里叶变换基函数上投影的结果，与 l,k 有关：

$$Z_{\bar{x}}[l,k+mN]=\langle x[q],\Phi_{l,k}[q]\rangle=\sum_{q=-\infty}^{+\infty}x[q]\Phi_{l,k}[q]^* \tag{5.52}$$

对于任何整数 n(取决于 k 中的周期性)，其中

$$\Phi_{l,k}[q]=\sum_{n=-\infty}^{+\infty}\delta[q-l-nM]\mathrm{e}^{\mathrm{j}\frac{2\pi}{N}nk} \tag{5.53}$$

这些 Zak 基函数是在频率 $\nu=k/NT$ 上由复正弦波和时延 $\tau=l/M\Delta f$ 调制的脉冲序列。

5.5.1 离散 Zak 变换的逆变换

离散 Zak 变换(IDZT)的逆变换由下式给出：

$$\bar{x}[q]=\bar{x}[l+nM]=\mathrm{IDZT}_M\{Z_{\bar{x}}[l,k]\}=\frac{1}{\sqrt{N}}\sum_{k=0}^{N-1}Z_{\bar{x}}[l,k]\mathrm{e}^{\mathrm{j}\frac{2\pi}{N}nk}$$
$$=\frac{1}{\sqrt{N}}\sum_{k=0}^{N-1}\bar{Z}_{\bar{x}}[l,k]\mathrm{e}^{\mathrm{j}\frac{2\pi}{N}nk},\quad 0\leqslant l\leqslant M-1,\ 0\leqslant n\leqslant N-1 \tag{5.54}$$

我们可将向量 $\boldsymbol{x}$ 的 Zak 逆变换写成一个紧凑形式：

① 在本章中，我们遵循离散 Zak 变换文献中使用的时延和多普勒指引 l 和 k，与第 4 章中使用的 m 和 n 不同。

$$\boldsymbol{x}=\mathrm{vec}\left[\mathrm{IDFT}_N(\boldsymbol{Z}_x)\right]$$

其中，N 点离散傅里叶逆变换应用于 $\boldsymbol{Z}_x$ 的每行，然后是行列去交织器，如图 4-6 所示，OTFS 调制器将 $\boldsymbol{X}$ 中的时延多普勒信息符号转换为时域向量 $\boldsymbol{s}$。

5.5.2 DZT 的特性

如果我们考虑 $x[q]$ 是式(5.50)中使用扩展的 DZT 的 $\bar{x}[q]$ 的周期扩展，那么 Zak 变换的所有性质都适用于离散 Zak 变换。我们在下面列出了相关属性。

(1)沿多普勒轴的 N 个周期，沿时延轴的 M 个准周期：

$$Z_x[l,k]=Z_x\left[[l]_M,[k]_N\right]\mathrm{e}^{\mathrm{j}\frac{2\pi}{N}k\left\lfloor\frac{l}{M}\right\rfloor},\quad [l,k]\in\mathbf{Z}^2 \tag{5.55}$$

(2)时延为 $q_0=l_0+n_0M$，其中 $0\leqslant l_0<M-1$：

$$\mathrm{DZT}_M\{x[q+q_0]\}[l,k]=\mathrm{e}^{\mathrm{j}\frac{2\pi}{N}n_0k}Z_x[l+l_0,k] \tag{5.56}$$

(3)频移为 k_0(频率调制为 k_0)：

$$\mathrm{DZT}_M\{x[q]\mathrm{e}^{\mathrm{j}\frac{2\pi}{NM}k_0q}\}[l,k]=\mathrm{e}^{\mathrm{j}\frac{2\pi}{NM}k_0l}Z_x[l,k-k_0] \tag{5.57}$$

(4)周期性均为 NM 的 $w[q]$ 和 $x[q]$ 的乘积：

$$\mathrm{DZT}_M\{w[q]\cdot x[q]\}[l,k]=\frac{1}{\sqrt{N}}\sum_{k'=0}^{N-1}Z_w[l,k']Z_x[l,k-k'] \tag{5.58}$$

即乘积的 DZT 是 DZT 沿多普勒轴的卷积。

(5)周期性均为 NM 的 $w[q]$ 与 $x[q]$ 的卷积：

$$\mathrm{DZT}_M\{w[q]*x[q]\}[l,k]=\sqrt{N}\sum_{l'=0}^{M-1}Z_w[l',k]Z_x[l-l',k] \tag{5.59}$$

即卷积在时间上的卷积的离散 Zak 变换是 DZTs 沿时延轴的卷积。

请注意，这些性质涉及 Zak 变换的无限扩展 Z_x，由于时延轴上的准周期性，不能简化为 $\bar{Z}_x$。

5.6 时延多普勒通信中的 DZT

考虑离散时间传输的信号帧 $s[q]$，生成如图 4-6 所示的 NM 个样本为 $Z_s[l,k]$ 的 IDZT。帧中的 NM 个信息符号被放置在时延多普勒域中作为 $\bar{Z}_s[l,k]$，其中 $[l,k]\in\mathcal{R}$。

我们假设有一个时变的，在时延-多普勒域内有 P 路多径信道，每个路径都有传播增益 g_i、整数时延和多普勒抽头 $l_i=\tau_i/M\Delta f$ 和 $k_i=\nu_i/NT$，$i=1,\cdots,P$。为简单起见，我们在下面的分析中省略了 AWGN 项。

5.6.1 接收机采样

通过对连续时间接收波形以 $f_s=M\Delta f$(Hz)进行采样而获得的离散时间接收信号为(见第 2 章)

$$r[q]=\sum_{i=1}^{P} g_i \mathrm{e}^{\frac{\mathrm{j}2\pi}{NM}k_i(q-l_i)} s[q-l_i] \tag{5.60}$$

其中,我们假设 $s[q]$的周期为 NM,并使用基本区域 $\bar{Z}_s[l,k]$,$[l,k]\in\mathcal{R}$ 的 IDZT 进行调制。使用式(5.51),我们得到

$$\begin{aligned}\bar{Z}_r[l,k] &= \frac{1}{\sqrt{N}}\sum_{n=0}^{N-1}\sum_{i=1}^{P} g_i \mathrm{e}^{\frac{\mathrm{j}2\pi}{NM}k_i(l+nM-l_i)} s[l+nM-l_i]\,\mathrm{e}^{-\frac{\mathrm{j}2\pi}{N}nk} \\ &= \sum_{i=1}^{P} g_i \mathrm{e}^{\frac{\mathrm{j}2\pi}{NM}k_i(l-l_i)} \frac{1}{\sqrt{N}}\sum_{n=0}^{N-1} s[l-l_i+nM]\,\mathrm{e}^{\frac{-\mathrm{j}2\pi}{N}n(k-k_i)} \\ &= \sum_{i=1}^{P} g_i \mathrm{e}^{\frac{\mathrm{j}2\pi}{NM}k_i(l-l_i)} Z_s[l-l_i,k-k_i]\end{aligned} \tag{5.61}$$

这还不表示 $\bar{Z}_s[l,k]$中的 NM 传输信息符号与基本区域 $\bar{Z}_r[l,k]$内的 NM 接收样本之间的时延多普勒输入输出关系。

从式(5.61)中我们注意到,在 $l-l_i\notin[0,M-1]$ 和 $k-k_i\notin[0,N-1]$,$Z_s[l-l_i,k-k_i]$在基本矩形 $\mathcal{R}([l,k]\in\mathcal{R})$之外。由于在式(5.55)中给出的 DZT 变换的周期和类周期性,所以有

$$Z_s[l-l_i,k-k_i]=\bar{Z}_s[[l-l_i]_M,[k-k_i]_N]\,\mathrm{e}^{\mathrm{j}\frac{2\pi}{N}(k-k_i)\left\lfloor\frac{l-l_i}{M}\right\rfloor} \tag{5.62}$$

其中,$\left\lfloor\dfrac{l-l_i}{M}\right\rfloor$只取值 0(当 $l\geqslant l_i$)和-1(当 $l<l_i$),由于 $0\leqslant l,l_i\leqslant M-1$,所以有

$$Z_s[l-l_i,k-k_i]=\begin{cases}\bar{Z}_s[[l-l_i]_M,[k-k_i]_N]\,\mathrm{e}^{-\mathrm{j}\frac{2\pi}{N}(k-k_i)}, & l<l_i \\ \bar{Z}_s[[l-l_i]_M,[k-k_i]_N], & l\geqslant l_i\end{cases} \tag{5.63}$$

用式(5.61)替换式(5.63),得到周期为 NM 的周期信号 $s[q]$和 $r[q]$的时延-多普勒输入-输出关系为

$$\bar{Z}_r[l,k]=\begin{cases}\sum_{i=1}^{P} g_i \mathrm{e}^{\frac{\mathrm{j}2\pi}{NM}k_i[l-l_i]_M}\,\mathrm{e}^{-\mathrm{j}\frac{2\pi}{N}k}\bar{Z}_s[[l-l_i]_M,[k-k_i]_N] \\ \sum_{i=1}^{P} g_i \mathrm{e}^{\frac{\mathrm{j}2\pi}{NM}k_i[l-l_i]_M}\bar{Z}_s[[l-l_i]_M,[k-k_i]_N]\end{cases} \tag{5.64}$$

5.6.2 接收和发送的时间窗

$Z_s[l,k]$($[l,k]\in\mathbf{Z}$)通过离散 Zak 逆变换产生的时域信号是周期性的,周期为 NM。然而,在实际应用中,在发射机上应用窗 $w_{\mathrm{tx}}[q]$来产生有限持续时间的信号 NT(s)或 NM 个样本。可以在时域波形中附加额外的样本,以抵消第 4 章中讨论的 OTFS 的不同变体的多径衰落的影响。

类似地,在接收端应用窗 $w_{\mathrm{rx}}[q]$来获取重建 $\bar{Z}_r[l,k]$所需的 NM 个样本,并随后(通过任何一种检测方法)对 $\bar{Z}_s[l,k]$进行估计,其中$[l,k]\in\mathcal{R}$。接收到的时域信号可以用发送

窗和接收窗写为

$$r[q]=w_{\mathrm{rx}}[q]\sum_{i=1}^{P}g_i\mathrm{e}^{\mathrm{j}\frac{2\pi}{NM}k_i(q-l_i)}w_{\mathrm{tx}}[q-l_i]s[q-l_i] \tag{5.65}$$

当 $0\leqslant q<NM$ 时，$w_{\mathrm{tx}}[q]$为 1，否则为零；当 $l_i\leqslant l_{\max}$（$l_{\max}$ 为最大信道时延抽头）时，接收信号的 DZT 可以写成

$$\begin{aligned}\bar{Z}_r[l,k]=&\frac{1}{\sqrt{N}}\sum_{n=0}^{N-1}w_{\mathrm{rx}}[l+nM]\times\\&\sum_{i=1}^{P}g_i\mathrm{e}^{\mathrm{j}\frac{2\pi}{NM}k_i(l+nM-l_i)}w_{\mathrm{tx}}[l+nM-l_i]s[l+nM-l_i]\mathrm{e}^{-\mathrm{j}\frac{2\pi}{N}nk}\\=&\sum_{i=1}^{P}g_i\mathrm{e}^{\mathrm{j}\frac{2\pi}{NM}k_i(l-l_i)}\times\\&\underbrace{\frac{1}{\sqrt{N}}\sum_{n=0}^{N-1}\underbrace{w_{\mathrm{rx}}[l+nM]w_{\mathrm{tx}}[l+nM-l_i]}_{w_{\mathrm{eff}}[l+nM]}s[l+nM-l_i]\mathrm{e}^{-\mathrm{j}\frac{2\pi}{N}n(k-k_i)}}_{(\mathrm{a})}\end{aligned} \tag{5.66}$$

其中，$w_{\mathrm{eff}}[l+nM]$项作为每条路径的传播时延 l_i 的有效时域窗，由下式给出：

$$w_{\mathrm{eff}}[l+nM]=w_{\mathrm{rx}}[l+nM]w_{\mathrm{tx}}[l+nM-l_i] \tag{5.67}$$

当 $l=0,1,\cdots,M-1,n=0,1,\cdots,N-1$ 时，式(5.66)中的(a)项是有效时域窗与信道受损传输信号的乘积的 Zak 变换，可以写为

$$\begin{aligned}&\frac{1}{\sqrt{N}}\sum_{n=0}^{N-1}(w_{\mathrm{eff}}[l+nM]\cdot s[l+nM-l_i])\mathrm{e}^{-\mathrm{j}\frac{2\pi}{N}n(k-k_i)}\\&=\mathrm{DZT}\{w_{\mathrm{eff}}[q]\cdot s[q-l_i]\}[l,k-k_i]\\&=Z_{w_{\mathrm{eff}}\cdot s}[l-l_i,k-k_i]\end{aligned} \tag{5.68}$$

利用式(5.58)中的性质，对式(5.68)中的时域信号的乘积进行 Zak 变换，得到各自的 Zak 变换沿多普勒域的卷积为

$$Z_{w_{\mathrm{eff}}\cdot s}[l-l_i,k-k_i]=\frac{1}{\sqrt{N}}\sum_{k'=0}^{N-1}Z_{w_{\mathrm{eff}}}[l-l_i,k-k_i-k']Z_s[l-l_i,k'] \tag{5.69}$$

式(5.66)中包含窗效应后的输入输出关系变为

$$\bar{Z}_r[l,k]=\sum_{i=1}^{P}g_i\mathrm{e}^{\mathrm{j}\frac{2\pi}{NM}k_i(l-l_i)}Z_{w_{\mathrm{eff}}\cdot s}[l-l_i,k-k_i] \tag{5.70}$$

式(5.70)中的输入输出关系可以通过替换式(5.69)中 $Z_{w_{\mathrm{eff}}}$ 的有效窗函数的离散 Zak 变换而轻松地修改为任何任意窗。

5.6.3 矩形发送和接收时间窗下的 RCP - OTFS

减少循环前缀的 OTFS(RCP - OTFS)是 OTFS 的变体(见第 4 章)，其中一个足够长的 CP($L_{\mathrm{CP}}\geqslant l_{\max}$)被添加到单个 OTFS 帧中。这里我们设定 $L_{\mathrm{CP}}=l_{\max}<M$，在 OTFS 变体中，RCP - OTFS 是与 DZT 最密切相关的一种。

通过分别使用长度为 $(NM+L_{CP}=NM+l_{max})$ 的发射窗和 (NM) 的接收窗，以及具有最大时延 l_{max} 的信道与传输信号相互作用，就像传输了周期和无限长度的信号 $s[q]$ 一样，尽管实际上传输的是有限长度的信号 $\bar{s}[q]$。RCP - OTFS 的发射窗口对从 $\bar{Z}_s$ 产生的周期性信号 $\bar{s}[q]$ 的操作为

$$s[q]=w_{tx}[q]\bar{s}[q]$$

其中

$$w_{tx}[q]=1,\quad -L_{CP}\leqslant q<NM$$

它将周期信号 $\bar{s}[q]$ 限制在样本指引 $[-L_{CP},NM-1]$ 上。在接收端，使用窗

$$w_{rx}[q]=1,\quad 0\leqslant q<NM$$

获取 NM 个样本。

如图 5 - 9(a)所示，发射窗口(黑色)比接收窗口[红色(印刷版中为灰色)]长，相当于在发射机处增加一个长度 $L_{CP}=l_{max}$ 的 CP。如图所示，有效窗函数[绿色(印刷版中为浅灰色)]是接收[红色(印刷版中为灰色)]和延时传输[蓝色(印刷版中为深灰色)]窗函数的产物，表达式为

$$\underbrace{w_{eff}[q]}_{\text{绿}}=w_{eff}[l+nM]=\underbrace{w_{rx}[l+nM]}_{\text{红}}\underbrace{w_{tx}[l+nM-l_i]}_{\text{蓝}}=1 \tag{5.71}$$

当 $l=0,\cdots,M-1,n=0,\cdots,N-1$ 时，$l_i\leqslant l_{max}$，否则是零。对式(5.71)进行离散 Zak 变换得到

$$Z_{w_{eff}}[l-l_i,k]=\frac{1}{\sqrt{N}}\sum_{n=0}^{N-1}w_{eff}[l+nM-l_i]\,e^{-j\frac{2\pi}{N}kn}=\frac{1}{\sqrt{N}}\zeta_N(-k) \tag{5.72}$$

其中，$\zeta_N(\cdot)$ 为式(4.79)中定义的周期 sinc 函数。将其代入式(5.69)，得到发射信号与有效窗时域乘积的 DZT：

$$Z_{w_{eff}\cdot s}[l-l_i,k-k_i]=\frac{1}{N}\sum_{k'=0}^{N-1}\zeta_N(k'-(k-k_i))Z_s[l-l_i,k'] \tag{5.73}$$

对于整数 k_i，$x=0$，$\zeta_N(x)=N$，否则 $\zeta_N(x)$ 为零。式(5.73)变为

$$Z_{w_{eff}\cdot s}[l-l_i,k-k_i]=Z_s[l-l_i,k-k_i] \tag{5.74}$$

将式(5.74)代入式(5.70)，并应用式(5.63)中的性质，时延多普勒输入输出关系的一般形式可以写为

$$\bar{Z}_r[l,k]=\sum_{i=1}^{P}g_i\phi_i[l,k]\bar{Z}_s[[l-l_i]_M,[k-k_i]_N] \tag{5.75}$$

其中，表 4 - 3 中给出了以下相位旋转，即

$$\phi_i[l,k]=\begin{cases}e^{j\frac{2\pi}{NM}k_i[l-l_i]}, & l\geqslant l_i\\ e^{j\frac{2\pi}{NM}k_i[l-l_i]_M}e^{-j\frac{2\pi}{N}k}, & l<l_i\end{cases} \tag{5.76}$$

在 $l<l_i$ 的情况下，额外的相位是由式(5.62)中在基本区域外 Zak 变换所引起的特性。

这个时延多普勒输入输出关系与式(5.64)中的NM周期$s[q]$和$r[q]$,以及式(4.120)和式(4.121)中给出的RCP－OTFS关系一致,其中指引m被替换成l。

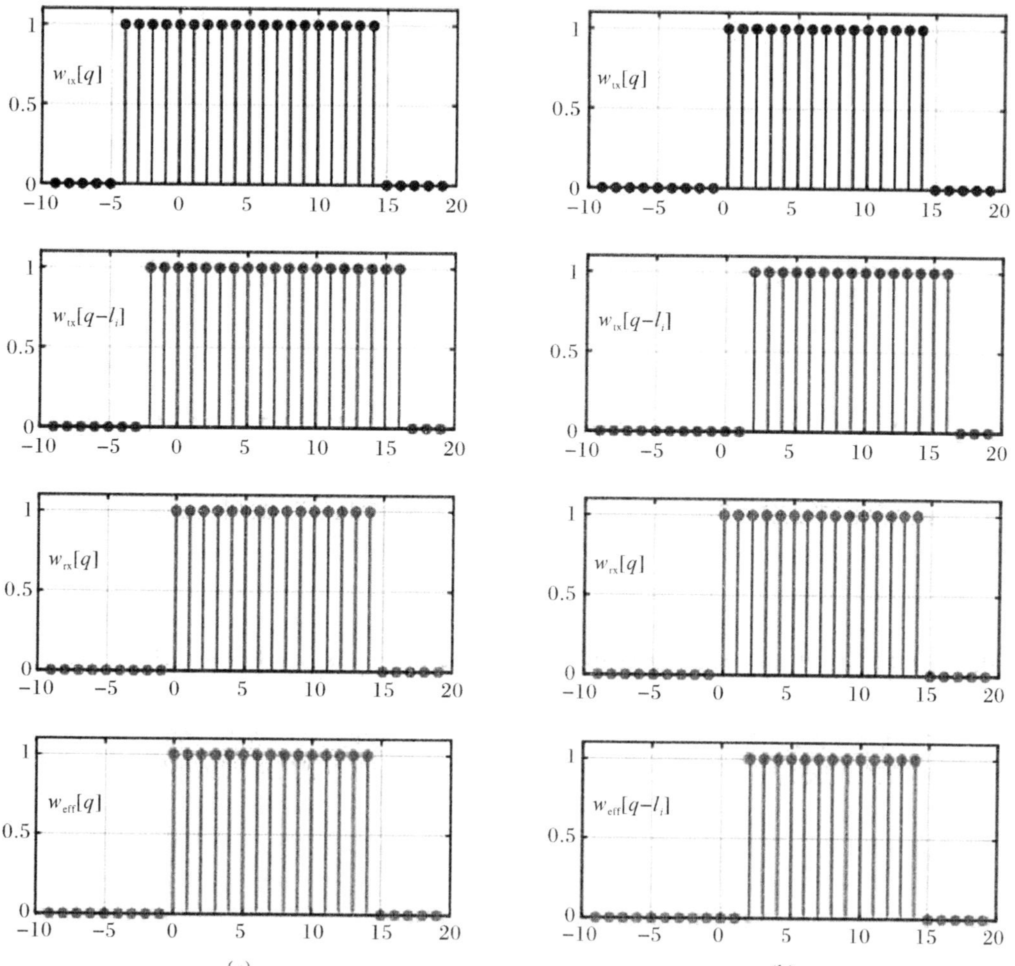

(a)　　(b)

图5－9　在$M=5,N=3,L_{CP}=L_{ZP}=4$和$l_i=2$的情况下,RCP－OTFS(左)和RZP－OTFS(右)的有效窗函数的矩形发射$w_{tx}[q]$(黑色)、时延发射$w_{tx}[q-l_i]$[蓝色(印刷版中为深灰色)]、接收$w_{rx}[q]$[红色(印刷版中为中灰色)]和有效窗函数$w_{tx}[q]$[绿色(印刷版中为浅灰色)]和$w_{tx}[q-l_i]$[绿色(印刷版中为浅灰色)]

(a)RCP－OTFS;(b)RZP－OTFS

5.6.4　矩形发送和接收时间窗下的RZP－OTFS

零填充减少的OTFS(RZP－OTFS)是第4章中提出的另一个OTFS变体,它通过在OTFS帧中加入足够长度($L_{ZP}\geqslant l_{max}$)的ZP来形成。在这里,我们设定$L_{ZP}=l_{max}$。中在RZP－OTFS中,传输波形的周期性假设被抛弃,信道与$s[q]$而不是与$\bar{s}[q]$交互。令

$$\begin{cases}w_{tx}[q]=1, & 0\leqslant q<NM\\ w_{rx}[q]=1, & 0\leqslant q<NM\end{cases}$$

在图 5-9(b)中以黑色和红色(印刷版中为中灰色)表示。与 RCP-OTFS 不同,RZP-OTFS 中的两个窗具有相同的大小。有效窗函数为

$$w_{\mathrm{eff}}[q-l_i]=w_{\mathrm{eff}}[l+nM-l_i]=\begin{cases}1, & l_i\leqslant q<NM\\ 0, & \text{其他}\end{cases} \tag{5.77}$$

当 $l=0,1,\cdots,M-1,n=0,1,\cdots,N-1$ 时,图 5-9(b)中绿色(印刷版中为浅灰色)是有效窗。假设 l_i 的最大值小于信道时延扩展 $l_{\max}$。式(5.77)中的离散 Zak 变换表示为

$$\begin{aligned}Z_{w_{\mathrm{eff}}}[l-l_i,k]&=\frac{1}{\sqrt{N}}\sum_{n=0}^{N-1}w_{\mathrm{eff}}[l+nM-l_i]\,\mathrm{e}^{-\mathrm{j}\frac{2\pi}{N}kn}\\&=\begin{cases}\dfrac{1}{\sqrt{N}}\zeta_N(-k), & l\geqslant l_i\\ \dfrac{1}{\sqrt{N}}(\zeta_N(-k)-1), & l<l_i\end{cases}\end{aligned} \tag{5.78}$$

将其代入式(5.69),得到

$$Z_{w_{\mathrm{eff}}\cdot s}[l-l_i,k-k_i]=\frac{1}{\sqrt{N}}\sum_{k'=0}^{N-1}Z_{w_{\mathrm{eff}}}[l-l_i,k-k_i-k']Z_s[l-l_i,k'] \tag{5.79}$$

其中,对于整数 k_i,有

$$\frac{1}{\sqrt{N}}Z_{w_{\mathrm{eff}}}[l-l_i,(k-k_i)-k']=\begin{cases}1, & l\geqslant l_i,k'=k-k_i\\ \dfrac{N-1}{N}, & l<l_i,k'=k-k_i\\ -\dfrac{1}{N}, & l<l_i,k'\neq k-k_i\\ 0, & \text{其他}\end{cases} \tag{5.80}$$

将式(5.80)代入式(5.70)并应用式(5.63)中的特性,针对整数 k_i 的 RZP-OTFS 输入输出关系可简化为

$$\overline{Z}_r[l,k]=\sum_{i=1}^{P}g_i\mathrm{e}^{\mathrm{j}\frac{2\pi}{NM}k_i(l-l_i)}\sum_{k'=0}^{N-1}\beta_i[l,(k-k_i)-k']\overline{Z}_s[[l-l_i]_M,k'] \tag{5.81}$$

其中

$$\beta_i[l,(k-k_i)-k']=\begin{cases}1, & l\geqslant l_i,k'=[k-k_i]_N\\ \dfrac{N-1}{N}e^{-\mathrm{j}2\pi([k-k_i]N)/N}, & l<l_i,k'=[k-k_i]_N\\ -\dfrac{1}{N}\mathrm{e}^{-\mathrm{j}2\pi k'/N}, & l<l_i,k'\neq[k-k_i]_N\\ 0, & \text{其他}\end{cases} \tag{5.82}$$

对于非常大的 N 值,式(5.82)中的第三项 $k'\neq[k-k_i]_N$ 可以被忽略,式(5.81)可被近似为

$$\overline{Z}_r[l,k]\approx\sum_{i=1}^{P}g_i\phi_i[l,k]\overline{Z}_s[[l-l_i]_M,[k-k_i]_N] \tag{5.83}$$

其中，表 4-3 中给出了以下相位旋转，即

$$\phi_i[l,k]=\begin{cases}e^{j\frac{2\pi}{NM}k_i[l-l_i]}, & l\geq l_i\\ \frac{N-1}{N}e^{j\frac{2\pi}{NM}k_i[l-l_i]}e^{-j\frac{2\pi}{N}[k-k_i]_N}, & l<l_i\end{cases} \tag{5.84}$$

备注：矩形波的 Zak 分析可以通过修改窗函数 $w_{\text{eff}}[q]$ 扩展到不同的脉冲整形波形。唯一的额外任务是找到相应脉冲整形波形的离散 Zak 变换。本章介绍的 RCP/RZP-OTFS 的推导可以很容易地扩展到 CP/ZP-OTFS 的情况，只须为相应的 OTFS 变体选择适当的时域输入输出关系，就像第 4 章中给出的那样。

5.7 参考文献及注释

Zak 变换是以发明者 J. Zak[1] 的名字命名的。读者可以参考文献[2,3]来了解连续和离散时间 Zak 变换的基本定义和性质。OTFS 调制是由 Hadani 等人在 2017 年 IEEE 无线通信和网络会议[4]上提出的，作者指出 OTFS 与 Zak 变换天然相关。随后，OTFS 与 Zak 变换的精确关系和分析在文献[5,6]中给出。文献[7,8]介绍了本章中采用的 RZP/RCPOTFS 输入输出关系。

【参考文献】

[1] J. Zak, Finite translation in solid state physics, Physical Review Letters 9 (1967) 1385-1397.

[2] A. Janssen, The Zak transform: a signal transform for sampled time-continuous signals, Philips Journal Research 43 (1) (Jan. 1988) 23-69.

[3] H. Bölcskei, F. Hlawatsch, Discrete Zak transforms, polyphase transforms, and applications, IEEE Transactions on Signal Processing 45 (4) (1997) 851-866, https://doi.org/10.1109/78.564174.

[4] R. Hadani, S. Rakib, M. Tsatsanis, A. Monk, A. J. Goldsmith, A. F. Molisch, R. Calderbank, Orthogonal time frequency space modulation, in: 2017 IEEE Wireless Communicationsand Networking Conference (WCNC), 2017, pp. 1-6.

[5] S. K. Mohammed, Derivation of OTFS modulation from first principles, IEEE Transactions on Vehicular Technology 70 (8) (2021) 7619-7636, https://doi.org/10.1109/TVT.2021.3069913.

[6] S. K. Mohammed, Time-domain to delay-Doppler domain conversion of OTFS signals in very high mobility scenarios, IEEE Transactions on Vehicular Technology 70 (6) (2021) 6178-6183, https://doi.org/10.1109/TVT.2021.3071942.

[7] P. Raviteja, K. T. Phan, Y. Hong, E. Viterbo, Interference cancellation and iterative detection

for orthogonal time frequency space modulation,IEEE Transactions on Wireless Communications 17 (10) (2018) 6501 - 6515,https://doi. org/10. 1109/TWC. 2018. 2860011. 122 5. Zak transform analysis for delay-Doppler communications.

[8] P. Raviteja, Y. Hong, E. Viterbo, E. Biglieri, Practical pulse-shaping waveforms for reduced-cyclic-prefix OTFS, IEEE Transactions on Vehicular Technology 68 (1) (2019)957 - 961, https://doi. org/10. 1109/TVT. 2018. 2878891.

第6章　检测方法

章节要点

- ▲ OTFS输入输出关系综述。
- ▲ 单抽头频域均衡器。
- ▲ 线性最小均方误差检测。
- ▲ 消息传递检测。
- ▲ 最大比合并检测。
- ▲ 基于迭代的rake turbo解码器。

6.1　OTFS输入输出关系综述

在本节中，我们将回顾第4章中使用矩形脉冲整形波形的OTFS的时延多普勒输入输出关系。在单天线的OTFS系统中，我们假设一个持续时间为NT的帧占用大小为$M\Delta f$的带宽，其中$T=1/\Delta f$，Δf为子载波间距。令$\boldsymbol{X}\in\mathbf{C}^{M\times N}$和$\boldsymbol{Y}\in\mathbf{C}^{M\times N}$是在时延多普勒域内的传输和接收信息样本矩阵。向量化$\boldsymbol{X}^{\mathrm{T}}$和$\boldsymbol{Y}^{\mathrm{T}}$，可得到相应的样本向量$\boldsymbol{x}\in\mathbf{C}^{NM\times 1}$和$\boldsymbol{y}\in\mathbf{C}^{NM\times 1}$，每个都包含$N$个样本的$M$个块，由下式给出：

$$\left.\begin{aligned}\boldsymbol{x}&=\begin{bmatrix}\boldsymbol{x}_0\\ \vdots\\ \boldsymbol{x}_{M-1}\end{bmatrix}=\mathrm{vec}\,(\boldsymbol{X}^{\mathrm{T}})\\ \boldsymbol{y}&=\begin{bmatrix}\boldsymbol{y}_0\\ \vdots\\ \boldsymbol{y}_{M-1}\end{bmatrix}=\mathrm{vec}\,(\boldsymbol{Y}^{\mathrm{T}})\end{aligned}\right\}\tag{6.1}$$

其中，$m=0,\cdots,M-1$的子向量$\boldsymbol{x}_m,\boldsymbol{y}_m\in\mathbf{C}^{N\times 1}$，沿多普勒轴分布。在时延多普勒域内的向量化输入输出关系可以写为

$$\boldsymbol{y}=\boldsymbol{H}\cdot\boldsymbol{x}+\boldsymbol{z}\tag{6.2}$$

其中，$\boldsymbol{H}\in\mathbf{C}^{NM\times NM}$是时延多普勒信道矩阵，见第4章的式(4.60)，$\boldsymbol{z}\in\mathbf{C}^{NM\times 1}$为均值为零、方

差为 σ_w^2 的 AWGN 向量。

图 4－12 显示了无噪声情况下，式(6.2)中的矢量时延-多普勒输入输出关系，其中 $M=8$ 并有 3 条延迟路径。这说明 $\boldsymbol{H}$ 是一个最大带宽为 $N(l_{\max}+1)$ 的带状矩阵，其中 $l_{\max}$ 表示最大的信道延迟抽头。此外，矩阵 $\boldsymbol{H}$ 包含子矩阵 $\boldsymbol{K}_{m,l}\in\mathbf{C}^{N\times N}$，代表第 m 个接收块和第 $[m-l]_M$ 个传输块之间的线性时变信道，其中 $l\in\mathcal{L}$，$\mathcal{L}$ 是信道不同归一化时延位移的集合。然后，每个接收样本 $\boldsymbol{y}_m\in\mathbf{C}^{N\times 1}$，$m=0,\cdots,M-1$，在式(4.63)中给出为

$$\boldsymbol{y}_m=\sum_{l\in\mathcal{L}}\boldsymbol{K}_{m,l}\cdot\boldsymbol{x}_{[m-l]_M}+\boldsymbol{z}_m \tag{6.3}$$

其中，$\boldsymbol{K}_{m,l}$ 的条目在表 4－2 中给出，对于零填充 OTFS(ZP－OTFS)的情况，$\boldsymbol{x}_{[m-l]_M}$ 可以简化为 $\boldsymbol{x}_{m-l}$，因为当 $m<l$ 时，$\boldsymbol{x}_{m-l}=0$。

矩阵 $\boldsymbol{H}$ 的每一行都有 S 个非零元素，对应于时延多普勒信道中离散的时延多普勒路径的数量。具有 P 个路径的多径信道可能导致 $S\geqslant P$，因为当接收机进行采样时，分数时延和/或多普勒会泄漏到相邻的网格点，从而导致了如第 4.6.1 节中所述的那样。当多径时延和多普勒频移正好是 OTFS 帧的时延分辨率 $1/M\Delta f$、多普勒分辨率 $1/NT$ 的整数倍时，平等性成立($S=P$)，但这并不总是一个实际的假设。由于典型无线信道的弱扩散特性，所以我们可以假设 $S\ll NM$，这意味着矩阵 $\boldsymbol{H}$ 是稀疏矩阵。

矩阵 $\boldsymbol{H}$ 的稀疏性与其他特性相结合，可用于设计 OTFS 的高效检测器，这将在本章其余部分进行讨论。

6.2 单抽头频域均衡器

单抽头频域均衡器假设了一个缓慢时变的多径信道，每个子载波在信道上传输后仍然正交。这使得频域中可进行低复杂度的均衡，从而为慢速时变信道中的 OTFS 提供合适的检测方法。

6.2.1 RCP－OTFS 的单抽头均衡器

考虑其中一个 CP 被预置在整个 OTFS 帧中的 RCP－OTFS，令 $\boldsymbol{s},\boldsymbol{r}\in\mathbf{C}^{NM\times 1}$ 是时域传输和接收的 OTFS 样本向量，由式(4.35)中时延-多普勒向量 $\boldsymbol{x}$ 和 $\boldsymbol{y}$ 转换而来。在本章的其余部分，假设矩形脉冲整形波形，则式(4.37)中的向量化时域输入输出关系为

$$\boldsymbol{r}=\boldsymbol{G}\cdot\boldsymbol{s}+\boldsymbol{w} \tag{6.4}$$

其中，$\boldsymbol{G}\in\mathbf{C}^{NM\times NM}$ 是时域信道矩阵，其元素在式(4.38)中给出，$\boldsymbol{w}\in\mathbf{C}^{NM\times 1}$ 代表方差为 σ_w^2 的时域 AWGN 向量。

假设静态或流动性很低的多径信道，$\boldsymbol{G}$ 会成为一个环形矩阵，类似于带有 NM 子载波的 OFDM。令 $\check{\boldsymbol{s}},\check{\boldsymbol{r}}\in\mathbf{C}^{NM\times 1}$ 是由时域向量 $\boldsymbol{s}$ 和 $\boldsymbol{r}$ 的 NM 点 FFT(即 $\boldsymbol{F}_{MN}$)得到的时频域样本向量：

$$\left.\begin{aligned}\check{\boldsymbol{s}}&=\boldsymbol{F}_{MN}\cdot\boldsymbol{s}\\\check{\boldsymbol{r}}&=\boldsymbol{F}_{MN}\cdot\boldsymbol{r}\end{aligned}\right\}\tag{6.5}$$

$\check{\boldsymbol{s}}$ 和 $\check{\boldsymbol{r}}$ 与第 4.4.2 节中传输的时频样本 $\check{\boldsymbol{x}}$ 和 $\check{\boldsymbol{y}}$ 不同，后者是基于 N 块 $\boldsymbol{s}$ 和 $\boldsymbol{r}$ 的 M 点 FFT(即 $\boldsymbol{F}_M$)，也就是 $\check{\boldsymbol{x}}=(\boldsymbol{I}_N\otimes\boldsymbol{F}_M)\cdot\boldsymbol{s}$ 和 $\check{\boldsymbol{y}}=(\boldsymbol{I}_N\otimes\boldsymbol{F}_M)\cdot\boldsymbol{r}$。

时频域中式(6.4)中的输入输出关系可以写为

$$\check{\boldsymbol{r}}=\check{\boldsymbol{G}}\cdot\check{\boldsymbol{s}}+\check{\boldsymbol{z}}\tag{6.6}$$

其中，$\check{\boldsymbol{G}}=\boldsymbol{F}_{MN}\cdot\boldsymbol{G}\cdot\boldsymbol{F}_{MN}^{\dagger}$，$\check{\boldsymbol{z}}=\boldsymbol{F}_{MN}\cdot\boldsymbol{w}$。

由于 $\boldsymbol{G}$ 是环形的，所以 $\boldsymbol{G}$ 是一个对角矩阵。传输频域样本的迫零(ZF)估计为

$$\check{\boldsymbol{s}}[q]=\frac{\check{\boldsymbol{r}}[q]}{\check{\boldsymbol{G}}[q,q]}\tag{6.7}$$

其中，$q=0,\cdots,NM-1$，为了避免在 $\check{\boldsymbol{G}}[q,q]$ 中倒置小信道系数而导致的噪声增强，那么对频域样本的傅里叶域最小均方误差(MMSE)估计值为

$$\check{\boldsymbol{s}}[q]=\frac{\check{\boldsymbol{G}}^*[q,q]\check{\boldsymbol{r}}[q]}{|\check{\boldsymbol{G}}[q,q]|^2+\sigma_w^2}\tag{6.8}$$

其中，$q=0,\cdots,NM-1$，在有频谱空洞的频率选择性衰落信道情况下，最小均方误差(MMSE)估计比迫零(ZF)有更好的性能。利用 NM 点快速傅里叶逆变换均衡后的频域样本向量被转化为时域，即

$$\hat{\boldsymbol{s}}=\boldsymbol{F}_{MN}^{\dagger}\cdot\check{\boldsymbol{s}}\tag{6.9}$$

然后将其转换回时延多普勒域，得到估计的符号向量为

$$\hat{\boldsymbol{x}}=(\boldsymbol{I}_m\otimes\boldsymbol{F}_N)\cdot\boldsymbol{P}^{\mathrm{T}}\cdot\hat{\boldsymbol{s}}\tag{6.10}$$

6.2.2 CP-OTFS 的逐块单抽头均衡器

在上一节中，我们讨论了静态(频率选择性)多径信道中使用 RCP-OTFS 的时频域单抽头均衡器。对角化大小为 $NM\times NM$ 的矩阵 $\boldsymbol{G}$ 的复杂度为 $O(2NM\log_2(NM))$。如果在时域的 N 个块中的每一个块上添加一个 CP(CP-OTFS)，而不是为整个 OTFS 帧添加一个 CP(RCPOTFS)，那么复杂度可以进一步降低，这将使对更小尺寸 $M\times M$ 的 N 个循环信道矩阵进行并行操作。

我们假设了静态(或流动性很低的)多径信道。从第 4 章回顾，由于静态(或非常低的移动性)信道，那么对于 CP-OTFS，时域信道矩阵 $\boldsymbol{G}$ 是一个只有环形块 $\boldsymbol{G}_{n,0}\in\mathbf{C}^{M\times M}$ 的块状对角线矩阵，其中下标 0 指的是 $\boldsymbol{G}$① 的对角线块，其中 $n=0,\cdots,N-1$。

令 $\boldsymbol{s}=[\boldsymbol{s}_0^{\mathrm{T}},\cdots,\boldsymbol{s}_{N-1}^{\mathrm{T}}]^{\mathrm{T}}$，$\boldsymbol{r}=[\boldsymbol{r}_0^{\mathrm{T}},\cdots,\boldsymbol{r}_{N-1}^{\mathrm{T}}]^{\mathrm{T}}$，$\boldsymbol{w}=[\boldsymbol{w}_0^{\mathrm{T}},\cdots,\boldsymbol{w}_{N-1}^{\mathrm{T}}]^{\mathrm{T}}$，其中 $\boldsymbol{s}_n,\boldsymbol{r}_n\in\mathbf{C}^{M\times 1}$ 是传输和接收的样本向量，$\boldsymbol{w}_n\in\mathbf{C}^{M\times 1}$ 是方差为 σ_w^2 的 AWGN 向量，式(6.4)中的时域输入输出关系被逐块分割，对于 $n=0,\cdots,N-1$，有

① 同样地应用在 $\check{\boldsymbol{H}}_{n,0}$。

$$\boldsymbol{r}_n=\boldsymbol{G}_{n,0}\cdot\boldsymbol{s}_n+\boldsymbol{w}_n \tag{6.11}$$

而相应的时频域块状输入输出关系为

$$\check{\boldsymbol{y}}_n=\check{\boldsymbol{H}}_{n,0}\cdot\check{\boldsymbol{x}}_n+\check{\boldsymbol{w}}_n \tag{6.12}$$

其中

$$\check{\boldsymbol{H}}_{n,0}=\boldsymbol{F}_m\cdot\boldsymbol{G}_{n,0}\cdot\boldsymbol{F}_M^{\dagger} \tag{6.13}$$

$$\check{\boldsymbol{y}}_n=\boldsymbol{F}_M\cdot\boldsymbol{r}_n \tag{6.14}$$

式(6.8)中的单抽头 MMSE 均衡器被修改为

$$\check{\boldsymbol{x}}_n[m]=\frac{\check{\boldsymbol{H}}_{n,0}^{*}[m,m]\check{\boldsymbol{y}}_n[m]}{|\check{\boldsymbol{H}}_{n,0}[m,m]|^2+\sigma_w^2} \tag{6.15}$$

其中

$$\check{\boldsymbol{y}}_n[m]=\check{\boldsymbol{H}}_{n,0}[m,m]\check{\boldsymbol{x}}_n[m]+\underbrace{\sum_{m'=0,m'\neq m'}^{M-1}\check{\boldsymbol{H}}_{n,0}[m,m']\check{\boldsymbol{x}}_n[m']}_{\text{ICI}}+\check{\boldsymbol{w}}_n[m]$$

对于 $m=0,\cdots,M-1,n=0,\cdots,N-1$,包含载波间干扰(ICI)项,$\check{\boldsymbol{w}}_n[m]$是均值为零、方差为 σ_w^2 的 AWGN 变量。使用 M 点快速傅里叶逆变换操作将估计的时频域样本向量转换为时域,即

$$\hat{\boldsymbol{s}}_n=\boldsymbol{F}_M^{\dagger}\cdot\check{\boldsymbol{x}}_n \tag{6.16}$$

估计时延多普勒符号向量得到

$$\hat{\boldsymbol{x}}=(\boldsymbol{I}_M\otimes\boldsymbol{F}_N)\cdot\boldsymbol{P}^{\mathrm{T}}\cdot\hat{\boldsymbol{s}} \tag{6.17}$$

其中,$\hat{\boldsymbol{s}}=[\hat{\boldsymbol{s}}_0^{\mathrm{T}},\cdots,\hat{\boldsymbol{s}}_{N-1}^{\mathrm{T}}]^{\mathrm{T}}$。注意,步骤式(6.16)和式(6.17)构成了将均衡样本从时频域转换为时延多普勒域的辛傅里叶变换操作。

如式(6.15)所示,如果没有噪声,单抽头均衡器的性能取决于载波间干扰项和对角线元素 $\check{\boldsymbol{H}}_{n,0}[m,m]$之间的功率比。当多普勒扩散增加时,如高移动性的无线信道,载波间干扰项的功率(来自非对角线元素 $\check{\boldsymbol{H}}_{n,0}[m,m']$)增加,会导致性能下降。

6.2.3 复杂性

如上所述,对于 RCP - OTFS,因为 $\boldsymbol{G}$ 是一个循环矩阵,所以矩阵对角化需要 $2NM\log_2(NM)$次复数乘法。对于 CP - OTFS,因为 $\boldsymbol{G}$ 是一个具有循环块 $\boldsymbol{G}_{n,0}$ 的块对角矩阵,对角化只需要 $2NM\log_2(M)$次复数乘法。此外,RCP - OTFS 和 CPOTFS 中的常见步骤式(6.10)和式(6.17)分别需要 $MN\log_2(N)$次复数乘法。因此,RCP - OTFS 和 CPOTFS 的单抽头均衡器的总体复杂性是 $NM(3\log_2(N)+2\log_2(M))$和 $NM(\log_2(N)+2\log_2(M))$。CP - OTFS 的复杂度略低,因为它是进行块状 M 点快速傅里叶变换操作,而不是 RCP - OTFS 中的 MN 点快速傅里叶变换。

6.3 线性最小均方误差检测

在上一节中，我们讨论了单抽头均衡器，它类似于常用的 OFDM 检测器。尽管单抽头均衡器具有非常低的复杂度，但它只适用于静态或移动性很低的无线信道。这是因为高移动性引起的多普勒扩散会引入载波间干扰，导致性能下降。因此，在本节中，我们将讨论著名的 OTFS 的线性最小均方误差（LMMSE）检测器，它可以在静态和高移动性信道中提供良好的性能。

6.3.1 时延多普勒域 LMMSE 检测

回顾式（6.2）中的输入输出关系，$\boldsymbol{x}$ 的线性最小均方误差（LMMSE）估计值表示为

$$\hat{\boldsymbol{x}}=(\boldsymbol{H}^{\dagger}\cdot\boldsymbol{H}+\sigma_w^2\boldsymbol{I}_{MN})^{-1}\cdot\boldsymbol{H}^{\dagger}\cdot\boldsymbol{y} \tag{6.18}$$

式（6.18）中的操作需要转置一个 $NM\times NM$ 矩阵，即使矩阵 $\boldsymbol{H}$ 是稀疏的，该矩阵仍需很高的复杂度。如第 6.1 节所述，时延多普勒信道矩阵 $\boldsymbol{H}$ 在每一行中都有 $S\geqslant P$ 的非零元素，对应于在时延多普勒网格中离散的时延多普勒路径的数量。然而，时域信道矩阵 $\boldsymbol{G}$ 在每一行中只有 $|\mathcal{L}|$ 个非零元素。如果每个时延仓有一个整数多普勒，那么 $|\mathcal{L}|=P=S$；否则为 $|\mathcal{L}|<P<S$。时域矩阵 $\boldsymbol{G}$ 的稀疏性的增加可以用来进一步降低时域内最小均方误差（LMMSE）检测的复杂度，如下一小节所述。

6.3.2 时域 LMMSE 检测

回用式（6.4）中 RCP/RZP - OTFS 的时域输入输出关系，得到 $\boldsymbol{s}$ 的最小均方误差（LMMSE）估计值为

$$\hat{\boldsymbol{s}}=(\boldsymbol{G}^{\dagger}\cdot\boldsymbol{G}+\sigma_w^2\boldsymbol{I}_{MN})^{-1}\cdot\boldsymbol{G}^{\dagger}\cdot\boldsymbol{r} \tag{6.19}$$

然后将估计的时域样本转换回时延多普勒域，利用式（6.17）中的关系得到估计的信息符号。式（6.19）中的操作需要一个 $NM\times NM$ 矩阵求逆。但是，如果我们采用 CP/ZP - OTFS，那么最小均方误差（LMMSE）计算可以通过 N 个大小为 $M\times M$ 的复子矩阵求逆逐块执行[见式（6.20）]。回顾式（6.11）中的块级输入输出关系，将得到以下最小均方误差（LMMSE）估计值：

$$\hat{\boldsymbol{s}}_n=(\boldsymbol{G}_{n,0}^{\dagger}\cdot\boldsymbol{G}_{n,0}+\sigma_w^2\boldsymbol{I}_M)^{-1}\boldsymbol{G}_{n,0}^{\dagger}\cdot\boldsymbol{r}_n \tag{6.20}$$

其中，$n=0,\cdots,N-1$。最后，将块估计转换回来，获得类似于式（6.17）中的时延多普勒信息符号。

详见附录 C 的 Matlab 代码 13 和 14，从中可找到时延多普勒和时域 LMMSE 检测的 Matlab® 实现。

6.3.3 复杂性

式（6.18）和式（6.19）的最小均方误差（LMMSE）方法在时延多普勒域和时域分别需要 $NM\times NM$ 矩阵求逆，从而导致 $O((NM)^3)$ 的复杂度。需要注意的是，通过利用 $\boldsymbol{H}$ 和 $\boldsymbol{G}$ 的带状稀疏结构，以及由于 $|\mathcal{L}|\leqslant P\leqslant S$，所以时域矩阵 $\boldsymbol{G}$ 比 $\boldsymbol{H}$ 稀疏的事实，可以减少三次方

的复杂度。

对于 CP/ZP - OTFS，最小均方误差（LMMSE）检测可以对 N 个块逐块进行［见式（6.20）］，这需要对 N 个大小为 $M\times M$ 的子矩阵求逆，然后将时域估计转换到时延多普勒域。因此，这种检测的整体复杂度为 $O(Nm^3+NM\log_2 N)$，这显著低于式（6.18）和式（6.19）中的最小均方误差（LMMSE）方法。此外，利用这些子矩阵的稀疏性和带状性质，可以进一步降低检测的复杂度。

6.4 消息传递检测

在本节中，我们将介绍最前沿的 OTFS 消息传递（MP）检测。如上所述，最小均方误差（LMMSE）检测可以在双重选择性信道中提供良好的性能，但代价是高复杂度。然而，单抽头均衡需要最低的复杂度，但其性能随着多普勒频移的增加而下降。消息传递（MP）检测可比最小均方误差（LMMSE）检测提供更好的性能，但复杂度要低得多，并可应用于 OTFS 的所有变体。

6.4.1 消息传递检测算法

考虑式（6.2）中向量化的时延多普勒输入输出关系，其中，$\boldsymbol{y},\boldsymbol{z}\in\mathbf{C}^{NM\times 1}$ 是具有元素 $y[d]$ 和 $z[d]$ 的接收和噪声向量；$\boldsymbol{H}\in\mathbf{C}^{NM\times NM}$ 是具有元素 $H[d,c]$ 的时延-多普勒信道矩阵；$\boldsymbol{x}\in\mathbf{C}^{NM\times 1}$ 是具有元素 $x[c]\in\mathbb{A}$ 的信息向量。其中 $d,c\in[0,NM-1]$，$\mathbb{A}=\{a_1,\cdots,a_Q\}$ 代表大小为 Q 的调制字母表。设 $\mathcal{I}(d)$ 和 $\mathcal{J}(c)$ 分别表示第 d 行和第 c 列中具有非零元素的索引集，且对所有行和列均有 $|\mathcal{I}(d)|=|\mathcal{J}(c)|=S$。

在式（6.2）的基础上，我们将系统建模为一个稀疏连接的因子图，其 NM 个变量点对应于 $\boldsymbol{x}$，其 NM 个观测点对应于 $\boldsymbol{y}$。在因子图中，每一个观测点 $y[d]$ 都与变量点集合 S 中的 $\{x[c],c\in\mathcal{I}(d)\}$ 相连。同样地，每个变量点 $x[c]$ 都与观测点 $\{y[d],d\in|\mathcal{J}(c)\}$ 相连。

式（6.2）中给出了估计传输信号的联合最大后验概率（MAP）：

$$\hat{\boldsymbol{x}}=\arg\max_{\boldsymbol{x}\in\mathbb{A}^{NM\times 1}}\Pr(\boldsymbol{x}\mid\boldsymbol{y},\boldsymbol{H})$$

这在 NM 中具有指数级的复杂度，由于联合最大后验概率（MAP）检测对 N 和 M 的实际值来说难以实现，考虑 $c=0,\cdots,NM-1$ 的逐符号最大后验概率（MAP）检测规则：

$$\begin{aligned}\hat{x}[c]&=\arg\max_{a_j\in\mathbb{A}}\Pr(x[c]=a_j\mid\boldsymbol{y},\boldsymbol{H})\\&=\arg\max_{a_j\in\mathbb{A}}\frac{1}{Q}\Pr(\boldsymbol{y}\mid x[c]=a_j,\boldsymbol{H})\qquad(6.21)\\&\approx\arg\max_{a_j\in\mathbb{A}}\prod_{d\in\mathcal{J}_c}\Pr(y[d]\mid x[c]=a_j,\boldsymbol{H})\qquad(6.22)\end{aligned}$$

在式（6.21）中，假设所有传输的符号 $a_j\in\mathbb{A}$ 等概，在式（6.22）中，对于所有给定的 $x[c]$，由于 $\boldsymbol{H}$ 的稀疏性，假设所有 $d\in\mathcal{J}_c$ 的 $y[d]$ 是近似独立的。那么我们就可以假设在式（6.23）中定义的干扰项 $\zeta_{d,c}^{(i)}$ 对于给定的 c 是独立的。为了求解式（6.22）中近似的逐符号最大后验概率（MAP）检测，我们提出了一个具有线性 NM 复杂度的消息传递（MP）检测器。对于每个 $y[d]$，变量 $x[c]$ 与其他干扰项隔离，这些干扰项近似为高斯噪声，其均值和方差易于计算。

在消息传递(MP)算法中，干扰项的均值和方差是观测点到变量点的信息。此外，从一个变量点 $x[c]$ 传递到观测点 $y[d]$，$d\in\mathcal{J}(c)$ 的信息是字母表 $\boldsymbol{p}_{c,d}=\{p_{c,d}(a_j)\mid a_j\in\mathbb{A}\}$ 的概率质量函数(Probability Mass Function，PMF)，图 6－1 显示了在观测点和变量点之间的连接和消息传递。消息传递(MP)算法在算法 1 中给出，其中第 i 次迭代的步骤如下：

算法 1：OTFS 符号检测的 MP 算法

输入：信道矩阵 $\boldsymbol{H}$，接受的信号 $\boldsymbol{y}$

初始化：pmf $\boldsymbol{p}_{c,d}^{(0)}=1/Q, c=0,\cdots,NM-1, d\in\mathcal{J}(c)$

for $i=1$：最大迭代次数 do

  观测点 $y[d]$ 由 $\boldsymbol{p}_{c,d}^{(i-1)}$ 计算高斯随机变量 $\zeta_{d,c}^{(i)}$ 的平均值 $\mu_{d,c}^{(i)}$ 和方差 $(\sigma_{d,c}^{(i)})^2$，然后传递给变量点 $x[c], c\in\mathcal{I}(d)$

  变量点 $x[c]$ 使用 $\mu_{d,c}^{(i)}$，$(\sigma_{d,c}^{(i)})^2$ 和 $\boldsymbol{p}_{c,d}^{(i-1)}$ 更新 $\boldsymbol{p}_{c,d}^{(i)}$，然后传递给观测点 $y[d], d\in\mathcal{J}(c)$

  计算收敛因子 $\eta^{(i)}$

  如果需要的话，更新有关已传输符号的决定 $\hat{x}[c]\ (c=0,\cdots,NM-1)$

  If(满足停止条件)则退出

end

输出：对传输符号 $\hat{x}[c]$ 的决定

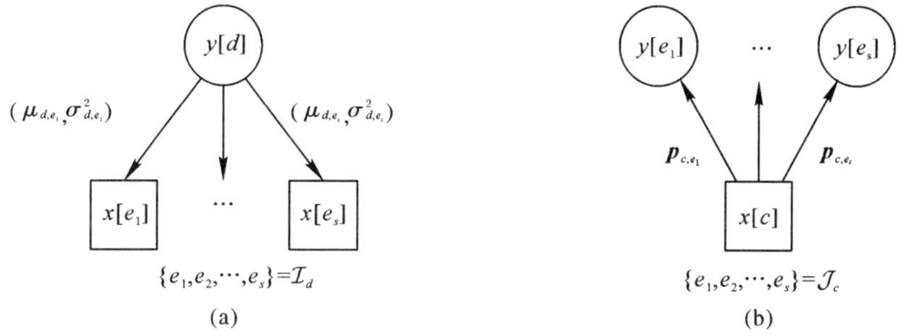

图 6－1　因子图中的信息交换

(a)观测点信息；(b)变量点信息

(1)观测点 $y[d]\to$ 变量点 $x[c], c\in\mathcal{I}(d)$。

将均值为 $\mu_{d,c}^{(i)}$、方差为 $(\sigma_{d,c}^{(i)})^2$ 的干扰，近似建模为一个高斯随机变量 $\zeta_{d,c}^{(i)}$，定义为

$$y[d]=x[c]H[d,c]+\underbrace{\sum_{e\in\mathcal{I}(d),e\neq c}x[e]H[d,e]+z[d]}_{\zeta_{d,c}^{(i)}} \tag{6.23}$$

可以计算为

$$\mu_{d,c}^{(i)}=\sum_{e\in\mathcal{I}(d),e\neq c}\sum_{j=1}^{Q}p_{e,d}^{(i-1)}(a_j)a_jH[d,e] \tag{6.24}$$

和

$$(\sigma_{d,c}^{(i)})^2=\sum_{e\in\mathcal{I}(d),e\neq c}\left(\sum_{j=1}^{Q}p_{e,d}^{(i-1)}(a_j)\,|a_j|^2\,|H[d,e]|^2\nu-\right.$$

$$\left|\sum_{j=1}^{Q} p_{e,d}^{(i-1)}(a_j)a_j H[d,e]\right|^2\Big)+\sigma^2 \tag{6.25}$$

(2)变量点 $x[c]$→观测点 $y[d], d\in\mathcal{J}(c)$。

pmf 向量 $\boldsymbol{p}_{c,d}^{(i)}$ 可以更新为

$$p_{c,d}^{(i)}(a_j)=\Delta\cdot\tilde{p}_{c,d}^{(i)}(a_j)+(1-\Delta)\cdot p_{c,d}^{(i-1)}(a_j), a_j\in\mathbb{A} \tag{6.26}$$

其中,$\Delta\in(0,1]$是通过控制收敛速度来提高性能的阻尼因子,以及

$$\begin{aligned}\tilde{p}_{c,d}^{(i)}(a_j)&\propto\prod_{e\in\mathcal{J}(c),e\neq d}\Pr(y[e]\mid x[c]=a_j,\boldsymbol{H})\\&=\prod_{e\in\mathcal{J}(c),e\neq d}\frac{\xi^{(i)}(e,c,j)}{\sum_{k=1}^{Q}\xi^{(i)}(e,c,k)}\end{aligned} \tag{6.27}$$

其中

$$\xi^{(i)}(e,c,k)=\exp\left(\frac{-|y[e]-\mu_{e,c}^{(i)}-H_{e,c}a_k|^2}{(\sigma_{e,c}^{(i)})^2}\right) \tag{6.28}$$

(3)收敛因子 $\eta^{(i)}$。

计算 $\eta^{(i)}$,即

$$\eta^{(i)}=\frac{1}{NM}\sum_{c=1}^{NM}\mathbb{I}\left(\max_{a_j\in\mathbb{A}} p_c^{(i)}(a_j)\geqslant 1-\gamma\right) \tag{6.29}$$

对于一些 $\gamma>0$,其中

$$p_c^{(i)}(a_j)=\prod_{e\in\mathcal{J}(c)}\frac{\xi^{(i)}(e,c,j)}{\sum_{k=1}^{Q}\xi^{(i)}(e,c,k)} \tag{6.30}$$

$\mathbb{I}(\cdot)$是一个指标函数,如果参数中的表达式为真,则给出一个值为 1,否则为 0。

(4)更新决定。

若 $\eta^{(i)}>\eta^{(i-1)}$,则将传输符号的决策更新为

$$\hat{x}[c]=\arg\max_{a_j\in\mathbb{A}} p_c^{(i)}(a_j), c=0,\cdots,NM-1 \tag{6.31}$$

(5)停止的标准。当至少满足以下条件之一时,消息传递(MP)算法停止:

1)$\eta^{(i)}=1$;

2)$\eta^{(i)}<\eta^{(i^*)}-\epsilon$,其中 $i^*\in\{1,\cdots,(i-1)\}$是 $\eta^{(i^*)}$ 的最大迭代指引;

3)达到最大迭代数 n_{iter}。

我们设置$\epsilon=0.2$,忽略 η 的小波动。这里,第一个条件发生在最好的情况下,其中所有的符号都已经收敛。如果当前迭代提供了比之前迭代中最好的决策更糟糕的决策,那么第二个条件用于停止算法。

6.4.2 复杂性

每次迭代的复杂度包括式(6.24)、式(6.25)、式(6.26)、式(6.29)和式(6.31)的计算,其中每一项的复杂度都是 $O(NMSQ)$。这是因为,当计算式(6.27)时,我们需要在式(6.30)中找到 $p_c^{(i)}(a_j)$,它的复杂度为 $O(NMQ)$,然后将式(6.30)对所有 d 相关的 $e=d$

项划分得到式(6.27)，每个 c 需要复杂度为 $O(S)$。

此外，式(6.29)和式(6.31)的计算需要找到每个 c 的 Q 元素中的最大元素。由于式(6.30)已经计算出来，所以为每个 c 寻找最大元素需要 $O(Q)$ 复杂度，从而导致总体复杂度为 $O(NMQ)$。

因此，总体复杂度数量级为 $O(n_{\text{iter}}NMSQ)$。在仿真中，我们观察到，当使用阻尼因子 $\Delta=0.7$ 时，该算法通常在 $n_{\text{iter}}\leqslant 20$ 时收敛。结果表明，利用多普勒干扰，包括这种干扰的智能近似，以及利用时延多普勒信道的稀疏性是降低检测复杂度的关键因素。内存需求主要是 $\boldsymbol{p}_{c,d}^{(i)}$ 和 $\boldsymbol{p}_{c,d}^{(i-1)}$ 的 $2NMSQ$ 个实值存储。另外，消息 $(\mu_{d,c}^{(i)},(\sigma_{d,c}^{(i)})^2)$ 分别需要 NMS 个复值和 NMS 个实值。

6.5　最大比合并检测

在本节中，我们将讨论最大比合并(MRC)检测，它提供了与消息传递(MP)检测相似的性能，但复杂度要低得多。所提出的最大比合并(MRC)检测方法是由传统的码分多址(CDMA)系统中的 rake 接收机驱动的，因为 OTFS 可以被解释为信息符号在时间和频率上扩展的二维码分多址(CDMA)。

在多路径衰落信道中运行的直接序列码分多址(CDMA)中，rake 接收机组合传输符号的时延分量(或回波)，使用调谐到各自时延移位的匹配滤波器来提取。类似地，在 OTFS 中，可以提取在 $|\mathcal{L}|$ 接收到的不同延迟分支的信道受损信号分量，并且采用最大比合并(MRC)检测(见图 6-2)等分集组合技术进行相干组合，以提高累积信号的信噪比(SNR)。

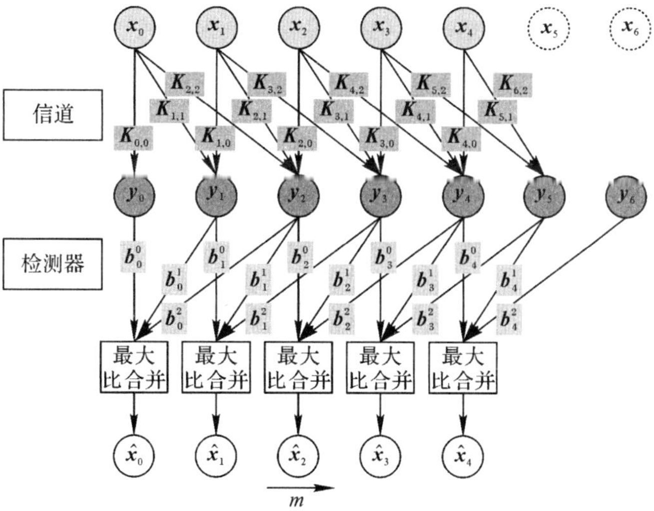

图 6-2　$M'=7, M=5$，以及离散时延指数集 $\mathcal{L}=\{0,1,2\}$ 的最大比合并在时延多普勒域的操作

众所周知，最大比合并(MRC)是独立 AWGN 信道的最优组合器。然而，如果根据相关分支的信号振幅与噪声功率比来选择分支权重，在相关信道情况下也是最优的。对 OTFS

来说，因为依赖于信道，信道会在各分支中引入跨分支的干扰，因此每个分支中的噪声加干扰(NPI)是相关的。在最大比合并(MRC)检测中，我们可以抵消组合选择的分支的估计干扰，迭代地提高最大比合并(MRC)后的信干扰加噪比(SINR)。

下面，我们提出 ZP - OTFS 的时延多普勒最大比合并(MRC)检测和降低复杂度的时延-时间最大比合并(MRC)检测。这些最大比合并(MRC)检测方法可以很容易地扩展到其他的 OTFS 变体。

为了便于推导，我们考虑 N 个 ZP，每个 ZP 长度 $L_{ZP}-l_{max}$，是大小为 $M'N$ 的扩展 OTFS 帧的一部分，其中 $M'=M+l_{max}$。在接收机上，ZP 不被丢弃，而是用于最大比合并(MRC)检测。

6.5.1 时延多普勒域 MRC 检测

在每个块中都有一个 ZP，我们将传输和接收的符号向量设为

$$\left.\begin{aligned}\boldsymbol{x}&=[\boldsymbol{x}_0^{\mathrm{T}},\cdots,\boldsymbol{x}_{M'-1}^{\mathrm{T}}]^{\mathrm{T}}\\ \boldsymbol{y}&=[\boldsymbol{y}_0^{\mathrm{T}},\cdots,\boldsymbol{y}_{M'-1}^{\mathrm{T}}]^{\mathrm{T}}\end{aligned}\right\}\tag{6.32}$$

有子向量 $\boldsymbol{x}_m,\boldsymbol{y}_m\in\mathbf{C}^{N\times 1}$ 和零填充，其中 $m=0,\cdots,M'-1$：

$$\boldsymbol{x}_m=\mathbf{0},\quad m=M,\cdots,M'-1$$

注意，式(6.32)中的符号向量包括 ZP，这与式(6.1)中的 ZP 不同，后者不包括 ZP。根据 ZP 的影响，式(6.3)中的时延多普勒输入输出关系可以修改为

$$\boldsymbol{y}_{m'}=\sum_{l'\in\mathcal{L}}\boldsymbol{K}_{m',l'}\cdot\boldsymbol{x}_{m'-l'}+\boldsymbol{z}_{m'}\tag{6.33}$$

其中，$m'=0,\cdots,M'-1,0\leqslant l'\leqslant l_{max},0\leqslant m'-l'\leqslant M-1$，$\boldsymbol{K}_{m',l'}$ 是扩展的时延多普勒信道矩阵 $\boldsymbol{H}\in\mathbf{C}^{NM'\times NM'}$ 的子矩阵，$\boldsymbol{z}_{m'}$ 是 AWGN 向量。

接下来，仅针对 $m=0,\cdots,M-1$，迭代估计 $\boldsymbol{x}_m$。因为当 ZP 在 $m=M,\cdots,M'-1$ 时，$\boldsymbol{x}_m=\mathbf{0}$。为了便于表示，在下面的步骤中省略了迭代索引。

令 $\boldsymbol{b}_m^l\in\mathbf{C}^{N\times 1}$ 为 $k\neq m$ 时，去除其他传输符号向量 $\boldsymbol{x}_k$ 的干扰后，接收向量 $\boldsymbol{y}_{m+l}$ 中 $\boldsymbol{x}_m$ 的信道受损信号分量，其中 $m=0,\cdots,M-1,l\in\mathcal{L}$。假设从之前的迭代中有 $\boldsymbol{x}_m$ 的估计值，对于 $l\in\mathcal{L}$，可以将 $\boldsymbol{b}_m^l$ 写为

$$\boldsymbol{b}_m^l=\boldsymbol{y}_{m+l}-\underbrace{\sum_{l'\in\mathcal{L},l'\neq l}\boldsymbol{K}_{m+l,l'}\cdot\hat{\boldsymbol{x}}_{m+l-l'}}_{\text{时延间干扰}}\tag{6.34}$$

其中，当 $m+l-l'<0$ 时，$\hat{\boldsymbol{x}}_{m+l-l'}=\mathbf{0}$，$\boldsymbol{K}_{m+l,l'}$ 是扩展的时延多普勒信道矩阵 $\boldsymbol{H}\in\mathbf{C}^{NM'\times NM'}$ 的子矩阵。

$m'=m+l$，并且将式(6.33)代入式(6.34)，可得

$$\boldsymbol{b}_m^l=\boldsymbol{K}_{m+l,l}\cdot\boldsymbol{x}_m+\underbrace{\sum_{l'\in\mathcal{L},l'\neq l}\boldsymbol{K}_{m+l,l'}\cdot(\boldsymbol{x}_{m+l-l'}-\hat{\boldsymbol{x}}_{m+l-l'})+\boldsymbol{z}_{m+l}}_{\text{干扰和噪声}}\tag{6.35}$$

在这个方案中，不是根据式(6.35)中的每个方程估计 $\hat{\boldsymbol{x}}_m$，而是对信道受损成分 $\boldsymbol{b}_m^l$ 进行最大比例组合为

$$\boldsymbol{c}_m=\Big(\sum_{l\in\mathcal{L}}\boldsymbol{K}_{m+l,l}^{\dagger}\cdot\boldsymbol{K}_{m+l,l}\Big)^{-1}\cdot\Big(\sum_{l\in\mathcal{L}}\boldsymbol{K}_{m+l,l}^{\dagger}\cdot\boldsymbol{b}_m^{l}\Big)=\boldsymbol{D}_m^{-1}\cdot\boldsymbol{g}_m \tag{6.36}$$

其中，$\boldsymbol{c}_m\in\mathbf{C}^{N\times 1}$ 是最大比率组合器的输出向量，且有

$$\boldsymbol{D}_m=\sum_{l\in\mathcal{L}}\boldsymbol{K}_{m+l,l}^{\dagger}\cdot\boldsymbol{K}_{m+l,l} \tag{6.37}$$

$$\boldsymbol{g}_m=\sum_{l\in\mathcal{L}}\boldsymbol{K}_{m+l,l}^{\dagger}\cdot\boldsymbol{b}_m^{l} \tag{6.38}$$

然后是逐符号最大似然检测(MLD)，得到由下式给出的硬估计：

$$\hat{\boldsymbol{x}}_m[n]=\arg\min_{a_j\in Q}|a_j-\boldsymbol{c}_m[n]| \tag{6.39}$$

其中，$j=1,\cdots,Q,n=0,\cdots,N-1,a_j$ 是大小为 Q 的 QAM 字母表$\mathbb{A}$的信号。设 $\mathcal{D}(\cdot)$表示在每次迭代中对估计值 $\boldsymbol{c}_m$ 的决策，即 $\hat{\boldsymbol{x}}_m=\mathcal{D}(\boldsymbol{c}_m)$。由式(6.39)中最大似然检测(MLD)准则给出硬决策函数 $\mathcal{D}(\cdot)$。

一旦更新了估计值 $\hat{\boldsymbol{x}}_m$，通过增加 m，使用先前解码更新了的估计值①，重复相同的操作去估计所有 M 个符号向量 $\hat{\boldsymbol{x}}_m$(见图 6-2)。注意，DFE 操作会导致串行更新，而只使用之前的迭代估计值会导致并行更新。我们之后通过试验验证了并行更新会导致较慢的收敛速度。

算法 2 提供了详细的时延多普勒最大比合并(MRC)操作。

算法 2：时延多普勒域中的最大比合并检测

输入：$\boldsymbol{x}_m=\boldsymbol{0}_N$ for $m=0,\cdots,M-1$

输入：$\boldsymbol{H}\in\mathbf{C}^{NM'\times NM'}$，$\boldsymbol{y}_m$ for $m=0,\cdots,M'-1$

for $i=1$：最大迭代次数 do

  for $m=0,\cdots,M-1$ do

    $\boldsymbol{D}_m=\sum_{l\in\mathcal{L}}\boldsymbol{K}_{m+l,l}^{\dagger}\boldsymbol{K}_{m+l,l}$

    for $l\in\mathcal{L}$ do

      $\boldsymbol{b}_m^{l}=\boldsymbol{y}_{m+l}-\sum_{l'\neq l}\boldsymbol{K}_{m+l,l'}\hat{\boldsymbol{x}}_{m+l-l'}$

    end

    $\boldsymbol{g}_m=\sum_{l\in\mathcal{L}}\boldsymbol{K}_{m+l,l}^{\dagger}\cdot\boldsymbol{b}_m^{l}$

    $\boldsymbol{c}_m=\boldsymbol{D}_m^{-1}\cdot\boldsymbol{g}_m$

    $\hat{\boldsymbol{x}}_m=\mathcal{D}(\boldsymbol{c}_m)$(或$\hat{\boldsymbol{x}}_m=\boldsymbol{c}_m$)

  end

end

输出：$\hat{\boldsymbol{x}}_m$

---

① 软估计也能选择与第 6.6 节中所述的外部编码方案一起使用。

6.5.2 复杂性

1. 时延多普勒实现的复杂性

时延多普勒最大比合并(MRC)检测的核心迭代操作是算法 2 的步骤 7、9 和 10。由于涉及矩阵向量积的运算,所以这 3 个步骤在每次迭代的每个符号向量,一起产生了 $O(N^2|\mathcal{L}|^2)$ 的复杂度。$\boldsymbol{D}_m$ 的计算只需要执行一次,然后在每次迭代中重用,每个符号向量需要 $O(N^3)$ 的复杂度。总的来说,检测的复杂度为 $O(M(N^3+n_{\text{iter}}N^2|\mathcal{L}|))$,其中 n_{iter} 为迭代次数。

这种复杂度明显低于最小均方误差(LMMSE),并可与消息传递(MP)算法相媲美,但仍然远高于期望的复杂度。然而,通过利用 OTFS 信道矩阵的一些特殊特性,可以缓解对 N 的指数依赖性。

2. 初始步骤复杂度

在算法 2 中,初始计算包括生成 $\boldsymbol{H}$ 的所有项,这需要针对 $m=0,\cdots,M'-1$ 和 $l\in\mathcal{L}$ 计算 $\boldsymbol{v}_{m,l}$。假设 $i=1,2,\cdots,P$ 的整数时延多普勒信道参数(h_i,l_i,k_i)已知,则信道的多普勒扩散向量 $\boldsymbol{v}_{m,l}$ 可以使用式(2.13)和式(4.81)中给出的关系很容易地计算。具体来说,对于算法 2 中的时延多普勒域最大比合并(MRC)操作,让 K_l 为每个向量 $\boldsymbol{v}_{m,l}$ 中非零信道系数的个数(或在相同时延仓 $l\in\mathcal{L}$ 中具有不同多普勒频移的路径),使 OTFS 接收机处的信道系数或传播路径的总数 $P=\sum\limits_{l\in\mathcal{L}}K_l$。对于 $m=0,\cdots,M'-1$ 和 $l\in\mathcal{L}$,代入式(4.81),计算 $\boldsymbol{v}_{m,l}$ 所需的复乘法次数为 $M\sum\limits_{l\in\mathcal{L}}K_l=M'P$。因此,OTFS 信道矩阵 $\boldsymbol{H}$ 可以在 $M'P$ 复杂度内生成。

6.5.3 降低复杂性的延迟时间域实现

在式(6.34)中,对于每个符号向量 $\boldsymbol{x}_m$,需要计算所有 $l\in\mathcal{L}$ 的向量 $\boldsymbol{b}_m^l$。此操作需要 $|\mathcal{L}|(|\mathcal{L}|-1)$ 次 $\boldsymbol{K}_{m,l}$ 和$\hat{\boldsymbol{x}}_{m-l}$ 的相乘。通过使用下面的方法可以减少这些操作。

对 $l\in\mathcal{L}$,使用符号向量估计值$\hat{\boldsymbol{x}}_{m-l}$ 来定义残差加噪声(REPN)项:

$$\Delta\boldsymbol{y}_m=\boldsymbol{y}_m-\sum_{l\in\mathcal{L}}\boldsymbol{K}_{m,l}\cdot\hat{\boldsymbol{x}}_{m-l} \tag{6.40}$$

为了描述该算法,下面在以下方程式中引入迭代索引。设置初始估计值$\hat{\boldsymbol{x}}_{m-l}^{(0)}=\boldsymbol{0}_N$,对于所有 m,可得 $\Delta\boldsymbol{y}_m^{(0)}=\boldsymbol{y}_m$。或者,可以按照第 6.5.5 节所述计算初始估计值。

注意,符号向量估计是由递增顺序 $m=0,\cdots,M-1$ 得到的。因此,为估计第 i 次迭代中的 $\boldsymbol{x}_m$,只使用过去估计符号向量 $[\hat{\boldsymbol{x}}_0^{(i)},\cdots,\hat{\boldsymbol{x}}_{m-1}^{(i)}]$。

在式(6.34)中,第 i 次迭代 $\boldsymbol{b}_m^l$ 重写为

$$(\boldsymbol{b}_m^l)^{(i)}=\Delta\boldsymbol{y}_{m+l}^{(i)}+\boldsymbol{K}_{m+l,l}\cdot\hat{\boldsymbol{x}}_m^{(i-1)}$$

将其代入式(6.38)得到

$$\boldsymbol{g}_m^{(i)}=\sum_{l\in\mathcal{L}}\boldsymbol{K}_{m+l,l}^{\dagger}\cdot\Delta\boldsymbol{y}_{m+l}^{(i)}+\underbrace{\left(\sum_{l\in\mathcal{L}}\boldsymbol{K}_{m+l,l}^{\dagger}\cdot\boldsymbol{K}_{m+l,l}\right)}_{\boldsymbol{D}_m}\cdot\hat{\boldsymbol{x}}_m^{(i-1)}$$

$$=\sum_{l\in\mathcal{L}}\boldsymbol{K}_{m+l,l}^{\dagger}\cdot\Delta\boldsymbol{y}_{m+l}^{(i)}+\boldsymbol{D}_m\cdot\hat{\boldsymbol{x}}_m^{(i-1)}\tag{6.41}$$

将式(6.41)代入式(6.36)得到最大比合并(MRC)输出的第 i 次迭代为

$$\boldsymbol{c}_m^{(i)}=\boldsymbol{D}_m^{-1}\cdot\boldsymbol{g}_m^{(i)}=\hat{\boldsymbol{x}}_m^{(i-1)}+\boldsymbol{D}_m^{-1}\cdot\Delta\boldsymbol{g}_m^{(i)}\tag{6.42}$$

其中

$$\Delta\boldsymbol{g}_m^{(i)}=\sum_{l\in\mathcal{L}}\boldsymbol{K}_{m+l,l}^{\dagger}\cdot\Delta\boldsymbol{y}_{m+l}^{(i)}\tag{6.43}$$

这是所有具有 $\boldsymbol{x}_m$ 的时延分支($\boldsymbol{y}_{m+l},l\in\mathcal{L}$)中 REPN 的最大比率组合。

在第 i 次迭代中，对于每个估计的符号向量 $\boldsymbol{x}_m$，有 $|\mathcal{L}|$ 个需要更新的 REPN 向量 $\Delta\boldsymbol{y}_{m+l}^{(i)}$，每个都要计算 $|\mathcal{L}|$ 次矩阵向量积，总共有 $|\mathcal{L}|^2$ 次矩阵向量积。然而，可以通过存储和更新初始化的残差加噪声(REPN)向量 $\Delta\boldsymbol{y}_m^{(0)}$ 来降低式(6.40)的复杂度。然后，将具有最接近估计向量的符号向量 $\Delta\boldsymbol{y}_{m+l}^{(i)}$ 更新为

$$\Delta\boldsymbol{y}_{m+l}^{(i)}\leftarrow\Delta\boldsymbol{y}_{m+l}^{(i)}-\boldsymbol{K}_{m+l,l}\cdot(\hat{\boldsymbol{x}}_m^{(i)}-\hat{\boldsymbol{x}}_m^{(i-1)})\tag{6.44}$$

注意，我们可以把上面方程中的 $\hat{\boldsymbol{x}}_m^{(i)}$ 用软估计 $\boldsymbol{c}_m^{(i)}$ 来代替。现在，计算 $\Delta\boldsymbol{y}_m^{(i)}$ 所需的矩阵向量积的次数已经从式(6.40)中的 $|\mathcal{L}|^2$ 减少到式(6.44)中的 $|\mathcal{L}|$。

此外，如表 4－2 所示，式(6.43)和式(6.44)中的矩阵向量积是循环矩阵 $\boldsymbol{K}_{m,l}\in\mathbf{C}^{N\times N}$ 和列向量 $\boldsymbol{x}_m$ 或 $\Delta\boldsymbol{y}_m\in\mathbf{C}^{N\times 1}$ 之间的乘积，可以在时延时域内分别转换为向量 $\tilde{\boldsymbol{v}}_{m,l}\circ\tilde{\boldsymbol{x}}_m$ 或 $\tilde{\boldsymbol{v}}_{m,l}\circ\Delta\tilde{\boldsymbol{y}}_m$ 的元素级乘积，其中

$$\tilde{\boldsymbol{v}}_{m,l}=\boldsymbol{F}_N^{\dagger}\cdot\boldsymbol{v}_{m,l}\tag{6.45}$$

表示时延时域内的多普勒扩散向量。这导致了 N 个复乘法的复杂度。式(6.42)、式(6.43)和式(6.44)现在可以写成相应的时延时域，即

$$\tilde{\boldsymbol{c}}_m^{(i)}=\tilde{\boldsymbol{x}}_m^{(i-1)}+\Delta\tilde{\boldsymbol{g}}_m^{(i)}\oslash\tilde{\boldsymbol{d}}_m\tag{6.46}$$

$$\Delta\tilde{\boldsymbol{g}}_m^{(i)}=\sum_{l\in\mathcal{L}}\tilde{\boldsymbol{v}}_{m+l,l}^{*}\circ\Delta\tilde{\boldsymbol{y}}_{m+l}^{(i)}\tag{6.47}$$

$$\Delta\tilde{\boldsymbol{y}}_{m+l}^{(i)}\leftarrow\Delta\tilde{\boldsymbol{y}}_{m+l}^{(i)}-\tilde{\boldsymbol{v}}_{m+l,l}\circ(\tilde{\boldsymbol{x}}_m^{(i)}-\tilde{\boldsymbol{x}}_m^{(i-1)})\tag{6.48}$$

其中，我们可以把上面方程中的$\hat{\boldsymbol{x}}_m^{(i)}$ 用软估计 $\boldsymbol{c}_m^{(i)}$ 来代替，并且

$$\tilde{\boldsymbol{d}}_m=\sum_{l\in\mathcal{L}}\tilde{\boldsymbol{v}}_{m+l,l}^{*}\circ\tilde{\boldsymbol{v}}_{m+l,l}\tag{6.49}$$

这只需用 $N|\mathcal{L}|$次复乘法运算。当总体残差加噪声(REPN)误差 $\|\Delta\tilde{\boldsymbol{y}}\|$ 的范数不再减少时，检测过程停止，其中 $\Delta\tilde{\boldsymbol{y}}=[\Delta\tilde{\boldsymbol{y}}_0^{\mathrm{T}},\cdots,\Delta\tilde{\boldsymbol{y}}_{M'-1}^{\mathrm{T}}]^{\mathrm{T}}$变得不增加。算法 3 描述了详细的时延时域的最大比合并(MRC)操作。

算法 3：时延时域中复杂度降低的最大比合并(MRC)检测

输入：$\tilde{\boldsymbol{d}}_m, \tilde{\boldsymbol{x}}_m^{(0)}\ \forall m=0,\cdots,M-1$

输入：$\widetilde{\boldsymbol{H}} \in \mathbf{C}^{NM'\times NM'}, \tilde{\boldsymbol{y}}_m\ \forall m=0,\cdots,M'-1$

for $m=0:M'-1$ do

  $\Delta\tilde{\boldsymbol{y}}_m^{(0)} = \tilde{\boldsymbol{y}}_m - \sum_{l\in\mathcal{L}} \tilde{\boldsymbol{v}}_{m,l} \circ \tilde{\boldsymbol{x}}_{m-l}^{(0)}$

end

for $i=1$：最大迭代次数 do

  $\Delta\tilde{\boldsymbol{y}}^{(i)} = \Delta\tilde{\boldsymbol{y}}^{(i-1)}$

  for $m=0:M-1$ do

    $\Delta\tilde{\boldsymbol{g}}_m^{(i)} = \sum_{l\in\mathcal{L}} \tilde{\boldsymbol{v}}_{m+l,l}^{*} \circ \Delta\tilde{\boldsymbol{y}}_{m+l}^{(i)}$

    $\tilde{\boldsymbol{c}}_m^{(i)} = \tilde{\boldsymbol{x}}_m^{(i-1)} + \Delta\tilde{\boldsymbol{g}}_m^{(i)} \oslash \tilde{\boldsymbol{d}}_m$

    $\tilde{\boldsymbol{x}}_m^{(i)} = \boldsymbol{F}_N^{\dagger} \cdot \mathcal{D}(\boldsymbol{F}_N \cdot \tilde{\boldsymbol{c}}_m^{(i)})$（或$\tilde{\boldsymbol{x}}_m^{(i)} = \tilde{\boldsymbol{c}}_m^{(i)}$）

    for $l\in\mathcal{L}$ do

      $\Delta\tilde{\boldsymbol{y}}_{m+l}^{(i)} \leftarrow \Delta\tilde{\boldsymbol{y}}_{m+l}^{(i)} - \tilde{\boldsymbol{v}}_{m+l,l} \circ (\tilde{\boldsymbol{x}}_m^{(i)} - \tilde{\boldsymbol{x}}_m^{(i-1)})$

    end

  end

  if($\|\Delta\tilde{\boldsymbol{y}}^{(i)}\| \geqslant \|\Delta\tilde{\boldsymbol{y}}^{(i-1)}\|$) then EXIT

end

输出：$\hat{\boldsymbol{x}}_m = \mathcal{D}(\boldsymbol{F}_N \cdot \tilde{\boldsymbol{x}}_m)$

6.5.4 复杂性

1. 时延时间实现的复杂性

在算法 3 中，每次迭代的总体复杂度是用复数乘法的次数衡量的。计算所有符号向量的 $\Delta\tilde{\boldsymbol{g}}_m^{(i)}$，$\tilde{\boldsymbol{c}}_m^{(i)}$ 和 $\Delta\tilde{\boldsymbol{y}}_m^{(i)}$ 需要 $M(2|\mathcal{L}|+1)N$ 次复乘法[①]。因此，每次迭代的复杂度为 $O(NM|\mathcal{L}|)$。通过存储$\tilde{\boldsymbol{v}}_{m,l}$，$M$ 个初始符号向量估计值$\tilde{\boldsymbol{x}}_m^{(0)}$ 和式(6.48)中的残差加噪声(REPN)向量 $\Delta\tilde{\boldsymbol{y}}_m^{(0)}$，冗余的快速傅里叶变换(FFT)计算可以被避免。硬决策估计需要将时延-时间向量转换到时延多普勒域，并再次使用两个 N 点快速傅里叶逆变换(N - IFFT)操作，每个符号向量的复乘法需要 $2N\log_2(N)$次。因此，总体复杂度为 $O(NM|\mathcal{L}|n_{\text{iter}})$，其中 n_{iter} 是迭代次数。

2. 初始步骤的复杂度

在算法 3 中，初始计算包括生成 $\widetilde{\boldsymbol{H}}$ 的所有条目，这需要计算对于 $m=0,\cdots,M'-1$ 和 $l\in\mathcal{L}$ 的所有$\tilde{\boldsymbol{v}}_{m,l}$。假设对 $i=1,2,\cdots,P$ 的整数时延多普勒信道参数(h_i,l_i,k_i)已知，其中 $P=\sum_{l\in\mathcal{L}} K_l$，$K_l$ 表示同一时延仓 $l\in\mathcal{L}$ 中的整数多普勒抽头数目，那么 $\tilde{\boldsymbol{v}}_{m,l}$[$\boldsymbol{v}_{m,l}$ 的 N 点快

① 除法被算作乘法。

速傅里叶逆变换(N - IFFT)操作]可以用 $\min\{NK_l, N\log_2(N)\}$ 次复数乘法计算。

另外,对于分数多普勒情况,时延时域检测器的初始计算的复杂性不受影响,$\boldsymbol{v}_{m,l}$ 可以使用式(2.13)和式(4.98)与 $M'NP$ 复乘法,直接从 P 路径的信道增益、时延和多普勒频移 (h_i, ℓ_i, κ_i) 中获得。

6.5.5 低复杂性初始估计

在第6.5.1节和第6.5.3节我们讨论了算法2和算法3的整体复杂度,它们与迭代次数呈线性相关。在这两种算法中,我们首先为所有的 m,设定 $\hat{\boldsymbol{x}}_m^{(0)}=\boldsymbol{0}_N$。

接下来,我们考虑使用一个更好的OTFS符号向量初始估计,而不是 $\hat{\boldsymbol{x}}_m=\boldsymbol{0}_N$ 来减少最大比合并(MRC)的迭代次数并提高检测和/或解码的收敛性。假设采用理想的脉冲整形波形,我们在时频域采用单抽头均衡器来提供一个改进的低复杂度的初始估计。

根据第4.2节中的符号,我们令 $\boldsymbol{H}_{\mathrm{dd}}\in\mathbf{C}^{M\times N}$ 是理想的脉冲整形波形的时延多普勒信道,元素为

$$\boldsymbol{H}_{\mathrm{dd}}[m,n]=\begin{cases}\nu_l[\kappa], & m=l, n=(\kappa)_N\\ 0, & \text{其他}\end{cases} \tag{6.50}$$

其中,$n=(\kappa)_N\in[0,N-1]$,$\nu_l(\kappa)$代表第 l 条时延的多普勒响应。

对于分数多普勒情况(即 κ 为实数),理想的信道响应可以用多普勒传播向量写为

$$\boldsymbol{H}_{\mathrm{dd}}=[\boldsymbol{v}_{0,0},\boldsymbol{v}_{1,1},\cdots,\boldsymbol{v}_{M-1,M-1}]^{\mathrm{T}}$$

对 $m=0,\cdots,M-1$,有 $\boldsymbol{v}_{m,m}\in\mathbf{C}^{N\times 1}$,其中,由式(4.80),有

$$\boldsymbol{v}_{m,m}[k]=\frac{1}{N}\sum_{\kappa\in\mathcal{K}_l}\nu_l(\kappa)\zeta_N(\kappa-k)$$

其中,$k=0,\cdots,N-1$,$\mathcal{K}_l$ 为具有相同时延位移 lT/M 的所有路径的归一化多普勒频移集,以及周期 sinc 函数 $\zeta_N(\cdot)$是由式(4.79)中的分数多普勒频移引起的。

通过对时延多普勒信道进行辛快速傅里叶逆变换(ISFFT)运算,得到理想脉冲整形波形对应的相应时频信道响应为

$$\begin{aligned}\boldsymbol{H}_{\mathrm{tf}}&=\boldsymbol{F}_M\cdot\boldsymbol{H}_{\mathrm{dd}}\cdot\boldsymbol{F}_N^{\dagger}\\&=\boldsymbol{F}_M\cdot[\boldsymbol{v}_{0,0},\boldsymbol{v}_{1,1},\cdots,\boldsymbol{v}_{M-1,M-1}]^{\mathrm{T}}\cdot\boldsymbol{F}_N^{\dagger}\\&=\boldsymbol{F}_M\cdot[\tilde{\boldsymbol{v}}_{0,0},\tilde{\boldsymbol{v}}_{1,1},\cdots,\tilde{\boldsymbol{v}}_{M-1,M-1}]^{\mathrm{T}}\end{aligned} \tag{6.51}$$

类似地,对接收的时延多普勒域采样进行辛快速傅里叶逆变换(ISFFT)操作可以获得接收的时频样本为

$$\boldsymbol{Y}_{\mathrm{tf}}=\boldsymbol{F}_M\cdot\boldsymbol{Y}\cdot\boldsymbol{F}_N^{\dagger}=\boldsymbol{F}_M\cdot[\tilde{\boldsymbol{y}}_0,\tilde{\boldsymbol{y}}_1,\cdots,\tilde{\boldsymbol{y}}_{M-1}]^{\mathrm{T}} \tag{6.52}$$

在理想的脉冲整形波形的情况下,由于信道和传输符号在时延多普勒域的循环卷积转换为时频域的元素级乘积,见表4-2,我们可以对于 $m=0,\cdots,M-1$,$n=0,\cdots,N-1$,通过单抽头的最小均方误差(MMSE)均衡器估计时频域的传输样本:

$$\hat{\boldsymbol{X}}_{\mathrm{tf}}[m,n]=\frac{\boldsymbol{H}_{\mathrm{tf}}^{*}[m,n]\cdot\boldsymbol{Y}_{\mathrm{tf}}[m,n]}{|\boldsymbol{H}_{\mathrm{tf}}[m,n]|^{2}+\sigma_{w}^{2}} \tag{6.53}$$

令 $[\widetilde{\boldsymbol{x}}_{0}^{(0)},\cdots,\widetilde{\boldsymbol{x}}_{m}^{(0)},\cdots,\widetilde{\boldsymbol{x}}_{M-1}^{(0)}]^{\mathrm{T}}$ 是 OTFS 符号向量的时延时域初始化估计，其中 $\widetilde{\boldsymbol{x}}_{m}^{(0)}\in\mathbf{C}^{N\times1}$，$m=0,\cdots,M-1$。估计可以得到

$$[\widetilde{\boldsymbol{x}}_{0}^{(0)},\widetilde{\boldsymbol{x}}_{1}^{(0)},\cdots,\widetilde{\boldsymbol{x}}_{M-1}^{(0)}]^{\mathrm{T}}=\boldsymbol{F}_{M}^{\dagger}\cdot\hat{\boldsymbol{X}}_{\mathrm{tf}} \tag{6.54}$$

注意，当 $l\notin\mathcal{L}$ 时，$\tilde{\boldsymbol{v}}_{m,l}=\mathbf{0}_{N}$，因此式(6.51)中的操作可以由 $\min(NM|\mathcal{L}|,NM\log_{2}M)$ 复数乘计算。因为我们已经计算了 $\tilde{\boldsymbol{v}}_{m,l}$，并且 $\tilde{\boldsymbol{y}}$ 只是接收到的时域样本的一个打乱版本，涉及式(6.51)～式(6.54)的计算总数的上界是 $NM(|\mathcal{L}|+2\log_{2}(M)+3)$，这与算法 3 中时延时间实现的每次迭代的复杂度相当，即 $NM(2|\mathcal{L}|+1)$。

6.5.6 其他 OTFS 变体的 MRC 检测

通过为每个 OTFS 选择适当的子矩阵 $\boldsymbol{K}_{m,l}$，最大比合并(MRC)检测可以应用于其他 OTFS 变体(见第 4 章)。式(6.33)中的输入输出关系可以修改为对所有的 OTFS 变体都适用：

$$\boldsymbol{y}_{m}=\sum_{l\in\mathcal{L}}\boldsymbol{K}_{m,l}\cdot\boldsymbol{x}_{[m-l]_{M}}+\boldsymbol{z}_{m} \tag{6.55}$$

其中，$m=0,\cdots,M'-1$，$0\leqslant l\leqslant l_{\max}$，ZP-OTFS 中 $M=M'-l_{\max}$，CP/RCP/RZP-OTFS 中 $M'=M$。

回顾一下，与 ZP-OTFS 中不同，当 $m<l$ 时，CP/RCP/RZP-OTFS 中的 $\boldsymbol{K}_{m,l}$ 为非零矩阵(见表 4-2)，导致检测复杂度略高于 ZP-OTFS。具体来说，对于 RCP/RZP-OTFS，当 $m<l$ 时，$\boldsymbol{K}_{m,l}$ 不是循环矩阵，因此不能在时延时域对角化，与 CP/ZP-OTFS 相比，导致了额外的检测复杂度。

ZP-OTFS 与其他变体相比也收敛得更快，并且由于 ZP 的存在，它对 $\boldsymbol{x}_{0}$ 的最大比合并(MRC)估计更好。由于检测器以决策反馈均衡器(DFE)的形式工作，改进的估计 $\boldsymbol{x}_{0}$ 随着 m 的增加，误差传播减少。其他变体在经过大量的迭代后，可以获得与 ZP-OTFS 相同的性能。总的来说，推荐最大比合并(MRC)算法用于所有的 OTFS 变体，因为其他替代解决方案[如最小均方误差(LMMSE)和消息传递算法(MPA)]的复杂度相比更高。

6.6 基于迭代的 rake turbo 解码器

接下来，我们将未编码的 OTFS 扩展到编码系统。其中，将低密度奇偶校验码(LDPC)作为系统中的纠错码(ECC)。

在发射机，信息比特由低密度奇偶校验(LDPC)编码器编码，然后由随机交织器进行编码。交错编码比特被映射到 QAM 符号，通过 OTFS 进行调制以生成时域信号。在接收

机，可以以迭代的方式使用联合最大比合并(MRC)检测和解码(即迭代 rake turbo 涡轮解码器)，如图 6－3 所示。

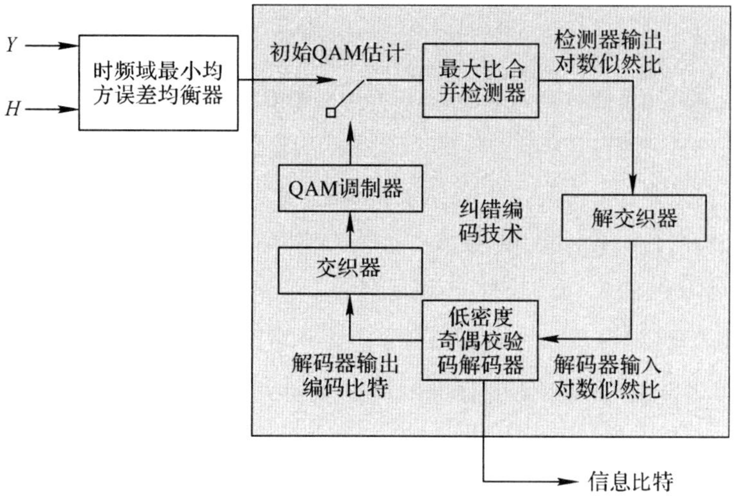

图 6－3　OTFS **迭代** rake turbo **解码器的操作**

首先，初始估计被输入最大比合并(MRC)检测器，产生比特级对数似然比(LLRs)。其中，初始估计是由第 6.5.5 节中提出的单抽头最小均方误差(MMSE)均衡器提供的 QAM 符号的估计。输出的对数似然比(LLR)通过随机解交织和低密度奇偶校验(LDPC)解码进行进一步处理，生成硬决策编码比特。这些编码比特被交织后，进行 QAM 调制，并作为更新后的输入符号向量估计值反馈给最大比合并(MRC)检测器。这就完成了一次 turbo 迭代。该过程重复进行，直到最后一次 turbo 迭代输出低密度奇偶校验(LDPC)解码后的信息比特。

式(6.42)里，时延多普勒域符号向量的软估计 $\boldsymbol{c}_m$ 在最大比合并(MRC)合并后，可以写成

$$\boldsymbol{c}_m=\boldsymbol{x}_m+\boldsymbol{e}_m,\quad m=0,\cdots,M-1 \tag{6.56}$$

其中，$\boldsymbol{x}_m$ 是在时延指引 m 的传输符号向量。$\boldsymbol{e}_m$ 表示归一化的后－MRC NPI 向量。假设 $\boldsymbol{e}_m$ 遵循均值为零、方差为 σ_m^2 的高斯分布。随着最大比合并(MRC)中干扰项数量的增加，这个假设变得更加准确。

在第 i 次迭代中，令 $(\sigma_m^{(i)})^2$ 为 NPI 向量 $\boldsymbol{e}_m^{(i)}$ 的方差，设 $L_{m,n,b}^{(i)}$ 为估计符号向量 $\boldsymbol{c}_m^{(i)}$ 中第 n 个传输符号的 b 位的对数似然比(LLR)，由下式给出：

$$\begin{aligned}L_{m,n,b}^{(i)}&=\log\left(\frac{\Pr(b=0\mid \boldsymbol{c}_m^{(i)}[n])}{\Pr(b=1\mid \boldsymbol{c}_m^{(i)}[n])}\right)\\&=\log\left(\frac{\sum\limits_{a\in\mathbb{A}_{b=0}}\exp(-|\boldsymbol{c}_m^{(i)}[n]-a|^2/(\sigma_m^{(i)})^2)}{\sum\limits_{a'\in\mathbb{A}_{b=1}}\exp(-|\boldsymbol{c}_m^{(i)}[n]-a'|^2/(\sigma_m^{(i)})^2)}\right)\end{aligned} \tag{6.57}$$

其中，$\mathbb{A}_{b=0}$和$\mathbb{A}_{b=1}$是 QAM 字母表$\mathbb{A}$的子集，符号的第 b 位分别为 0 和 1。利用最大对数近似，可以降低对数似然比（LLR）计算的复杂度为

$$\widetilde{L}_{m,n,b}^{(i)}=\frac{1}{(\sigma_m^{(i)})^2}\left(\min_{a\in\mathbb{A}_{b=0}}\left|\boldsymbol{c}_m^{(i)}[n]-a\right|^2-\min_{a'\in\mathbb{A}_{b=1}}\left|\boldsymbol{c}_m^{(i)}[n]-a'\right|^2\right) \tag{6.58}$$

为了在每次迭代中计算这些对数似然比（LLR），需要准确估计$(\sigma_m^{(i)})^2$，这不是简单的计算，而是需要知道所有估计的符号和残差加噪声（REPN）向量之间的相关性，而这在每次迭代中都会发生变化。由于信道多普勒传播向量 $\boldsymbol{v}_{m,l}$ 的元素可以被假设为独立同分布的正态随机变量，所以可以假设不同的时延抽头的信道多普勒扩展是不相关的，即 $E[\boldsymbol{v}_{m,l}^{\dagger}\cdot\boldsymbol{v}_{m',l'}]=\delta_{m,m'}\delta_{l,l'}$。

此外，对于第 i 次迭代，我们假设不同时延分支中的时延多普勒残差加噪声（REPN）向量 $\Delta\boldsymbol{y}_m^{(i)}$ 是不相关的，即对于 $m\neq m'$，$E[(\Delta\boldsymbol{y}_m^{(i)})^{\dagger}\cdot\Delta\boldsymbol{y}_{m'}^{(i)}]=0$，并且遵循高斯分布。第 i 次迭代中时延时间残差加噪声（REPN）向量 $\Delta\widetilde{\boldsymbol{y}}_m^{(i)}$ 的协方差矩阵由下式给出：

$$\boldsymbol{C}_m^{(i)}[j,k]=(\Delta\widetilde{\boldsymbol{y}}_m^{(i)}[j]-E(\Delta\widetilde{\boldsymbol{y}}_m^{(i)}))(\Delta\widetilde{\boldsymbol{y}}_m^{(i)}[k]-E(\Delta\widetilde{\boldsymbol{y}}_m^{(i)}))^{\dagger} \tag{6.59}$$

其中，$j,k=0,\cdots,N-1$，$E(\Delta\widetilde{\boldsymbol{y}}_m^{(i)})=\frac{1}{N}\sum_{n=0}^{N-1}\Delta\widetilde{\boldsymbol{y}}_m^{(i)}[n]$。因为傅里叶变换是一个酉变换，NPI 方差在两个域保持相同，所以在第 i 次迭代中将符号向量软估计 $\boldsymbol{c}_m^{(i)}$ 的方差近似为

$$(\sigma_m^{(i)})^2=\mathrm{Var}(\widetilde{\boldsymbol{e}}_m^{(i)})\approx\frac{1}{N}\sum_{l\in L}\eta_{m,l}\,\mathrm{tr}\,(\boldsymbol{C}_{m+l}^{(i)}) \tag{6.60}$$

其中，$\eta_{m,l}=\|\tilde{\boldsymbol{v}}_{m+l,l}\oslash\widetilde{\boldsymbol{d}}_m\|^2$ 是选择合并的不同时延分支中的归一化后最大比合并（MRC）信道功率。式（6.58）中的 LLR 计算和式（6.60）中的 NPI 方差计算的复杂度分别为 $NM\log_2 Q$ 和 $N^2M|\mathcal{L}|$。LDPC 解码的复杂度是 $C_{\mathrm{LDPC}}=O(NM\log_2 Q)$。

6.7 结果范例及讨论

在本节中，我们将展示使用本章中介绍的各种检测方法对 OTFS 仿真的结果。考虑 $N=M=64$ 的 OTFS 帧（除非另作说明）。子载波间距为 $\Delta f=15$ kHz，载波频率设置为 4 GHz。仿真的标准信道模型详见第 2.5.1 节。对于每个信噪比点，误码率在 10^4 个 OTFS 帧上进行模拟。

图 6-4 显示了用户设备（UE）速度为 120 km/h，使用 4-QAM 和 16-QAM 信号，$N=M=64$ 的 EVA 信道模型的 OTFS 误码率（BER）性能。在仿真中考虑了不同的接收机检测方案：单抽头频域均衡、线性最小均方误差（LMMSE）检测、消息传递（MP）检测（分别对 4-QAM 有 10 次迭代，对 16-QAM 有 15 次迭代）、最大比合并（MRC）检测（对 4-QAM 有 5 次迭代，对 16-QAM 有 10 次迭代）。可以观察到，最大比合并（MRC）检测性能最好，其次分别是消息传递（MP）检测和线性最小均方误差（LMMSE），而最低复杂度的单抽头均衡器性能最差。

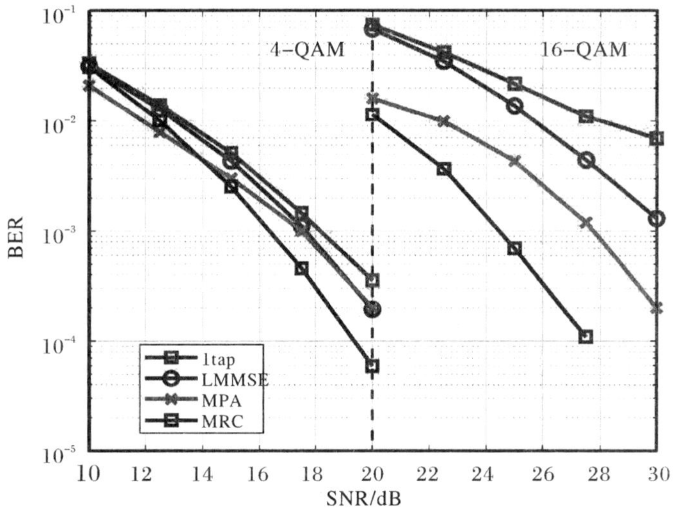

图 6-4　使用 4-QAM 和 16-QAM 信号和 $N=M=64$ 不同检测器方案的 OTFS 的误码率性能(MP 对 4-QAM 有 10 次迭代,对 16-QAM 有 15 次迭代;MRC 对 4-QAM 有 5 次迭代,对 16-QAM 有 10 次迭代)

图 6-5 显示了不同帧大小下,使用 4-QAM 和 16-QAM 信号,使用最大比合并(MRC)和消息传递(MP)检测的 OTFS 方案的 BER 性能。可以观察到,消息传递(MP)的性能随着帧大小的增加而提高,而最大比合并(MRC)为所有帧大小提供了最好的性能。此外,与消息传递(MP)和线性最小均方误差(LMMSE)检测方法相比,最大比合并(MRC)检测器的复杂度低并具有良好的性能。

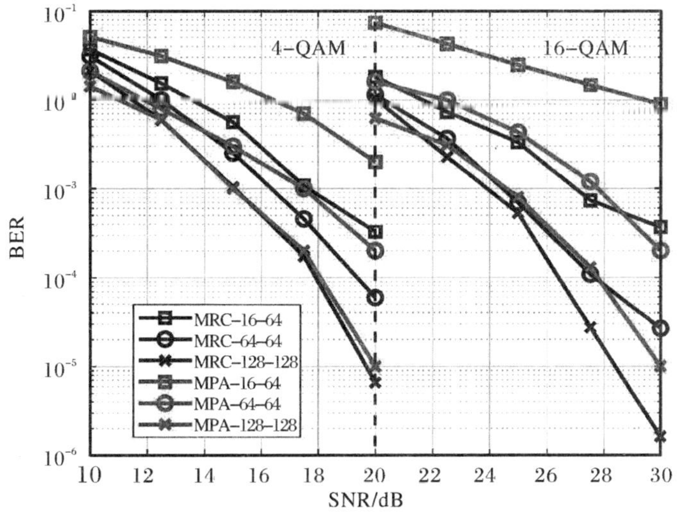

图 6-5　在不同帧大小的 EVA 信道模型中使用 MP 和 MRC 检测器的 OTFS 方案的误码率性能(MP 对 4-QAM 有 10 次迭代,16-QAM 有 15 次迭代;MRC 对 4-QAM 有 5 次迭代,对 16-QAM 有 10 次迭代)

图 6-6 中,我们仿真 EPA、EVA 和 ETU 信道模型下的最大比合并(MRC)检测器 OTFS 方案的 BER 性能,根据最大 UE 速度为 120 km/h,产生每条路径的最大多普勒扩展。EVA 和 ETU 模型都有 9 条路径,而 EPA 是 7 条路径的信道模型。这两种帧尺寸分别选择为 $N=64$ 和 $M=64,512$。最大比合并(MRC)检测采用 5 次迭代。增加 M 值会提高时延分辨率(T/M),从而将附近的路径时延分解到 OTFS 时延-多普勒网格的不同时延仓箱中。从图 6-6 中观察到,OTFS 的误码率性能随着帧大小的增加而提高,导致更多的可分离路径,这表明 OTFS 可以利用信道多样性。

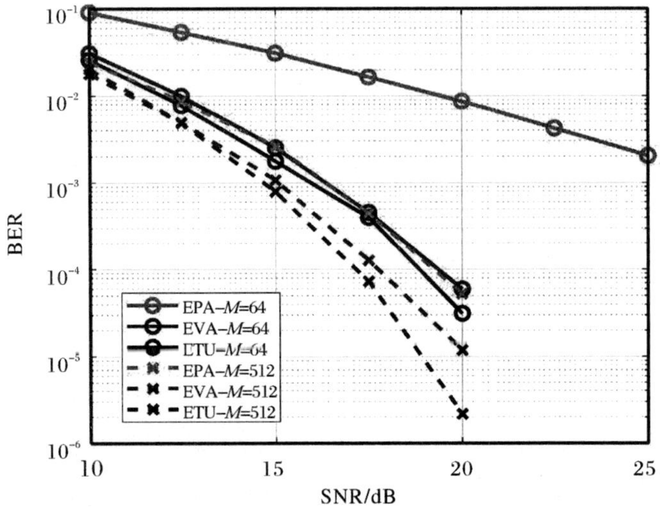

图 6-6　$N=64$ 和 $M=64,512$,UE 速度为 120 km/h 的情况下,4-QAM 信号和 MRC 检测器的 EPA、EVA 和 ETU 信道模型的 OTFS 方案的误码率性能

为了获得最佳的误差性能,时延和多普勒分辨率需要足以将所有重要的信道路径解析为不同的延迟和多普勒仓,这对于大尺寸的帧很容易。考虑图 6-6 中的情况,其中帧尺寸 $M=64$ 和 $M=512$ 对应于大约 1 000 ns 和 130 ns 的时延分辨率。EPA 信道模型有 7 条路径,最大时延扩展为 410 ns。对于 $M=64$,没有一个多径沿着时延域是可分离的,因为所有的路径都在一个大小为 1 000 ns 的延迟仓内。另外,EVA 和 ETU 信道模型有 9 条路径,最大时延扩展分别为 2 510 ns 和 5 000 ns,在 $M=64$ 处可分为多个延迟仓,在接收机处进行相干组合。图 6-6 证明了这一结论,因为 OTFS 在 EPA 信道模型中表现最差。对于 $M=512$,EPA 信道路径中的大部分能量属于 3 个大小为 130 ns 的时延仓,从而允许 OTFS 探测器从时延分集中获得多样性。对于小尺寸的 M,进入同一延迟仓的路径仍然可以通过增加 N 而在多普勒域分离,从而利用信道多普勒分集。

为了验证 OTFS 在高移动性无线信道中的性能,我们绘制了不同 UE 速度下使用 4-QAM 信号的 OTFS 的 BERs。在图 6-7 中,EVA 的信道模型被考虑,OTFS 的 $N=M=64$,并使用最多 10 次迭代的最大比合并(MRC)检测。我们观察到误码率性能随着多普勒频移的增加而提高。这是因为当多普勒扩展大于多普勒分辨率时,位于同一延迟仓内的不同路径被分离到不同的多普勒仓。当速度增加到 500 km/h 以上时，所有的路径都被分到不同的时延多普勒仓。因此，随着多普勒扩展的增加，性能并没有显著地增加。

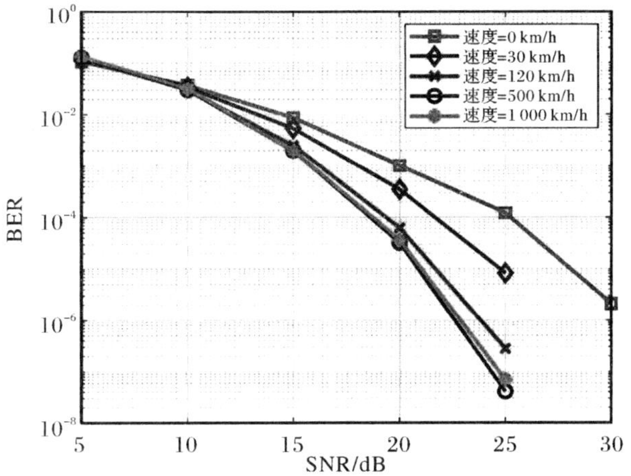

图 6-7　具有 $N=M=64$ 的 4-QAM 信号和 EVA 信道的 MRC 探测器的 OTFS 方案对不同用户速度的误码率性能

图 6-8 中，我们研究了延迟仓中多个多普勒路径对 OTFS 的影响，使用 $N=64$、$M=64$ 的最大比合并(MRC)检测器。误码率曲线是针对 4-QAM 信号和第 2.5.2 节中描述的具有 $|\mathcal{L}|=4$ 的时延抽头的合成无线信道模型绘制的。每个时延抽头具有 1～4 个多普勒抽头。可以注意到，随着每个时延的多普勒路径的增加，OTFS 的性能得到了改善，从而表明 OTFS 可以利用多普勒分集。在之前图 6-6 中不同信道模型的曲线中可以看到，OTFS 的性能随着时延路径数量的增加而提高。仿真结果表明，OTFS 可以同时提取双选择信道中的时延和多普勒分集。

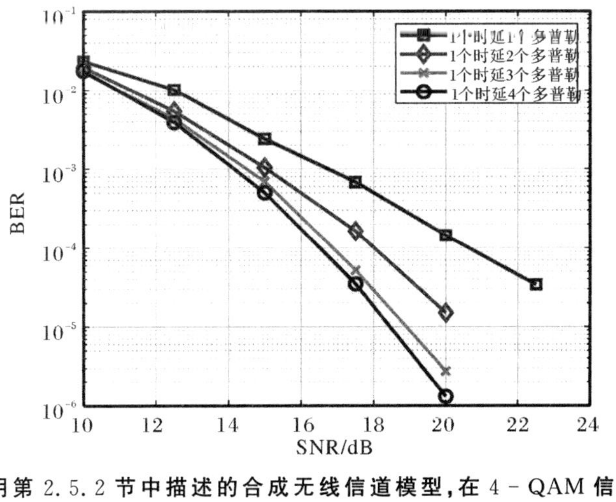

图 6-8　使用第 2.5.2 节中描述的合成无线信道模型，在 4-QAM 信号，$N=64$、$M=64$ 的 MRC 检测器情况下，每个时延仓具有不同多普勒路径数量 $|\mathcal{K}_l|$ 的 OTFS 方案的误码率性能

6.8 参考文献及注释

第 6.4 节中的 OTFS 的消息传递(MP)检测器是在文献[1]中提出的。更深入的分析,包括收敛的证明和加速检测器收敛的方法,可以在文献[2,3]中找到。读者可以参考文献[4]来了解线性多样性组合技术的基本知识,包括最大比合并(MRC)。在文献[5]中可以找到基于不相干和相干多样性分支的 MRC 检测性能分析。文献[6-14]对低复杂度的性最小均方误差(LMMSE)检测以及其他均衡化方法进行了研究。在文献[14-25]中可以找到更多的迭代检测方法。文献[26]使用 MP 检测在软件定义的无线电(SDR)平台上实时实现了 OTFS。

【参考文献】

[1] P. Raviteja, K. T. Phan, Y. Hong, E. Viterbo, Interference cancellation and iterative detection for orthogonal time frequency space modulation, IEEE Transactions on Wireless Communications 17 (10) (2018) 6501 - 6515, https://doi.org/10.1109/TWC.2018.2860011.

[2] T. Thaj, E. Viterbo, Low complexity iterative rake decision feedback equalizer for zero-padded OTFS systems, IEEE Transactions on Vehicular Technology 69 (12) (2020) 15606 - 15622, https://doi.org/10.1109/TVT.2020.3044276.

[3] T. Thaj, E. Viterbo, Low complexity iterative rake detector for orthogonal time frequency space modulation, in: 2020 IEEE Wireless Communications and Networking Conference (WCNC), 2020, pp. 1 - 6.

[4] D. G. Brennan, Linear diversity combining techniques, Proceedings of the IRE 47 (6) (1959) 1075 - 1102, https://doi.org/10.1109/JRPROC.1959.287136.

[5] X. Dong, N. Beaulieu, Optimal maximal ratio combining with correlated diversity branches, IEEE Communications Letters 6 (1) (2002) 22 - 24, https://doi.org/10.1109/4234.975486.

[6] G. D. Surabhi, A. Chockalingam, Low-complexity linear equalization for OTFS modulation, IEEE Communications Letters 24 (2) (2020) 330 - 334, https://doi.org/10.1109/LCOMM.2019.2956709.

[7] S. Tiwari, S. S. Das, V. Rangamgari, Low complexity LMMSE receiver for OTFS, IEEE Communications Letters 23 (12) (2019) 2205 - 2209, https://doi.org/10.1109/LCOMM.2019.2945564.

[8] S. S. Das, V. Rangamgari, S. Tiwari, S. C. Mondal, Time domain channel estimation and equalization of CP-OTFS under multiple fractional Dopplers and residual synchronization errors, IEEE Access 9(2020) 10561 - 10576, https://doi.org/10.1109/ACCESS.2020.3046487.

[9] A. Pfadler, P. Jung, S. Stanczak, Mobility modes for pulse-shaped OTFS with linear equalizer, in: 2020 IEEE Global Communications Conference, 2020, pp. 1 - 6.

[10] T. Zou, W. Xu, H. Gao, Z. Bie, Z. Feng, Z. Ding, Low-complexity linear equalization for OTFS systems with rectangular waveforms, in: 2021 IEEE International Conference on Communications Workshops (ICC Workshops), 2021, pp. 1 – 6.

[11] C. Jin, Z. Bie, X. Lin, W. Xu, H. Gao, A simple two-stage equalizer for OTFS with rectangular windows, IEEE Communications Letters 25 (4) (2021) 1158 – 1162, https://doi.org/10.1109/LCOMM.2020.3043841.

[12] J. Feng, H. Ngo, M. F. Flanagan, M. Matthaiou, Performance analysis of OTFS-based uplink massive MIMO with ZF receivers, in: 2021 IEEE International Conference on Communications Workshops (ICC Workshops), 2021, pp. 1 – 6.

[13] Z. Ding, R. Schober, P. Fan, H. V. Poor, OTFS-NOMA: An efficient approach for exploiting heterogenous user mobility profiles, IEEE Transactions on Communications 67 (11) (2019) 7950 – 7965, https://doi.org/10.1109/TCOMM.2019.2932934.

[14] H. Qu, G. Liu, L. Zhang, S. Wen, M. A. Imran, Low-complexity symbol detection and interference cancellation for OTFS system, IEEE Transactions on Communications 69 (3) (2021) 1524 – 1537, https://doi.org/10.1109/TCOMM.2020.3043007.

[15] M. Ramachandran, A. Chockalingam, MIMO-OTFS in high-Doppler fading channels: signal detection and channel estimation, in: 2018 IEEE Global Communications Conference (GLOBECOM), 2018, pp. 1 – 6.

[16] F. Long, K. Niu, C. Dong, J. Lin, Low complexity iterative LMMSE-PIC equalizer for OTFS, in: 2019 IEEE International Conference on Communications (ICC), 2019, pp. 1 – 6.

[17] T. Zemen, M. Hofer, D. Löschenbrand, C. Pacher, Iterative detection for orthogonal precoding in doubly selective channels, in: 2018 IEEE 29th Annual International Symposium on Personal, Indoor and Mobile Radio Communications (PIMRC), 2018, pp. 1 – 7.

[18] W. Yuan, Z. Wei, J. Yuan, D. W. K. Ng, A simple variational Bayes detector for orthogonal time frequency space (OTFS) modulation, IEEE Transactions on Vehicular Technology 69 (7) (2020) 7976 – 7980, https://doi.org/10.1109/TVT.2020.2991443.

[19] R. M. Augustine, A. Chockalingam, Interleaved time-frequency multiple access using OTFS modulation, in: 2019 IEEE 90th Vehicular Technology Conference (VTC2019-Fall), 2019, pp. 1 – 5.

[20] L. Li, Y. Liang, P. Fan, Y. Guan, Low complexity detection algorithms for OTFS under rapidly time-varying channel, in: 2019 IEEE 89th Vehicular Technology Conference (VTC2019-Spring), 2019, pp. 1 – 6.

[21] Z. Yuan, F. Liu, W. Yuan, Q. Guo, Z. Wang, J. Yuan, Iterative detection for orthogonal time frequency space modulation with unitary approximate message passing, IEEE Transactions on Wireless Communications (2021) 1, https://doi.org/10.1109/TWC.2021.3097173.

[22] T. Thaj, E. Viterbo, Y. Hong, Orthogonal time sequency multiplexing modulation: analysis

and low-complexity receiver design, IEEE Transactions on Wireless Communications 20 (12) (2021) 7842 – 7855, https://doi.org/10.1109/TWC.2021.3088479.

[23] K. Deka, A. Thomas, S. Sharma, OTFS-SCMA: a code-domain NOMA approach for orthogonal time frequency space modulation, IEEE Transactions on Communications 69 (8) (2021) 5043 – 5058, https://doi.org/10.1109/tcomm.2021.3075237.

[24] S. Li, W. Yuan, Z. Wei, J. Yuan, B. Bai, D. W. K. Ng, Y. Xie, Hybrid MAP and PIC detection for OTFS modulation, IEEE Transactions on Vehicular Technology 70 (7) (2021) 7193 – 7198, https://doi.org/10.1109/TVT.2021.3083181.

[25] H. Zhang, T. Zhang, A low-complexity message passing detector for OTFS modulation with probability clipping, IEEE Wireless Communications Letters 10 (6) (2021) 1271 – 1275, https://doi.org/10.1109/LWC.2021.3063904.

[26] T. Thaj, E. Viterbo, OTFS modem SDR implementation and experimental study of receiver impairment effects, in: 2019 IEEE International Conference on Communications Workshops (ICC Workshops), 2019, pp. 1 – 6.

第 7 章　信道估计方法

7.1 引　言

在本章中，我们将重点关注用于信道估计的 OTFS 导频符号的输入输出关系。假设存在整数时延和多普勒时延，我们将仅考虑 $m \geqslant l_i$ 情况下的时延多普勒输入输出关系，如式(4.123)所示。

$$\boldsymbol{Y}[m,n]=\sum_{i=1}^{P} g_i z^{k_i(m-l_i)} \boldsymbol{X}[[m-l_i]_M,[n-k_i]_N] \tag{7.1}$$

其中，$m=0,\cdots,M-1$，$n=0,\cdots,N-1$，$z=\mathrm{e}^{\frac{\mathrm{j}2\pi}{MN}}$，$g_i(i=1,\cdots,P)$是第 i 条路径的复信道增益，其中整数时延抽头 $l_i \leqslant l_{\max}$(最大的信道时延抽头)，k_i 为整数多普勒抽头，而 $\boldsymbol{X},\boldsymbol{Y} \in \mathbf{C}^{M \times N}$ 分别是发送和接收的 OTFS 样本矩阵。

注意，在式(7.1)中，我们可以忽略式(4.123)中 $m<l_i$ 的情况，因为我们将导频符号放置在时延指引如下：

$$\left.\begin{array}{ll} l_{\max}<m_{\mathrm{p}}<M-l_{\max} & (\mathrm{CP/RCP/RZP-OTFS}) \\ 0 \leqslant m_{\mathrm{p}}<M-l_{\max} & (\mathrm{ZP-OTFS}) \end{array}\right\} \tag{7.2}$$

回顾第 2 章，我们知道在宽带系统中，实际的信道延迟偏移 τ_i 可以近似为采样周期 $1/M\Delta f$ 的整数倍，即 $\tau_i=l_i/M\Delta f$，其中 $l_i \in \mathbf{Z}$。对于大规模的 OTFS 帧(即较大的 N)，实际的多普勒频移 ν_i 也可以近似为多普勒分辨率 $1/NT$ 的整数倍，即 $\nu_i=k_i/NT$，其中 $k_i \in \mathbf{Z}$。较大的 N 会导致持续时间较长的 OTFS 帧 NT，这可能增加了帧内信道参数变化的可能性，导致信道估计的性能下降。因此，一般情况下我们只考虑 $N<M$ 的情况。然而，对于较小的 N 值，分数多普勒效应更为显著，因为它导致数据符号泄漏到超过 P 个时延多普勒网格的位置上。因此，在这种情况下，考虑输入-输出关系中的分数多普勒效应是合适的。

方程式(7.1)描述了整数多普勒抽头的 OTFS 的输入输出关系。对于分数多普勒频移，我们遵循第 2 章和第 4 章中的符号约定，其中 $\kappa_i \in \mathbf{R}$ 表示归一化的多普勒频移。则分数多普勒频移的输入输出关系为

$$\boldsymbol{Y}[m,n]=\sum_{i=1}^{P} g_i z^{\kappa_i(m-l_i)}\left(\sum_{k=0}^{N-1} \zeta_N(\kappa_i-k) \boldsymbol{X}[[m-l_i]_M,[n-k]_N]\right) \tag{7.3}$$

由式(4.79)可得归一化周期 sinc 函数表示为

$$\zeta_N(x)=\frac{1}{N}\sum_{k=0}^{N-1}\mathrm{e}^{\frac{\mathrm{j}2\pi xk}{N}}=\frac{1}{N}\frac{\sin(\pi x)}{\sin(\pi x/N)}\mathrm{e}^{\frac{\mathrm{j}\pi x(N-1)}{N}}$$

从式(7.3)中可以看出,由于 κ_i,每个 $\boldsymbol{Y}[m,n]$是 PN 个传输信息符号的和。每个分数多普勒路径导致数据符号与多普勒轴上的所有符号产生干扰,这通过函数 $\zeta_N(\cdot)$与多普勒域上的 N 个符号之间的卷积所示。然而,由于 x 在接近 $N/2$ 或 $-N/2$ 时, $\zeta_N(x)$会衰减,所以只需考虑 N 个数据符号的一部分来近似式(7.3)中的操作。设 $N_i<N$ 为由第 i 条路径的分数多普勒频移引起显著干扰的数据符号数量。那么式(7.3)中的输入输出关系可近似为

$$\boldsymbol{Y}[m,n]=\sum_{i=1}^{P}g_i z^{\kappa_i(m-l_i)}\left(\sum_{k=-N_i/2}^{N_i/2-1}\zeta_N(\kappa_i-k)\boldsymbol{X}\left[[m-l_i]_M,[n-k]_N\right]\right)\tag{7.4}$$

根据近似计算,每个接收到的 $\boldsymbol{Y}[m,n]$是 $\sum_{i=1}^{P}N_i$ 信息符号的和。从式(7.3)和式(7.4)可以明显看出,由于 $N_i<N$,所以信道表示的准确性降低。

从接收到的符号 $\boldsymbol{Y}[m,n]$中,如果信道参数 g_i,τ_i,ν_i 以及对应的插值系数 l_i,κ_i 已知,我们可以使用第 6 章中介绍的算法来检测数据符号 $\boldsymbol{X}[m,n]$。因此,使用以下信道估计方法获得信状态信息至关重要。

7.2 嵌入导频时延多普勒信道估计

7.2.1 整数多普勒情况

系统设置如下,在发送端,OTFS 帧由 1 个导频符号、N_g 个保护符号和 $MN-N_g-1$ 个数据符号组成,如下所示:

x_p 表示导频符号,其导频信噪比为 $\mathrm{SNR_p}=|x_p|^2/\sigma_w^2$,其中 σ_w^2 表示 AWGN 方差;$x_d[m,n]$表示数据符号,其数据信噪比为 $\mathrm{SNR_d}=E(|x_d|^2)/\sigma_w^2$,位于延迟多普勒信息网格的$[m,n]$位置上;0 表示保护符号;$l_{\max}$ 和 $k_{\max}$ 分别表示信道路径中的最大延迟和多普勒抽头。

我们按照时延多普勒网格布置导频、保护和数据符号,以便在 OTFS 帧传输中进行发送[见图 7-1(a)]:

$$\boldsymbol{X}[m,n]=\begin{cases}x_p, & m=m_p,n=n_p\\ 0, & \begin{cases}m_p-l_{\max}\leqslant m\leqslant m_p+l_{\max}\\ n_p-2k_{\max}\leqslant n\leqslant n_p+2k_{\max}\end{cases}\\ x_d[m,n], & \text{其他}\end{cases}\tag{7.5}$$

其中,导频符号 x_p 的位置为(m_p,n_p),m_p 在式(7.2)中,出于简化考虑,$0\leqslant n_p-2k_{\max}<n_p<n_p+2k_{\max}\leqslant N-1$。

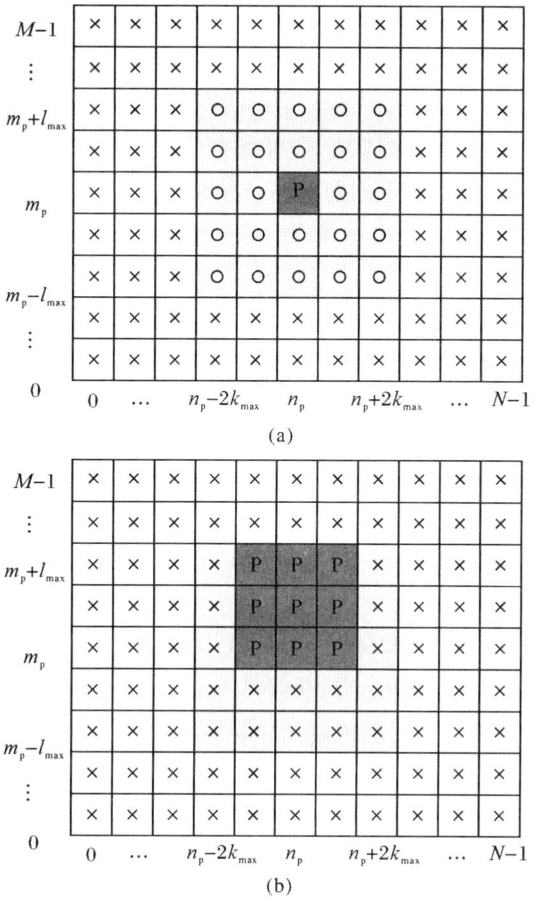

图 7－1　发送的导频、保护和数据符号，以及接收到的符号

(a)发送符号排列（P：导频，O：保护符号，×：数据符号）；

(b)接收符号排列（P：信道估计，×：数据检测）

在 N_g 个零保护符号的帮助下，我们按照这种方式布置所有符号，可以确保接收机上由信道延迟和多普勒扩展引起的导频符号和数据符号之间没有干扰。因此，有 $N_g-(2l_{max}+1)(4k_{max}+1)-1$ 个保护符号，其中：

$$\frac{N_g+1}{MN}=\frac{(2l_{max}+1)(4k_{max}+1)}{MN}$$

通常，在 LTE 信道中，导频和保护符号的开销小于数据帧的 1%。

在接收端，我们采用接收到的符号 $\boldsymbol{Y}[m,n]$，$m_p \leqslant m \leqslant m_p+l_{max}$，$n_p-k_{max} \leqslant n \leqslant n_p+k_{max}$ 进行信道估计，而在网格上剩余的接收到的符号 $\boldsymbol{Y}[m,n]$ 用于数据检测，如图 7－1(b)所示。

通过将式(7.1)中的 m 和 n 替换为 m_p+l_i 和 n_p+k_i，$i=1,\cdots,P$，第 i 条路径的接收导频符号可以用传输导频符号表示为

$$\boldsymbol{Y}[m_p+l_i,n_p+k_i]=g_i z^{k_i m_p}\boldsymbol{X}[m_p,n_p]=g_i z^{k_i m_p}x_p \tag{7.6}$$

我们的目标是估计信道参数(g_i,l_i,k_i)，其中 $i=1,\cdots,P$，传播路径总数 P 未知。我们首先使用接收样本 $\boldsymbol{Y}[m_p+l,n_p+k]$，$0 \leqslant l \leqslant l_{max}$，$-k_{max} \leqslant k \leqslant k_{max}$ 进行信道估计，然后使

用剩余样本进行数据检测，如图 7－1 所示，估计的时延多普勒信道增益为

$$\hat{g}[l,k]=\frac{\boldsymbol{Y}[m_{\mathrm{p}}+l,n_{\mathrm{p}}+k]}{x_{\mathrm{p}}z^{km_{\mathrm{p}}}} \tag{7.7}$$

然而，在式(7.6)中存在噪声的情况下，可能会错误地将 $\boldsymbol{Y}[m_{\mathrm{p}}+l,n_{\mathrm{p}}+k]$ 误判为一个信道路径。因此，我们下面介绍基于阈值的信道估计方案，用于路径检测。

根据阈值准则，我们用 $b[l,k]$ 表示是否存在一个延迟为 l、多普勒频移为 k 的路径，即

$$b[l,k]=\begin{cases}1, & |\boldsymbol{Y}[m_{\mathrm{p}}+l,n_{\mathrm{p}}+k]|\geqslant T\\ 0, & \text{其他}\end{cases} \tag{7.8}$$

其中，阈值 T 可以变化，以改变路径检测的漏检概率和/或虚警概率。路径的数量可以估计为 $\hat{P}=\sum\limits_{l}\sum\limits_{k}b[l,k]$。延迟指引 l_i 和多普勒频移指引 $k_i(i=1,\cdots,\hat{P})$ 分别对应于 $b[l,k]=1$ 的位置。

因此，根据估计的信道参数，可以将式(7.1)中的输入输出关系写为

$$\boldsymbol{Y}[m,n]=\sum_{l=0}^{l_{\max}}\sum_{k=-k_{\max}}^{k_{\max}}\hat{g}[l,k]b[l,k]z^{k(m-l)}\boldsymbol{X}[[m-l]_M,[n-k]_N] \tag{7.9}$$

每个延迟抽头的多普勒响应(见第 4 章)可以估算为

$$\hat{\nu}_l(k)=b[l,k]\hat{g}[l,k] \tag{7.10}$$

每个延迟抽头的时间变化多普勒扩散向量 $\hat{\boldsymbol{\nu}}_{m,l}\in\mathbf{C}^{N\times 1}$，可以为所有 OTFS 网格点计算如下：

$$\hat{\boldsymbol{\nu}}_{m,l}[[k]_N]=\hat{\nu}_l(k)z^{k(m-l)} \tag{7.11}$$

通过应用相位旋转 $z^{k(m-l)}$(见第 4 章)，可以在已知 $\hat{\nu}_l$ 的情况下完全重建 $MN\times MN$ 时延多普勒信道矩阵 $\boldsymbol{H}$。

7.2.2 分数多普勒情况

在分数多普勒的情况下，可以从式(7.3)中看出，每条传播路径将导频符号扩展到一个延迟间隔内的所有 N 个多普勒频移指引中($k=0,\cdots,N-1$)。因此，通过将式(7.3)中的 $m=m_{\mathrm{p}}+l_i$ 和 $n=n_{\mathrm{p}}+k$ 代入给定的 $l_i\in[0,l_{\max}]$ 和 $k\in[0,N-1]$，可以将接收到的导频符号写成发送导频符号的形式，即

$$\begin{aligned}\boldsymbol{Y}[m_{\mathrm{p}}+l_i,n_{\mathrm{p}}+k]&=g_i z^{\kappa_i m_{\mathrm{p}}}\zeta_N(\kappa_i-k)\boldsymbol{X}[m_{\mathrm{p}},n_{\mathrm{p}}]\\&=g_i z^{\kappa_i m_{\mathrm{p}}}\zeta_N(\kappa_i-k)x_{\mathrm{p}}\end{aligned} \tag{7.12}$$

其中，$i=1,\cdots,P$，由于时延多普勒网格的离散化，所以只能在延迟的整数倍以及多普勒分辨率的整数倍处观察到信道。因此，在接收端并不知道实际的多普勒频移(κ_i)，相反，一个具有分数多普勒频移的路径会被观测为多个具有整数多普勒频移的路径，这些整数多普勒频移接近分数多普勒值。

类似于整数多普勒情况，我们可以使用基于阈值的检测方法来过滤由 AWGN 引起的错误路径，下面进行进一步讨论。

为了简化表示，我们在下面的讨论中省略了下标 i。对于具有延迟偏移 l 和多普勒偏

移 k 的路径，离散时延多普勒信道的估计值为

$$\hat{g}[l,k]=\frac{\boldsymbol{Y}[m_{\mathrm{p}}+l,n_{\mathrm{p}}+k]}{x_{\mathrm{p}}z^{km_{\mathrm{p}}}} \tag{7.13}$$

类似地，根据式(7.8)，可以基于阈值 T 来定义 $b[l,k]$。然而，与整数多普勒情况不同，当没有噪声存在时，将识别出更多的路径，即 $\sum_{l}\sum_{k}b[l,k]\geqslant P$，由于 $\zeta_N(\kappa-k)\neq 0, k=0,\cdots,N-1$，所以这意味着由于分数多普勒的存在，我们可能会估计出比实际传播路径数更多的路径。然而，随着 $\kappa-k$ 的增加，周期性 sinc 函数 $\zeta(\kappa-k)$ 会减小，因此可以忽略一些路径。为了确保用于信道估计和数据检测的接收符号之间没有干扰，与式(7.5)中的整数多普勒情况相比，保护符号需要在多普勒轴上扩展更广阔的范围。因此，我们考虑以下两种情况来处理分数多普勒频移。

1. 完整的保护符号

考虑以下的导频放置方式：

$$\boldsymbol{X}[m,n]=\begin{cases}x_{\mathrm{p}}, & m=m_{\mathrm{p}},n=n_{\mathrm{p}}\\ 0, & m_{\mathrm{p}}-l_{\max}\leqslant m\leqslant m_{\mathrm{p}}+l_{\max}\\ x_{\mathrm{d}}[m,n], & \text{其他}\end{cases} \tag{7.14}$$

我们将式(7.14)中的情况称为带有完整保护符号的嵌入式导频。m_{p} 如式(7.2)所示，$0\leqslant n_{\mathrm{p}}\leqslant N-1$。保护符号的数量为 $N_{\mathrm{g}}=(2l_{\max}+1)N-1$，开销为$\frac{2l_{\max}+1}{M}$。请注意，在典型的 LTE 信道中，这可能导致约 8%的开销。

2. 减少的保护符号

全保护符号可以通过使用较多的保护符号和较少的数据符号来提供更好的信道估计，但以较低的频谱效率为代价。为了提高频谱效率，我们可以考虑只使用具有显著能量的多普勒分量。现在我们考虑如下的导频放置情况：

$$\boldsymbol{X}[m,n]=\begin{cases}x_{\mathrm{p}}, & l=m_{\mathrm{p}},k=n_{\mathrm{p}}\\ 0, & \begin{cases}m_{\mathrm{p}}-l_{\max}\leqslant m\leqslant m_{\mathrm{p}}+l_{\max}\\ n_{\mathrm{p}}-2k'_{\max}\leqslant n\leqslant n_{\mathrm{p}}+2k'_{\max}\end{cases}\\ x_{\mathrm{d}}[m,n], & \text{其他}\end{cases} \tag{7.15}$$

这是简化的保护符号的嵌入式导频。我们选择式(7.2)中的 m_{p}，其中 $0\leqslant n_{\mathrm{p}}-2k'_{\max}\leqslant n_{\mathrm{p}}\leqslant n_{\mathrm{p}}+2k'_{\max}\leqslant N-1$。这里 $k'_{\max}=\lceil\kappa_{\max}\rceil+k_{\mathrm{g}}$ 表示最大整数多普勒频移，其中 $\kappa_{\max}$ 表示最大分数多普勒频移，而 k_{g} 是每一侧所需的额外保护符号数量，从而在接收到的时延-多普勒网格中收集所有重要的导频分量，从而进行准确的信道估计。因此，保护符号的数量 $N_{\mathrm{g}}=(2l_{\max}+1)(4k'_{\max}+1)-1$，而开销为$\frac{(2l_{\max}+1)(4k'_{\max}+1)}{MN}$。

7.2.3 信道估计对频谱效率的影响

在第 4 章中，我们描述了 4 种 OTFS 变体，并在表 4 - 4 中比较了它们在归一化频谱效

率(NSE)、传输功率和信道稀疏性方面的设计约束。结果显示,相较于 ZP/CP - OTFS,RZP/RCPOTFS 具有更好的 NSE,这要归功于每一帧而不是每一块的 ZP/CP。在本节中,我们将比较信道估计对这些方案的 NSE 的影响,因为信道估计需要使用导频和保护符号。

设 $L_{ZP}=L_{CP}=l_{max}$ 为 ZP 和 CP 的长度。在表 7 - 1 中,我们比较了没有信道估计和使用嵌入式导频信道估计的 OTFS 变种的 NSE。其中简化的保护符号长度为 $N_g=(2l_{max}+1)(4k'_{max}+1)-1$,完全的保护间隔长度为 $(2l_{max}+1)N-1$。从表中可以看出:①在所有情况下,RZP/RCP - OTFS 的 NSE 相同;②对于低多普勒展宽的信道,当使用减少的保护符号(N_g 较小)时,RZP/RCP - OTFS 具有最大的 NSE,其次是 ZP - OTFS,然后是 CP - OTFS;③对于高多普勒展宽的信道,当使用全保护符号时,ZP - OTFS 提供最佳的 NSE,因为 ZP 样本可以成为嵌入式导频的一部分(见图 7 - 2)。

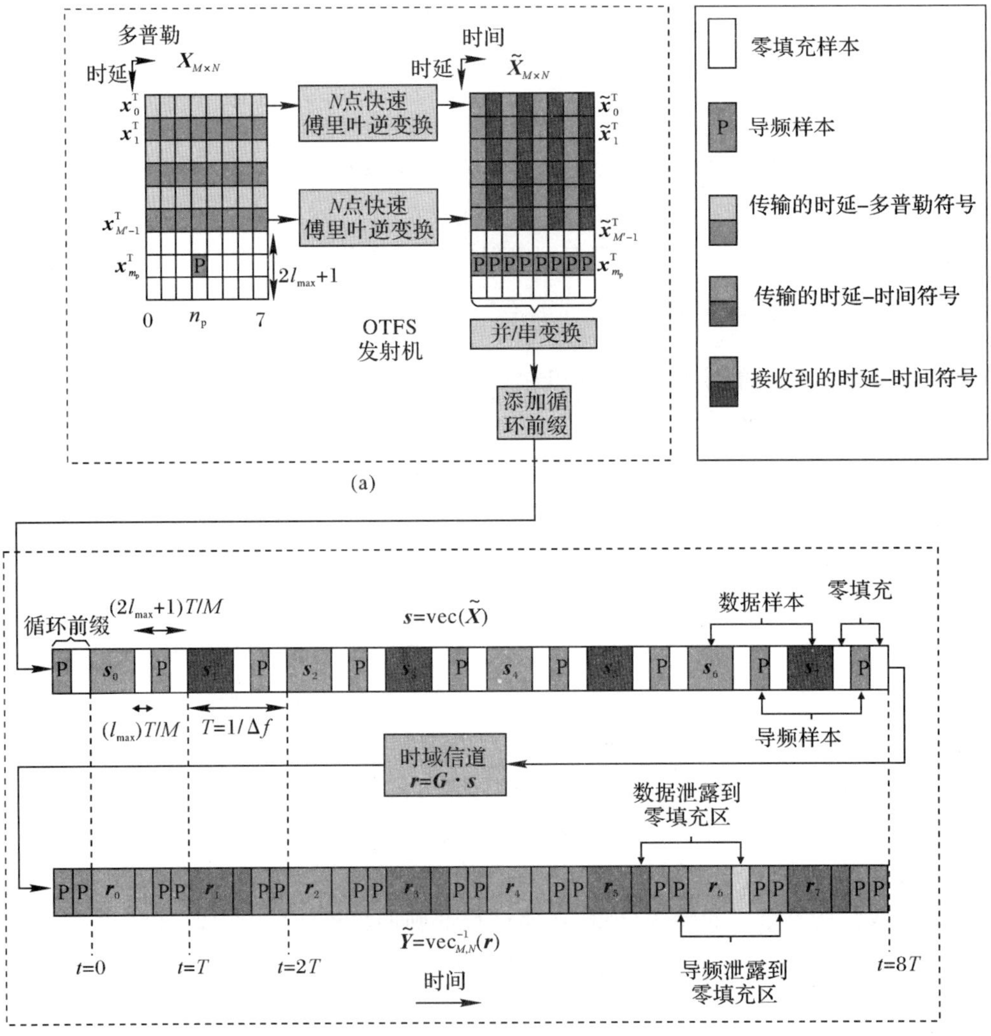

图 7 - 2　ZP - OTFS 中用于时间域信道估计的导频和数据放置方式

(a)ZP - OTFS 发射机;(b)时域操作

此外，对于使用全保护符号和减少保护符号的 ZP－OTFS，我们可以将导频符号放置在 $m_p=0$ 位置，这样导频信号会通过信道展宽成为 ZP，从而改善比 CP－OTFS 更好的 NSE。总体上来说，ZP 样本不仅可以防止时域中的块间干扰，还可以防止数据和导频样本之间的干扰。

例如，假设我们考虑一个帧大小为 $N=M=64$ 的 4－QAM 信号，并且使用高移动信道，该信道具有 $l_{max}=5$ 个样本(对应 ETU 信道)。在全保护信道估计下，RZP/RCPOTFS 提供 1.654 2 的 NSE，CP－OTFS 提供 1.536 2 的 NSE，而 ZPOTFS 提供最高的 1.681 2 的 NSE。上述优势以及低发射功率和检测复杂度使得 ZP－OTFS 成为高移动信道的最佳选择。

表 7－1　有/无信道估计的归一化频谱效率

	无导频＋保护间隔	导频＋减少的保护间隔	导频＋完整保护间隔
CP	$\frac{M}{M+L_{CP}}$	$\frac{NM-(N_g+1)}{(M+L_{CP})N}$	$\frac{M-(2L_{CP}+1)}{M+L_{CP}}$
ZP	$\frac{M}{M+L_{ZP}}$	$\frac{NM-(N_g+1)\left(\frac{L_{ZZ}+1}{2L_{ZP}+1}\right)}{(M+L_{ZP})N}$	$\frac{M-(L_{ZP}+1)}{M+L_{ZP}}$
RCP	$\frac{NM}{NM+L_{CP}}$	$\frac{NM-(N_g+1)}{NM+L_{CP}}$	$\frac{N(M-2L_{CP}-1)}{NM+L_{CP}}$
RZP	$\frac{NM}{NM+L_{ZP}}$	$\frac{NM-(N_g+1)}{NM+L_{ZP}}$	$\frac{N(M-2L_{ZP}-1)}{NM+L_{ZP}}$

7.3　嵌入式导频辅助延迟时域信道估计

在之前的章节中，我们讨论了时延多普勒信道估计。在本节中，我们将重点放在图 4－13(c)中的 ZP－OTFS 上，并介绍一种更简单的延迟-时间域信道估计技术。正如第 4 章中所讨论的那样，在图 4－13(c)中的 ZP－OTFS 中，每个块中插入长度为 L_{ZP} 的 ZP，以保持总帧大小为 $M\times N$ 个样本。这与第 7.2.3 节中的情况不同[见图 4－13(b)]，在这种情况下，每个块中添加了一个 ZP，ZP 的去除会使多普勒频移按因子 $\gamma_g=\frac{M+L_{ZP}}{M}$ 缩放。为了避免这种缩放并简化论述，我们只考虑图 4－13(c)的情况。

时延时间域信道估计相较于时延多普勒域信道估计，需要更少的信道参数来表示高移动性信道。如图 7－2 所示，在时间域中，由于 ZP 包含导频样本，所以可以直接估计 $\frac{(m_p+nM)}{M}T$ 时刻第 l 个延迟系数的信道响应，其中 $m_p+nM(n=0,\cdots,N-1)$ 是时域信号中的导频位置。然后，对于每个延迟抽头时刻 l，进行线性或样条插值以重构整个帧的时间域信道系数。进一步，我们证明，在考虑到用户终端速度(如低于 500 km/h)的情况下，对于 OTFS 来说，线性插值就足以准确估计信道。

7.3.1 导频放置

图 7-2(a)展示了时延多普勒网格中导频(图中表示为“P”)、保护和数据符号的排列方式。我们将 $\boldsymbol{x}_m^{\mathrm{T}} \in \mathbf{C}^{1\times N}$ 定义为 OTFS 矩阵 $\boldsymbol{X}\in\mathbf{C}^{M\times N}$ 中的第 m 行向量,其中 $m=0,\cdots,M-1$。我们采用了与第 7.2.1 节相同的符号表示法,即 x_{p} 和 $x_{\mathrm{d}}[m,n]$ 分别表示时延多普勒网格中位置为$(m_{\mathrm{p}},n_{\mathrm{p}})$ 和(m,n)处的导频和数据符号,而 0 表示保护符号。因此,有以下符号排列方式:

$$\boldsymbol{x}_m^{\mathrm{T}}[n]=\begin{cases}x_{\mathrm{p}}, & m=m_{\mathrm{p}},n=n_{\mathrm{p}}\\ 0, & n\neq n_{\mathrm{p}},0<|m-m_{\mathrm{p}}|\leqslant l_{\max}\\ x_{\mathrm{d}}[m,n], & 0\leqslant n\leqslant N-1,0\leqslant m\leqslant M'-1\end{cases} \tag{7.16}$$

其中,$M'=M-2l_{\max}$,$m_{\mathrm{p}}=M'+l_{\max}$,$0\leqslant n_{\mathrm{p}}\leqslant N-1$,$n=0,\cdots,N-1$,而 $l_{\max}$ 个保护符号分别放置在延迟维度上导频的两侧,以避免由于延迟和多普勒频移而导致的接收端数据和导频符号之间的干扰。因此,零保护符号的数量为 $N_{\mathrm{g}}=(2l_{\max}+1)N-1$,额外开销为$\dfrac{2l_{\max}+1}{M}$。

对于每个行向量 $\boldsymbol{x}_m^{\mathrm{T}}$ 应用了 N 点的快速傅里叶逆变换。因此,嵌入了导频的行向量 $\boldsymbol{x}_{m_{\mathrm{p}}}^{\mathrm{T}}$ 被转换为

$$\tilde{\boldsymbol{x}}_{m_{\mathrm{p}}}^{\mathrm{T}}=\boldsymbol{x}_{m_{\mathrm{p}}}^{\mathrm{T}}\cdot\boldsymbol{F}_N^{\dagger}=x_{\mathrm{p}}[\boldsymbol{F}_N^{\dagger}(n_{\mathrm{p}},0),\cdots,\boldsymbol{F}_N^{\dagger}(n_{\mathrm{p}},N-1)] \tag{7.17}$$

经过 IFFT 操作后,时延时域的 OTFS 矩阵表示为 $\widetilde{\boldsymbol{X}}=[\tilde{\boldsymbol{x}}_0,\cdots,\tilde{\boldsymbol{x}}_{M-1}]^{\mathrm{T}}$,如图 7-2(b)所示,它被转换为时域向量 $\boldsymbol{s}=\mathrm{vec}(\widetilde{\boldsymbol{X}})$进行传输。在时域传输中,交织的导频位置(绿色框)允许在整个 OTFS 帧中通过因子 M 进行并行子采样。由于第一个导频样本的位置在采样瞬间 m_{p},所以在帧的开头添加了一个循环前缀(CP),通过复制 OTFS 帧的最后$(l_{\max}+1)$个样本(其中也包含导频样本)来实现。通过插值,可以利用位于 $m_{\mathrm{p}}-M$ 处的导频样本来获取第 m_{p} 个样本之前的时延时间信道系数。

7.3.2 延迟时域信道估计

时间域中接收到的信号 $\boldsymbol{r}=\boldsymbol{G}\boldsymbol{s}$ 转换为时延时域信号$\widetilde{\boldsymbol{Y}}^{\mathrm{T}}=[\tilde{\boldsymbol{y}}_0,\cdots,\tilde{\boldsymbol{y}}_{M-1}]$,其中 $\boldsymbol{G}$ 是式(4.38)中的时域信道矩阵。根据式(4.96)中的输入输出关系,将信道分量 $\tilde{\boldsymbol{v}}_{m,l}$ 替换为 $g^{\mathrm{s}}[l',m_{\mathrm{p}}+l+nM]$,然后将 m 替换为 $m_{\mathrm{p}}+l$,当 $l\in\mathcal{L}$ 时,对 $l'\in\mathcal{L}$ 进行求和,得到了时延时域的输入输出关系:

$$\tilde{\boldsymbol{y}}_{m_{\mathrm{p}}+l}[n]=\sum_{l'\in\mathcal{L}}g^{\mathrm{s}}[l',m_{\mathrm{p}}+l+nM]\tilde{\boldsymbol{x}}_{m_{\mathrm{p}}+l-l'}[n] \tag{7.18}$$

由于存在零保护符号,所以根据式(7.16),当 $0<|l-l'|\leqslant l_{\max}$ 时,$\tilde{\boldsymbol{x}}_{m_{\mathrm{p}}+l-l'}[n]=0$。然后,根据式(7.18),导频延迟-时间向量 $\tilde{\boldsymbol{x}}_{m_{\mathrm{p}}}$ 所经历的时延时域信道可以简单估计为

$$\hat{g}^{\mathrm{s}}[l,m_{\mathrm{p}}+l+nM]=\frac{\tilde{\boldsymbol{y}}_{m_{\mathrm{p}}+l}[n]}{\tilde{\boldsymbol{x}}_{m_{\mathrm{p}}}[n]},l\in\mathcal{L} \tag{7.19}$$

估计的信道系数 $\hat{g}^{\mathrm{s}}[l,m_{\mathrm{p}}+l+nM]$可以被视为在离散导频样本 $m_{\mathrm{p}}+nM$ 处的子采样的时延时域信道。通过对这些样本进行插值,可以重构整个 OTFS 帧的中间延迟时间信道系数。

设 f_s'为子采样频率。根据奈奎斯特采样定理，为了准确重构信号，f_s'需要至少是信号的最大频率分量的两倍，而最大频率分量由定义在式(2.11)中的最大多普勒频移 $\nu_{\max}$ 决定。由于通过因子 M 进行了子采样，所以有如下关系：

$$f_s' = f_s/M,\ 2\nu_{\max} \leqslant f_s' \leqslant \Delta f$$

因此，如果满足以下条件，信道可以被准确地重构：

$$\nu_{\max} \leqslant \frac{\Delta f}{2}$$

这对于一个低展宽的信道来说是一个合理的假设。可以通过对估计的时延时域信道系数进行插值来获取整个时延时域信道系数 $\hat{g}^s[l, m_p + l + nM]$。

图 7-3 为标准 EVA 信道模型(见表 2-3)在速度为 500 km/h 的情况下第 l 个延迟分量实部的时变信道示例。发送的导频符号可以被视为每个时域块一个周期 T 的周期性的 Delta 函数。时延时域信道系数的时变性是由于第 l 个延迟分量中的不同多普勒路径引起的。由于多普勒频移的影响可以被建模为正弦函数的求和，所以我们使用样条插值来重构时域信道。

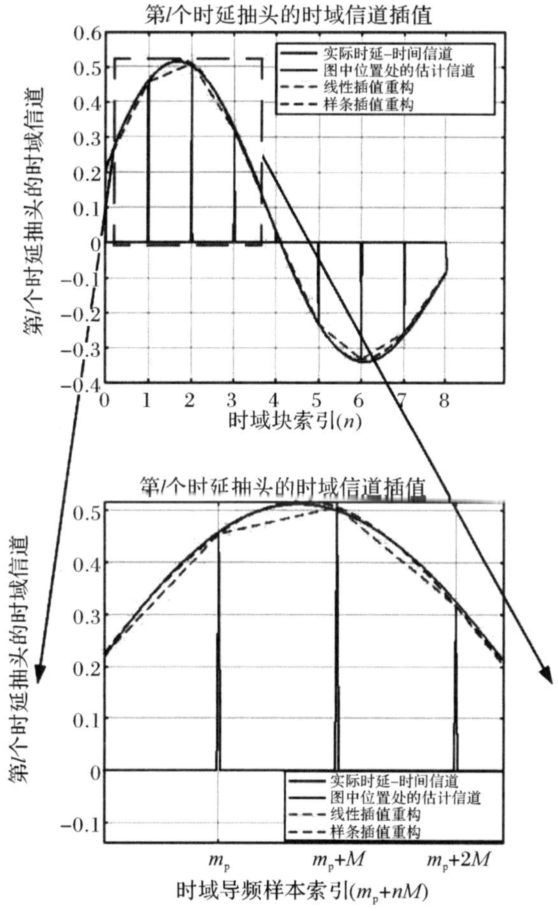

图 7-3 显示了在 $N=8, M=64$，UE 速度为 500 km/h，$\mathrm{SNR_d}=20$ dB 以及 $\beta=0$ dB 的情况下，使用线性和样条插值从估计信道 $\hat{g}^s[l, m_p + l + nM]$ 中重建第 l 个延迟抽头信道实部的过程

对于低复杂度的信道估计,我们还考虑线性插值。如图 7-3 所示,当两个连续的插值点非常接近时,线性插值无法准确跟踪延迟时间响应(请参见放大的部分)。然而,当时延时域信道具有较高的多普勒展宽时,样条插值可以更好地捕捉信道的变化。

为了突出样条插值和线性插值方法之间的差异,图 7-4 展示了 4-QAM 调制在一些极端速度(500 km/h 和 1 000 km/h)下的误码率(BER)性能。可以观察到,当速度不超过 500 km/h 时,线性插值与样条插值的性能相似。这意味着对于低展宽的无线信道来说,可以将样条插值替换为线性插值以实现低复杂度的信道估计。因此,在接下来的内容中,我们只考虑线性插值方法。

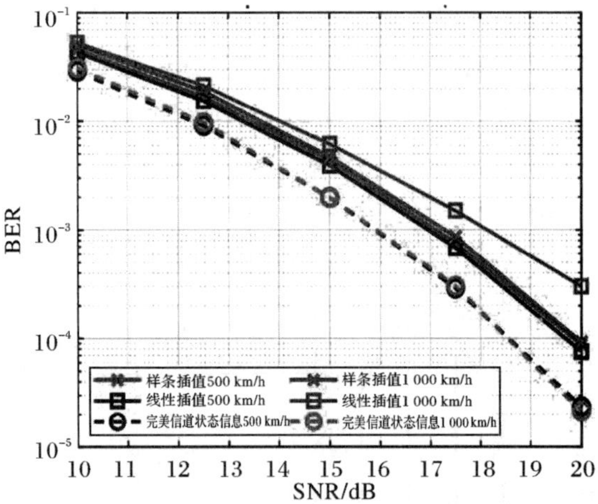

图 7-4　在 EVA 信道条件下,使用迭代时域检测器的 4-QAM OTFS 的误码率性能,其中车速为 500 km/h 和 1 000 km/h

7.3.3　信道估计复杂度

从信道估计的初始步骤中,我们得到了时延时域信道子采样值 $\hat{g}^{s}[l,m_{p}+l+nM]$。利用线性插值,我们定义了在第 l 个延迟点处估计信道的第 n 个分段斜率为

$$\alpha^{(n,l)}=\frac{\hat{g}^{s}[l,m_{p}+l+(n+1)M]-\hat{g}^{s}[l,m_{p}+l+nM]}{M} \tag{7.20}$$

其中,$-1\leqslant n<N-1$。然后,中间的时延时间样本 $\hat{g}^{s}[l,m_{p}+l+u+nM]$可以重建为

$$\hat{g}^{s}[l,m_{p}+l+u+nM]=\hat{g}^{s}[l,m_{p}+l+nM]+\alpha^{(n,l)}u \tag{7.21}$$

其中,$0<u<M-1$。可以看到,根据式(7.21),每个样本只需要一次与复数的标量乘法(忽略加法运算)。由于信道估计,我们已经获得了 NML 个时延时间信道系数中的 NL 个。因此,式(7.21)中的初始操作需要 $2(N-1)ML$ 个实数乘法。式(7.20)中的斜率需要 NL 次缩放操作(乘以 $1/M$),如果 M 是 2 的幂,则可以使用位移操作进行计算。

7.3.4　扩展到其他 OTFS 变体

时延时间信道估计可以通过使用嵌入式导频方案,并结合完整和减少的保护符号,轻松地扩展到其他 OTFS 变体。在使用完整保护符号的情况下,时延时间导频符号不受数据符号的干扰，因此可以从时域接收信号中提取出来，类似于 ZP - OTFS。然而，在使用减少的保护符号的情况下，时延时间样本是由数据符号和导频符号混合而成的。因此，接收到的 OTFS 信号首先被转换为时延多普勒域，在这个域中由于存在保护符号，所以导频符号和数据符号可以分离出来。由于我们知道时延多普勒网格中接收到的数据符号的多普勒位置，所以可以通过在多普勒域中进行简单的遮罩操作来滤除相关干扰。最后，接收到的导频符号被转换回时延时域并进行插值操作，类似于 ZP - OTFS。

时延时间插值方法还有另一个优点：接收机不需要估计信道路径的实际多普勒频移。在第 4 章中已经证明，在 OTFS 帧中，仅考虑 $m \geqslant l$ 的情况下，数据符号的信道系数具有相同的幅度，但相位不同，这取决于符号的位置。在时延-多普勒信道估计中，数据符号的信道系数通过对从导频 $\hat{g}[l,k]$中估计得到的信道系数实施相位旋转计算得到[见式(7.13)]。从式(7.3)中可以看出，对于 $\boldsymbol{x}_m$ 的相位旋转 $z^{\kappa_i(m-l_i)}$ 取决于信道路径的实际多普勒频移($\boldsymbol{\kappa}_i$)，在分数多普勒频移的情况下，这并不是直接估计的。

正如在第 7.2.2 节中所示，如果分数多普勒频移 $\boldsymbol{\kappa}_i$ 被估计为最接近的整数 k_i(或者是在 $\boldsymbol{\kappa}_i$ 周围具有整数多普勒频移的一组路径)，那么接收机错误地应用相位旋转 $z^{k_i(m-m_\mathrm{p}-l_i)}$，而不是 $z^{\kappa_i(m-m_p-l_i)}$。这会造成对于离导频位置 m_p 较远的 $m's$，相位旋转误差 $z^{(\kappa_i-k_i)(m-m_\mathrm{p}-l_i)}$ 增加，导致估计的信道系数中出现显著的相位错误。这对于高阶调制(如 64 - QAM)非常重要，因为即使是小的信道系数，相位错误也可能导致性能大幅降低。

相反，时延-时间插值方法则没有这个问题，因为无须直接估计时延多普勒参数。此外，第 6 章还展示了在时延时域中可以以较低的复杂度进行检测。

7.4 实时 OTFS 软件定义无线电实现

与其他通信系统一样，OTFS 调制解调器也不免于接收机的不良影响，如直流偏移和载波频率偏移，这会影响信道估计和检测。在本节中，我们通过在实际室内无线信道中使用实时软件化无线电(SDR)实现 OTFS 调制解调器来研究这些失真对接收机性能的影响。我们使用相同的 SDR 设置和环境设置比较 OTFS 和 OFDM 在以下两种情况下的性能：① 实际室内频率选择性(静态)信道；②部分模拟移动性的双选信道。

类似于第 7.2.1 节中讨论的嵌入式导频时延多普勒信道估计方案，在我们的试验中，导频符号被放置在时延多普勒网格[$M=N=32$，见图 7 - 5(a)]的中间位置。导频符号周围包围着零保护符号，以避免接收机的干扰，这种干扰是由数据符号的延时和多普勒展宽引起的。延迟和多普勒维度上的零保护符号数量取决于信道的延迟和多普勒偏移。由于 OTFS 调制，帧中的所有符号都会经历类似的多普勒和延迟偏移。

我们在一个室内无线电环境中进行 OTFS 试验($\tau_{\max}<100$ ns)。试验的所有参数都列在表 7 - 2 中。根据我们的信道测量结果，我们仅需要 4 个延迟分量来适应具有 40 ns 延迟分辨率的延迟扩展。由于房间内没有移动，所以唯一的多普勒偏移是由载波频率偏移引起的。一旦提取了信道信息，解调后的 OTFS 帧连同信道信息将被传递给消息传递检测器，

该检测器会恢复 QAM 符号。对于我们的试验，我们采用了基于阈值的信道估计方法，具体内容见第 7.2.1 节，并使用了阈值 $T=\sqrt{3}\sigma_w$ 进行估计。

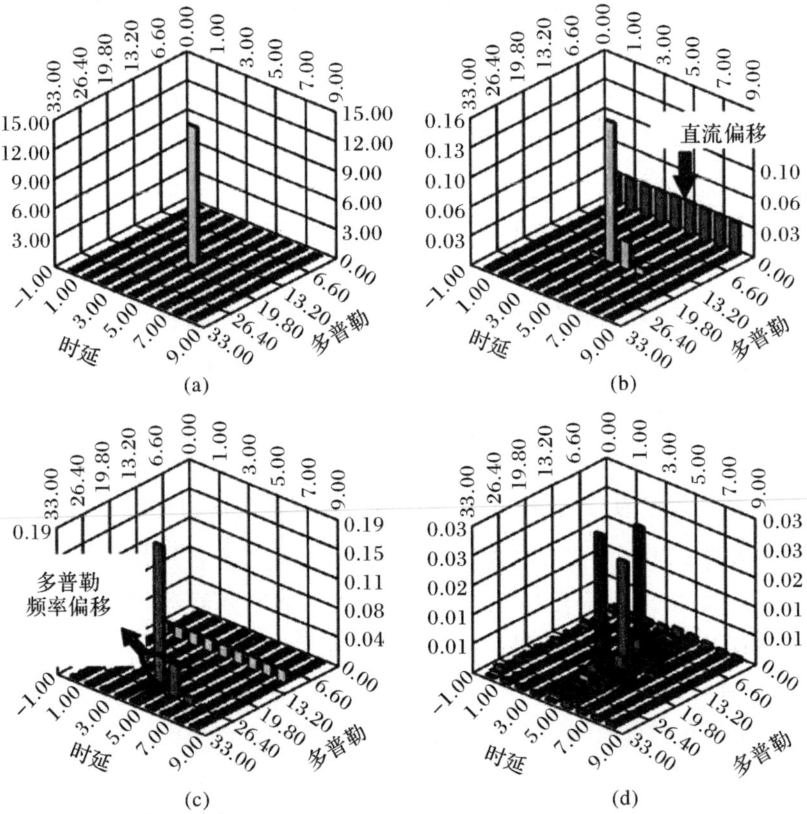

图 7-5　OTFS 接收机中的接收机失真对室内无线信道中导频的影响(接收到的信噪比为 25 dB)
(与相同多普勒频移相关的路径[同一行]使用相同的颜色进行阴影处理)
(a)发送的嵌入导频；(b)在静态信道中接收到的导频，直流偏移为信号功率的−5 dB；
(c)在静态信道中，带有 150 kHz CFO(频率偏移)的导频，相当于 5 个多普勒频率偏移；
(d)在发送端使用移动信道仿真器发送的导频，具有 3 条人工路径

表 7-2　试验参数

符　号	参　数	值
f_c	载波频率	4 GHz
M	子载波数量	32
N	符号数量	32
Q	调制字母表大小	4,16
T	符号时间	1.28 μs
Δf	子载波间距	781.25 kHz
$1/M\Delta f$	延迟解析度	40 ns
$1/NT$	多普勒解析度	24.4 kHz
ν_{max}	最大模拟器多普勒扩散	400 kHz
d	发射机-接收机距离	1.5 m

7.4.1 直流偏移对信道估计的影响

直接转换接收器(DCRs),也被称为零中频(zero - IF)或同相机接收器(homodyne receivers),在软件无线电(SDRs)领域变得非常流行。使用 DCRs 有许多好处,例如减少庞大的片外前端组件,从而实现更高的集成度和更低的成本。但是,DCRs 也具有一些严重的缺点,如直流偏移和 IQ 不平衡。

直流偏移表现为频谱中心出现一个大的尖峰,这是由于 ADC 偏离半个最低有效位(LSB)或者低通滤波器的输出包含直流偏置造成的。另一种导致直流偏移的原因可能是混频器中的本地振荡器产生自身混频,即振荡器信号泄漏回接收机前端并与自身混频。由于直流偏移可能对接收机性能产生负面影响,所以对其进行估计非常重要。

在接收到的 OTFS 帧中,如图 7 - 5(b)所示,嵌入的导频信号根据信道的延迟和多普勒频移进行展开(黄色或打印为浅灰色脉冲)。此外,图中显示,直流偏移表现为零多普勒频移区域中的恒定信号。这为通过从 OTFS 帧的零多普勒频移行(第一行标记为红色或打印为深灰色)中估计并减去直流偏移提供了机会。直流偏移可以通过取零多普勒频移行(第一行标记为红色或打印为深灰色)的平均值来进行估计。为了避免直流偏移对信道信息的影响,我们保留了帧的第一行用于直流偏移估计。

7.4.2 载波频率偏移对信道估计的影响

发射机和接收机之间的本地振荡器不匹配会引入载波频率偏移(CFO)。在模拟中,CFO 可以设置为零,但在实际情况中并非如此。基于 OFDM 波形的 IEEE 802.11a WLAN 标准规定,在 5 GHz 频带上,传输中心频率误差应在双向均不超过 20 ppm。对于我们试验中使用的国家仪器通用软件无线电外设和软件无线电,具有 2.5 ppm 频率精度。因此,对于 4 GHz 的载波频率,我们可以预期 CFO 范围在±10 kHz。

一个小的载波频率偏移就会对 OFDM 信号产生不利影响,因为它导致子载波失去正交性。然而,在 OTFS 中,CFO 可以被视为一个常数多普勒频移,即可移动的接收机以一个以恒定速度朝着或远离发射机方向移动。图 7 - 5(c)中显示了载波偏移对导频符号的影响,它表明导频符号和直流偏移都沿多普勒轴发生相同的偏移。这个多普勒频移相当于载波频偏,可以使用消息传递检测器进行估计和校正。

7.4.3 试验设置、结果及讨论

在试验中,发射端和接收端都由两台 USRP - 2943R SDR 设备组成,每台设备都连接到一台主机 PC(见图 7 - 6)。发射和接收调制解调器的设计和实现是在主机 PC 上运行的 LabView 中实现的。LabView 设计或程序被称为虚拟仪器(VI)。试验需要两个 VI,一个用于发射端,另一个用于接收端。ADC、DAC 和数字上/下转换通过 FPGA 实现,而其他数字信号处理,包括前导检测和帧同步,是通过 LabView 完成的,使用 LabView 图形界面块和 C 代码的组合。LabView 只能调用以动态链接库(DLL)形式编写的 C 函数。消息传递检测算法作为一个函数编写在 C 语言的 DLL 文件中。载波频率、采样率、子载波数量、符

号数量和调制阶数可以在 VI 的运行时设置。发射端和接收端增益也可以在运行时设置。USRP 设备的增益范围为 0～31.5 dB。

在试验中，我们选择了表 7-2 中的调制解调器参数。请注意，表 7-2 中的一些试验参数具有极端值(如 Δf)，以便在室内信道中解决时延多普勒域路径(一般只有很少的路径)。我们不断发送 OTFS 帧，将传输增益配置由 6.5 dB 以 5 dB 为间隔逐步增加到 31.54 dB，同时保持接收增益恒定在 0 dB。在 4 GHz 时的最大传输功率范围(增益为 31.5 dB 时)在 5～32 mW 之间。

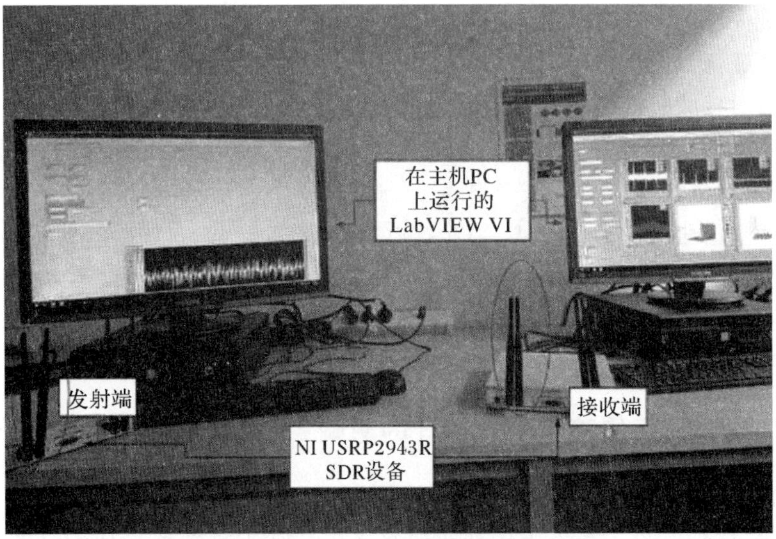

图 7-6　OTFS SDR 调制解调器设置

图 7-7 显示了 4-QAM 和 16　QAM 信息符号的 OTFS 调制解调器在不同传输增益下的误码率(BER)和帧错误率。每个 OTFS 帧的总传输功率保持恒定，以对 4-QAM 和 16-QAM 进行功率归一化。对于每个传输增益配置，测量结果取 10 000 帧的平均值。我们观察到，相同传输功率下，4-QAM 比 16-QAM 具有更好的误码性能。

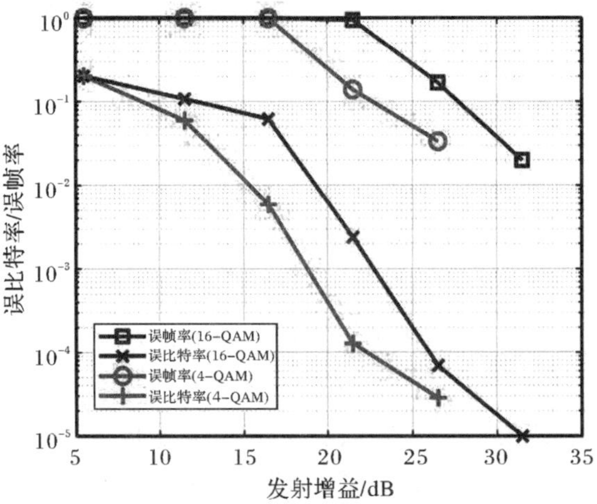

图 7-7　4-QAM 和 16-QAM OTFS 调制的比特错误率和帧错误率与发射增益的关系

为了模拟移动环境，我们在发射端设计并放置了一个信道模拟器模块。该模块通过从指定的最大多普勒路径数和最大多普勒展宽的均匀分布中随机生成多普勒路径。我们将最大多普勒路径数设置为3，将最大多普勒展宽设置为400 kHz，即 ν_{max}（对应于最大相对速度30 km/h）。因此，可以将发射端看作具有与模拟器参数相关的移动速度的移动发射端。生成的信号随后通过一个实时无线室内信道进行传输，该信道是频率选择性的，因此在接收端模拟了一个双重色散的信道，如图7-5(d)所示。

下面将OTFS的性能与使用单抽头均衡器具有相同硬件设计的OFDM在时域和频率选择性信道下进行对比。为了进行公正的比较，将一个具有相同数量的导频和数据符号的OTFS帧和一个OFDM帧连续发送，使得两个帧都经历相同的信道散射和硬件损失。图7-8展示了这些方案的误比特率(BER)，并展示了OTFS在两种信道情景下的优越性能。

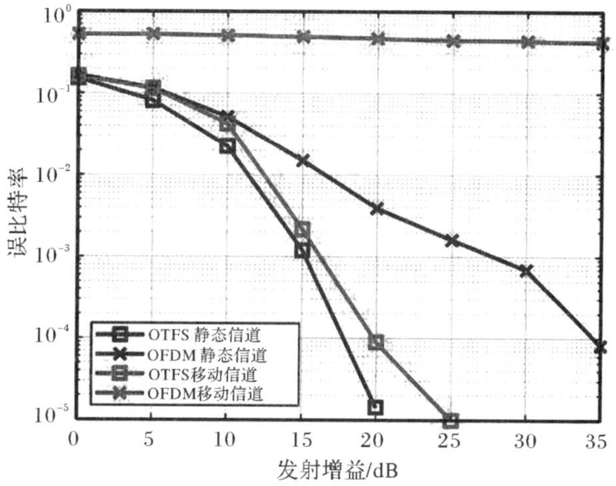

图7-8　4-QAM OTFS和OFDM调制的比特错误率与发射增益之间的关系

7.5　参考文献及注释

OTFS调制是由哈达尼(Hadani)等人在2017年的IEEE无线通信和网络会议上提出的，该会议在2017年3月于加利福尼亚州的旧金山举行[1]。理想脉冲整形波形和整数多普勒移位的导频辅助信道估计在文献[2]中进行了讨论。本章采用的OTFS输入输出关系和矩阵表示法在文献[3-5]中提出。本章介绍的基于嵌入式导频的OTFS信道估计在文献[6-8]中提出，用于延迟-多普勒域和延迟-时间域。对于具有单个天线、多个天线、大量天线和多个用户的OTFS，可以在文献[8-26]中找到各种信道估计方法。关于具有嵌入式导频信道估计的OTFS的实时SDR实现的更多详细信息在文献[27]中提供。

【参考文献】

[1] R. Hadani, S. Rakib, M. Tsatsanis, A. Monk, A. J. Goldsmith, A. F. Molisch, R. Calderbank, Orthogonal time frequency space modulation, in: 2017 IEEE Wireless Commu-

nications and Networking Conference(WCNC),2017,pp. 1 – 6.

[2] R. Hadani,S. Rakib,Channel acquisition using orthogonal time frequency space modulated pilot signal,US patent US9444514B2,Sept. 13,2016.

[3] P. Raviteja, K. T. Phan, Y. Hong, E. Viterbo, Interference cancellation and iterative detection for orthogonal time frequency space modulation, IEEE Transactions on Wireless Communications 17(10)(2018) 6501 – 6515, https://doi.org/10.1109/TWC.2018.2860011.

[4] P. Raviteja, Y. Hong, E. Viterbo, E. Biglieri, Practical pulse-shaping waveforms for reduced-cyclic-prefix OTFS, IEEE Transactions on Vehicular Technology 68(1)(2019) 957 – 961,https://doi.org/10.1109/TVT.2018.2878891.

[5] T. Thaj,E. Viterbo,Low complexity iterative rake decision feedback equalizer for zero-padded OTFS systems,IEEE Transactions on Vehicular Technology 69(12)(2020) 15606 – 15622,https://doi.org/10.1109/TVT.2020.3044276.

[6] P. Raviteja,K. Phan,Y. Hong,E. Viterbo,Embedded delay-Doppler channel estimation for orthogonal time frequency space modulation,in: 2018 IEEE 88th Vehicular Technology Conference(VTC-Fall),2018,pp. 1 – 6.

[7] P. Raviteja,K. T. Phan,Y. Hong,Embedded pilot-aided channel estimation for OTFS in delay-Doppler channels,IEEE Transactions on Vehicular Technology 68(5)(2019) 4906 – 4917,https://doi.org/10.1109/TVT.2019.2906357.

[8] T. Thaj,E. Viterbo,Y. Hong,Orthogonal time sequency multiplexing modulation: analysis and low-complexity receiver design,IEEE Transactions on Wireless Communications 20(12)(2021) 7842 – 7855,https://doi.org/10.1109/TWC.2021.3088479.

[9] K. R. Murali,A. Chockalingam,On OTFS modulation for high-Doppler fading channels,in: 2018 Information Theory and Applications Workshop(ITA),2018,pp. 1 – 10.

[10] M. Ramachandran,A. Chockalingam,MIMO-OTFS in high-Doppler fading channels: signal detection and channel estimation,in: 2018 IEEE Global Communications Conference(GLOBECOM),2018,pp. 1 – 6.

[11] W. Shen,L. Dai,J. An,P. Z. Fan,R. W. Heath,Channel estimation for orthogonal time frequency space(OTFS) massive MIMO,IEEE Transactions on Signal Processing 67(16)(2019) 4204 – 4217,https://doi.org/10.1109/TSP.2019.2919411.

[12] W. Shen,L. Dai,S. Han,I. C. Lin,R. W. Heath,Channel estimation for orthogonal time frequency space(OTFS) massive MIMO,in: 2019 IEEE International Conference on Communications(ICC),2019,pp. 1 – 6.

[13] Y. Hebron,S. Rakib,R. Hadani,M. Tsatsanis,C. Ambrose,J. Delfeld,R. Fanfelle, Channel acquisition using orthogonal time frequency space modulated pilot signal,US patent US10749651B2,Aug. 2020.

[14] O. K. Rasheed,G. D. Surabhi,A. Chockalingam,Sparse delay-Doppler channel estima-

tion in rapidly time-varying channels for multiuser OTFS on the uplink, in: 2020 IEEE 91st Vehicular Technology Conference(VTC2020-Spring), 2020, pp. 1-6.

[15] Y. Liu, S. Zhang, F. Gao, J. Ma, X. Wang, Uplink-aided high mobility downlink channel estimation over massive MIMO-OTFS system, IEEE Journal on Selected Areas in Communications 38 (9) (2020) 1994 - 2009, https://doi. org/10. 1109/JSAC. 2020. 3000884.

[16] F. Liu, Z. Yuan, Q. Guo, Z. Wang, P. Sun, Message passing based structured sparse signal recovery for estimation of OTFS channels with fractional Doppler shifts, IEEE Transactions on Wireless Communications 20(12)(2021) 7773 - 7785, https://doi. org/10. 1109/TWC. 2021. 3087501.

[17] L. Zhao, W. J. Gao, W. Guo, Sparse Bayesian learning of delay-Doppler channel for OTFS system, IEEE Communications Letters 24(12)(2020) 2766 - 2769, https:// doi. org/10. 1109/LCOMM. 2020. 3021120.

[18] V. K. Singh, M. K. Flanagan, B. Cardiff, Maximum likelihood channel path detection and MMSE channel estimation in OTFS systems, in: 2020 IEEE 92nd Vehicular Technology Conference(VTC2020-Fall), 2020, pp. 1-6.

[19] S. S. Das, V. Rangamgari, S. Tiwari, S. C. Mondal, Time domain channel estimation and equalization of CP-OTFS under multiple fractional Dopplers and residual synchronization errors, IEEE Access 9(2021) 10561 - 10576, https://doi. org/10. 1109/ ACCESS. 2020. 3046487.

[20] H. Qu, G. Liu, L. Zhang, M. A. Imran, S. Wen, Low-dimensional subspace estimation of continuous-Doppler-spread channel in OTFS systems, IEEE Transactions on Communications 69 (7) (2021) 4717 - 4731, https://doi. org/10. 1109/TCOMM. 2021. 3072744.

[21] W. Yuan, S. Li, Z. Wei, J. Yuan, D. W. K. Ng, Data-aided channel estimation for OTFS systems with a superimposed pilot and data transmission scheme, IEEE Wireless Communications Letters 10 (9) (2021) 1954 - 1958, https://doi. org/10. 1109/ LWC. 2021. 3088836.

[22] S. Srivastava, R. K. Singh, A. K. Jagannatham, L. Hanzo, Bayesian learning aided sparse channel estimation for orthogonal time frequency space modulated systems, IEEE Transactions on Vehicular Technology 70(8)(2021) 8343 - 8348, https://doi. org/10. 1109/TVT. 2021. 3096432.

[23] S. Wang, J. Guo, X. Wang, W. Yuan, Z. Fei, Pilot design and optimization for OTFS modulation, IEEE Wireless Communications Letter 10(8)(2021) 1742 - 1746, https:// doi. org/10. 1109/LWC. 2021. 3078527.

[24] L. Zhao, W. —J. Gao, W. Guo, Sparse Bayesian learning of delay-Doppler channel for OTFS system, IEEE Communications Letters 24(12)(2020) 2766 - 2769, https://

doi. org/ 10. 1109/LCOMM. 2020. 3021120.

[25] C. Liu, S. Liu, Z. Mao, Y. Huang, H. Wang, Low-complexity parameter learning for OTFS modulation based automotive radar, in: ICASSP 2021 - 2021 IEEE International Conference on Acoustics, Speech and Signal Processing (ICASSP), 2021, pp. 8208 - 8212.

[26] S. Srivastava, R. K. Singh, A. K. Jagannatham, L. Hanzo, Bayesian learning aided sparsechannel estimation for orthogonal time frequency space modulated systems, IEEE Transactions on Vehicular Technology 70(8)(2021) 8343 - 8348, https://doi. org/10. 1109/TVT. 2021. 3096432.

[27] T. Thaj, E. Viterbo, OTFS modem SDR implementation and experimental study of receiver impairment effects, in: 2019 IEEE International Conference on Communications Workshops (ICC Workshops), 2019, pp. 1 - 6.

第 8 章　MIMO 和多用户 OTFS

章节要点

▲ MIMO - OTFS 系统模型。

▲ MIMO - OTFS 检测。

▲ MIMO - OTFS 信道估计。

▲ 多用户 OTFS 信道估计。

8.1 引　　言

多输入多输出(MIMO)是一种无线技术,它同时使用多个发送和接收天线进行传输和接收,旨在增加信道容量。MIMO 通过利用多个发送和接收天线之间的空间多样性,提供高数据率的通信。

多用户技术旨在利用共享无线介质为大量无线终端提供高速率和高可靠性的通信。在标准蜂窝系统中,多用户上行是指多个终端通过共享的时间/频率资源与基站进行通信,此时的信道被称为多址信道(MAC)。多用户下行是指基站向多个终端广播,此时的信道被称为广播信道(BC)。

在实际应用中,正交频分复用(OFDM)已广泛用作 MIMO 和多用户系统中的波形。然而,正如前几章所讨论的单输入单输出(SISO)情况那样,我们已经看到在高移动性场景下,OTFS 在性能上可以明显优于 OFDM,并且在静态或低移动性信道中与 OFDM 表现类似。在本章中,我们将研究 OTFS 在 MIMO 和多用户通信中的应用,并介绍一些用于 MIMO 和多用户系统的检测和信道估计方法。

8.2 MIMO - OTFS 系统模型

8.2.1 发射机和接收机

考虑一个多输入多输出 OTFS(MIMO - OTFS),该系统具有 n_T 个发射天线和 n_R 个接收天线,如图 8 - 1 所示。假设在每个链路中,从第 t 个天线发送的 $M\times N$ 时延-多普勒域 OTFS 样本矩阵为 $\boldsymbol{X}^{(t)}$,第 r 个天线接收到的 OTFS 样本矩阵为 $\boldsymbol{Y}^{(r)}$,其中 $t=1,\cdots,n_{\mathrm{T}}$,$r=1,\cdots,n_{\mathrm{R}}$。在每个链路中,传输的 OTFS 帧占用 $M\Delta f$ 的带宽和 NT 的持续时间,$T=1/\Delta f$,其中 Δf 是子载波间隔。

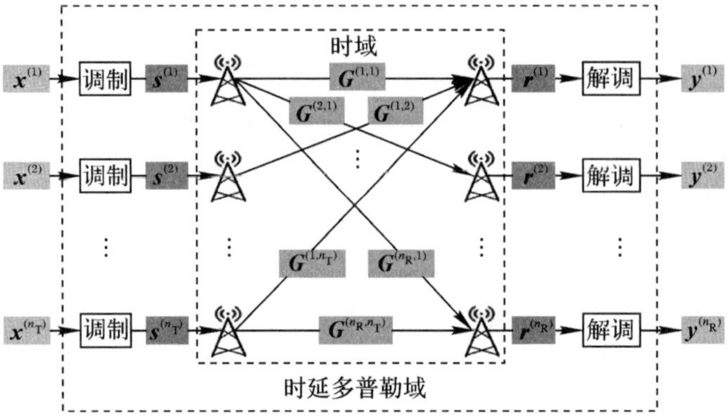

图 8-1 MIMO-OTFS 系统

假设采用矩形脉冲整形波形($\boldsymbol{G}_{\mathrm{tx}}=\boldsymbol{G}_{\mathrm{rx}}=\boldsymbol{I}_M$),类似于 SISO 情况下的式(4.21)和式(4.25),从第 t 个天线传输到第 r 个天线接收的时域样本可以表示为

$$\left.\begin{aligned}\boldsymbol{s}^{(t)}&=\mathrm{vec}(\widetilde{\boldsymbol{X}}^{(t)})=\mathrm{vec}(\boldsymbol{X}^{(t)}\cdot\boldsymbol{F}_N^{\dagger})\in\mathbf{C}^{NM\times 1}\\ \boldsymbol{r}^{(r)}&=\mathrm{vec}(\widetilde{\boldsymbol{Y}}^{(r)})=\mathrm{vec}(\boldsymbol{Y}^{(r)}\cdot\boldsymbol{F}_N^{\dagger})\in\mathbf{C}^{NM\times 1}\end{aligned}\right\}\tag{8.1}$$

其中,$t=1,\cdots,n_{\mathrm{T}}$,$r=1,\cdots,n_R$,$\widetilde{\boldsymbol{X}}^{(t)}$,$\widetilde{\boldsymbol{Y}}^{(r)}\in\mathbf{C}^{M\times N}$ 为时延-时间 OTFS 符号矩阵,$\boldsymbol{F}_N^{\dagger}$ 表示 N 点傅里叶逆变换。

在本章中,我们将研究 MIMO 情况下的 ZP-OTFS,其中 ZP 被添加到 OTFS 帧的 N 个块中[见图 4-13(b)],从每个发射天线传输。扩展到第 4 章所讨论的其他 OTFS 变体是直接了当的。

8.2.2 信道

设 $P^{(r,t)}$ 为第 r 个接收天线和第 t 个发射天线之间的时延多普勒路径数量。对于在第 r 个接收天线和第 t 个发射天线之间的信道中的第 $i(i=1,\cdots,P^{(r,t)})$ 条路径,我们将 $g_i^{(r,t)}$ 定义为复增益,具有时延偏移 $\tau_i^{(r,t)}$ 和多普勒偏移 $\nu_i^{(r,t)}$。高移动性多径信道的时延-多普勒表达式可以表示为

$$h^{(r,t)}(\tau,\nu)=\sum_{i=1}^{P^{(r,t)}}g_i^{(r,t)}\delta(\tau-\tau_i^{(r,t)})\delta(\nu-\nu_i^{(r,t)})\tag{8.2}$$

其中,$t=1,\cdots,n_{\mathrm{T}}$,$r=1,\cdots,n_{\mathrm{R}}$,$(r,t)$ 接收-发射天线对之间的相应时延-时间信道可以写为

$$g^{(r,t)}(\tau,\theta)=\int_{\nu}h^{(r,t)}(\tau,\nu)\mathrm{e}^{\mathrm{j}2\pi\nu(\theta-\tau)}\mathrm{d}\nu\tag{8.3}$$

其中,θ 是连续时间变量。

设 $\ell_i^{(r,t)}=\tau_i^{(r,t)}M\Delta f$ 和 $\kappa_i^{(r,t)}=\nu_i^{(r,t)}NT$ 分别表示与第 i 条路径相关联的归一化时延和

归一化多普勒偏移，其中，$i=1,\cdots,P^{(r,t)}$是(r,t)天线对上的路径数量。接收机在延迟$\tau=\frac{l}{M\Delta f}$和时间$\theta=\frac{q}{M\Delta f}$处对输入信号进行采样，其中$l,q\in\mathbf{Z}$，因此相应的离散时间等效信道$\bar{g}^{(r,t)}[l,q]$可以表示为

$$\bar{g}^{(r,t)}[l,q]=\sum_{i=1}^{P^{(r,t)}} g_i^{(r,t)} z^{(q-l)\kappa_i^{(r,t)}} \operatorname{sinc}\left(l-\ell_i^{(r,t)}\right) \tag{8.4}$$

其中，$\operatorname{sinc}(x)=\sin(\pi x)/(\pi x)$。假设为整数延迟抽头信道，即$\ell_i^{(r,t)}=l_i^{(r,t)}\in\mathbf{Z}$，式(8.4)可以简化为

$$\bar{g}^{(r,t)}[l,q]=\sum_{i=1}^{P^{(r,t)}} g_i^{(r,t)} z^{(q-l)\kappa_i^{(r,t)}} \delta\left[l-l_i^{(r,l)}\right] \tag{8.5}$$

其中，$t=1,\cdots,n_{\mathrm{T}}$，$r=1,\cdots,n_{\mathrm{R}}$，我们将在本章的剩余部分讨论这种情况。

8.2.3 MIMO-OTFS 的输入输出关系

8.2.3.1 时域

使用式(8.5)中的离散时间信道模型，(r,t)接收-发射天线对之间的输入输出关系可以写为

$$\boldsymbol{r}^{(r)}[q]=\sum_{t=1}^{n_{\mathrm{T}}} \sum_{l\in\mathcal{L}^{(r,t)}} \bar{g}^{(r,t)}[l,q]\boldsymbol{s}^{(t)}[q-l]+\boldsymbol{w}^{(r)}[q] \tag{8.6}$$

其中，$q=0,\cdots,N(M+L_{\mathrm{ZP}})-1$，$L_{\mathrm{ZP}}$是至少为$l_{\max}$(所有信道中的最大延迟抽头)的 ZP 长度。为了简化符号，我们设置$L_{\mathrm{ZP}}=l_{\max}$。在式(8.6)中，$\boldsymbol{w}^{(r)}[q]$表示第r个接收天线上的加性白噪声，而$\mathcal{L}^{(r,t)}=\{l_i^{(r,t)}\}$，$i=1,\cdots,P^{(r,t)}$表示$(r,t)$天线对之间信道中不同的整数延迟抽头的集合。

在移除 ZP 后，我们令$\boldsymbol{G}^{(r,t)}\in\mathbf{C}^{NM\times NM}$为$(r,t)$接收-发射天线对之间的时域信道矩阵，其形式为

$$\boldsymbol{G}^{(r,l)}[m+nM,m+nM-l]=\bar{g}^{(r,t)}[l,m+n(M+L_{\mathrm{ZP}})],m\geqslant l \tag{8.7}$$

其中，$l\in\mathcal{L}^{(r,t)}$，否则为零。对于 ZP-OTFS，$\boldsymbol{G}^{(r,t)}$是一个下三角矩阵，即对于$m<l$，有$\boldsymbol{G}^{(r,t)}[m+nM,m+nM-l]=0$(见第 4 章中的图 4-19)。然后，在移除 ZP 后，式(8.6)中的时域输入输出关系可以用一个简单的向量形式总结：

$$\boldsymbol{r}^{(r)}=\sum_{t=1}^{n_{\mathrm{T}}} \boldsymbol{G}^{(r,t)}\boldsymbol{s}^{(t)}+\boldsymbol{w}^{(r)} \tag{8.8}$$

其中，$r=1,\cdots,n_{\mathrm{R}}$。时域 MIMO 输入输出关系为

$$\underbrace{\begin{bmatrix}\boldsymbol{r}^{(1)}\\ \boldsymbol{r}^{(2)}\\ \vdots\\ \boldsymbol{r}^{(n_{\mathrm{R}})}\end{bmatrix}}_{\boldsymbol{r}_{\mathrm{MIMO}}}=\underbrace{\begin{bmatrix}\boldsymbol{G}^{(1,1)} & \boldsymbol{G}^{(1,2)} & \cdots & \boldsymbol{G}^{(1,n_{\mathrm{T}})}\\ \boldsymbol{G}^{(2,1)} & \boldsymbol{G}^{(2,2)} & \cdots & \boldsymbol{G}^{(2,n_{\mathrm{T}})}\\ \vdots & \ddots & \ddots & \vdots\\ \boldsymbol{G}^{(n_{\mathrm{R}},1)} & \boldsymbol{G}^{(n_{\mathrm{R}},2)} & \cdots & \boldsymbol{G}^{(n_{\mathrm{R}},n_{\mathrm{T}})}\end{bmatrix}}_{\mathcal{G}}\underbrace{\begin{bmatrix}\boldsymbol{s}^{(1)}\\ \boldsymbol{s}^{(2)}\\ \vdots\\ \boldsymbol{s}^{(n_{\mathrm{T}})}\end{bmatrix}}_{\boldsymbol{s}_{\mathrm{MIMO}}}+\underbrace{\begin{bmatrix}\boldsymbol{w}^{(1)}\\ \boldsymbol{w}^{(2)}\\ \vdots\\ \boldsymbol{w}^{(n_{\mathrm{R}})}\end{bmatrix}}_{\boldsymbol{w}_{\mathrm{MIMO}}} \tag{8.9}$$

其中，$\boldsymbol{r}_{\text{MIMO}} \in \mathbf{C}^{NMn_{\text{R}} \times 1}$ 和 $\boldsymbol{s}_{\text{MIMO}} \in \mathbf{C}^{NMn_{\text{T}} \times 1}$ 分别表示接收和发送的时域信号样本，$\mathcal{G} \in \mathbf{C}^{NMn_{\text{R}} \times NMn_{\text{T}}}$ 是时域 MIMO 信道矩阵，其中包含子矩阵 $\boldsymbol{G}^{(r,t)}$，对于所有的 r 和 t，$\boldsymbol{w}_{\text{MIMO}} \in \mathbf{C}^{NMn_{\text{R}} \times 1}$ 是加性白噪声向量。

8.2.3.2 时延-多普勒域

令

$$\boldsymbol{x}^{(t)} = \text{vec}((\boldsymbol{X}^{(t)})^{\text{T}}), \boldsymbol{y}^{(r)} = \text{vec}((\boldsymbol{Y}^{(r)})^{\text{T}}) \tag{8.10}$$

是延迟多普勒域中大小为 NM 的发送和接收符号向量。回顾第 4.4 节中的式(4.32)，时域和延迟多普勒域中发射和接收的符号向量具有以下关系：

$$\left.\begin{aligned} \boldsymbol{s}^{(t)} &= \boldsymbol{P} \cdot (\boldsymbol{I}_M \otimes \boldsymbol{F}_N^{\dagger}) \cdot \boldsymbol{x}^{(t)} \\ \boldsymbol{r}^{(r)} &= \boldsymbol{P} \cdot (\boldsymbol{I}_M \otimes \boldsymbol{F}_N^{\dagger}) \cdot \boldsymbol{y}^{(r)} \end{aligned}\right\} \tag{8.11}$$

其中，$\boldsymbol{P} \in \mathbf{Z}^{NM \times NM}$ 是由式(4.33)给出的行列交织矩阵。因为 $(\boldsymbol{P} \cdot (\boldsymbol{I}_M \otimes \boldsymbol{F}_N^{\dagger}))^{\dagger} = (\boldsymbol{I}_M \otimes \boldsymbol{F}_N)\boldsymbol{P}^{\text{T}}$，所以我们可以将式(8.11) 改写为

$$\left.\begin{aligned} \boldsymbol{x}^{(t)} &= (\boldsymbol{I}_M \otimes \boldsymbol{F}_N)\boldsymbol{P}^{\text{T}} \cdot \boldsymbol{s}^{(t)} \\ \boldsymbol{y}^{(r)} &= (\boldsymbol{I}_M \otimes \boldsymbol{F}_N)\boldsymbol{P}^{\text{T}} \cdot \boldsymbol{r}^{(r)} \end{aligned}\right\} \tag{8.12}$$

根据第 4.4.4 节的推导，在式(8.8)的两边同时乘以 $(\boldsymbol{I}_M \otimes \boldsymbol{F}_N)\boldsymbol{P}^{\text{T}}$，可得到 (r,t) 天线对的时延-多普勒输入输出关系为

$$\boldsymbol{y}^{(r)} = \sum_{t=1}^{n_{\text{T}}} \boldsymbol{H}^{(r,t)} \boldsymbol{x}^{(t)} + \boldsymbol{z}^{(r)} \tag{8.13}$$

其中

$$\boldsymbol{H}^{(r,t)} = (\boldsymbol{I}_M \otimes \boldsymbol{F}_N) \cdot (\boldsymbol{P}^{\text{T}} \cdot \boldsymbol{G}^{(r,t)} \cdot \boldsymbol{P}) \cdot (\boldsymbol{I}_M \otimes \boldsymbol{F}_N^{\dagger}) \in \mathbf{C}^{NM \times NM} \tag{8.14}$$

$$\boldsymbol{z}^{(r)} = (\boldsymbol{I}_M \otimes \boldsymbol{F}_N) \cdot (\boldsymbol{P}^{\text{T}} \cdot \boldsymbol{w}^{(r)}) \in \mathbf{C}^{NM \times 1} \tag{8.15}$$

是在 (r,t) 天线对上的时延-多普勒信道矩阵和加性白噪声向量。如图 8－1 所示，整个 MIMO 系统的时延-多普勒输入输出关系可以写为

$$\underbrace{\begin{bmatrix} \boldsymbol{y}^{(1)} \\ \boldsymbol{y}^{(2)} \\ \vdots \\ \boldsymbol{y}^{(n_{\text{R}})} \end{bmatrix}}_{\boldsymbol{y}_{\text{MIMO}}} = \underbrace{\begin{bmatrix} \boldsymbol{H}^{(1,1)} & \boldsymbol{H}^{(1,2)} & \cdots & \boldsymbol{H}^{(1,n_{\text{T}})} \\ \boldsymbol{H}^{(2,1)} & \boldsymbol{H}^{(2,2)} & \cdots & \boldsymbol{H}^{(2,n_{\text{T}})} \\ \vdots & \ddots & \ddots & \vdots \\ \boldsymbol{H}^{(n_{\text{R}},1)} & \boldsymbol{H}^{(n_{\text{R}},2)} & \cdots & \boldsymbol{H}^{(n_{\text{R}},n_{\text{T}})} \end{bmatrix}}_{\mathcal{H}} \underbrace{\begin{bmatrix} \boldsymbol{x}^{(1)} \\ \boldsymbol{x}^{(2)} \\ \vdots \\ \boldsymbol{x}^{(n_{\text{T}})} \end{bmatrix}}_{\boldsymbol{x}_{\text{MIMO}}} + \underbrace{\begin{bmatrix} \boldsymbol{z}^{(1)} \\ \boldsymbol{z}^{(2)} \\ \vdots \\ \boldsymbol{z}^{(n_{\text{R}})} \end{bmatrix}}_{\boldsymbol{z}_{\text{MIMO}}} \tag{8.16}$$

其中，$\boldsymbol{y}_{\text{MIMO}} \in \mathbf{C}^{NMn_{\text{R}} \times 1}$ 和 $\boldsymbol{x}_{\text{MIMO}} \in \mathbf{C}^{NMn_{\text{T}} \times 1}$ 分别是接收和发送的时延多普勒信号，$\mathcal{H} \in \mathbf{C}^{NMn_{\text{R}} \times NMn_{\text{T}}}$ 是时延多普勒 MIMO 信道矩阵，包含了子矩阵 $\boldsymbol{H}$，对于所有的 r 和 t，$\boldsymbol{z}_{\text{MIMO}} \in \mathbf{C}^{NMn_{\text{R}} \times 1}$ 是加性白噪声向量。

在第 4 章中已经证明，对于矩形脉冲整形波形，$NM \times NM$ 的 SISO 信道矩阵由大小为 $N \times N$ 的循环子矩阵组成。利用这个性质，在推导第 8.3.3 节中提出的检测方法时，发送

和接收的符号向量 $\boldsymbol{x}^{(t)},\boldsymbol{y}^{(r)}\in\mathbf{C}^{NM\times 1}$ 被划分为长度为 N 的 M 个子向量：

$$\boldsymbol{x}^{(t)}=\begin{bmatrix}\boldsymbol{x}_0^{(t)}\\ \vdots\\ \boldsymbol{x}_m^{(t)}\\ \vdots\\ \boldsymbol{x}_{M-1}^{(t)}\end{bmatrix},\boldsymbol{y}^{(r)}=\begin{bmatrix}\boldsymbol{y}_0^{(r)}\\ \vdots\\ \boldsymbol{y}_m^{(r)}\\ \vdots\\ \boldsymbol{y}_{M-1}^{(r)}\end{bmatrix} \tag{8.17}$$

其中，$\boldsymbol{x}_m^{(t)},\boldsymbol{y}_m^{(r)}\in\mathbf{C}^{N\times 1}$，$m=0,\cdots,M-1$。按照第4章中的SISO符号表示法，在移除ZP后，MIMO情况下的时延多普勒输入输出关系式(8.16)可以用子向量化形式表示为

$$\boldsymbol{y}_m^{(r)}=\sum_{t=1}^{n_{\mathrm{T}}}\sum_{l\in\mathcal{L}^{(r,t)}}\boldsymbol{K}_{m,l}^{(r,t)}\cdot\boldsymbol{x}_{m-l}^{(t)}+\boldsymbol{z}_m^{(r)} \tag{8.18}$$

其中，当 $m<l$ 时，有 $\boldsymbol{x}_{m-l}^{(t)}=\boldsymbol{0}$，而 $\boldsymbol{K}_{m,l}^{(r,t)}\in\mathbf{C}^{N\times N}$ 则是第 r 个接收天线的第 m 个接收符号向量与第 t 个发送天线的第$(m-l)$个发送符号向量之间的时延多普勒信道矩阵。

8.2.3.3 时延-时间域

现在我们介绍MIMO-OTFS的时延-时间输入输出关系，因为一些检测操作可以在该域中进行，从而节省复杂度。向量上的波浪符号是时延-时间域变量，与时延-多普勒域中的变量通过 N 点DFT的操作相关联。时延-时间的发送和接收样本向量 $\tilde{\boldsymbol{x}}_m^{(t)},\tilde{\boldsymbol{y}}_m^{(r)}\in\mathbf{C}^{N\times 1}$ 如下所示：

$$\tilde{\boldsymbol{x}}_m^{(t)}=\boldsymbol{F}_N^{\dagger}\cdot\boldsymbol{x}_m^{(t)},\tilde{\boldsymbol{y}}_m^{(r)}=\boldsymbol{F}_N^{\dagger}\cdot\boldsymbol{y}_m^{(r)} \tag{8.19}$$

回想一下，由于时延-多普勒子矩阵 $\boldsymbol{K}_{m,l}$ 是循环矩阵，所以式(8.18)可以在时延-时间域中通过下式来表示：

$$\tilde{\boldsymbol{y}}_m^{(r)}[n]=\sum_{t=1}^{n_{\mathrm{T}}}\sum_{l\in\mathcal{L}^{(r,t)}}\tilde{\boldsymbol{v}}_{m,l}^{(r,t)}[n]\tilde{\boldsymbol{x}}_{m-l}^{(t)}[n]+\tilde{\boldsymbol{w}}_m^{(r)}[n] \tag{8.20}$$

其中，$n=0,\cdots,N-1$，当 $m<l$ 时，有 $\tilde{\boldsymbol{x}}_{m-l}^{(t)}=\boldsymbol{0}$。对于所有的 n 来说，元素 $\tilde{\boldsymbol{w}}_m^{(r)}[n]$形成AWGN向量 $\tilde{\boldsymbol{w}}_m^{(r)}\in\mathbf{C}^{N\times 1}$，而元素 $\tilde{\boldsymbol{v}}_{m,l}^{(r,t)}[n]$形成时延-时间信道向量 $\tilde{\boldsymbol{v}}_{m,l}^{(r,t)}\in\mathbf{C}^{N\times 1}$，可以计算如下：

$$\tilde{\boldsymbol{v}}_{m,l}^{(r,t)}=\boldsymbol{F}_N^{\dagger}\cdot\boldsymbol{v}_{m,l}^{(r,t)} \tag{8.21}$$

其中，$\boldsymbol{v}_{m,l}^{(r,t)}\in\mathbf{C}^{N\times 1}$ 是子矩阵 $\boldsymbol{K}_{m,l}^{(r,t)}$ 的第一列。

8.3 检测方法

现在我们准备介绍MIMO-OTFS的各种检测方法。设 $S^{(r,t)}$ 为(r,t)天线对之间信道中离散的时延-多普勒路径数量。请注意，在本章中假设时延多普勒路径为整数，因此有 $S^{(r,t)}=P^{(r,t)}$。

由于子矩阵 $\boldsymbol{H}^{(r,t)}$ 的每一行都有 $S^{(r,t)}$ 个非零元素，所以它总共有 $NMS^{(r,t)}$ 个非零元

素。因此，整个 MIMO 信道矩阵 $\boldsymbol{H}$ 共有 $\sum_r \sum_t NMS^{(r,t)}$ 个非零元素。

为了简化符号，我们假设每个天线对之间的信道平均存在 S 个时延-多普勒路径，这样我们在 $\boldsymbol{H}$ 中有 $NMSn_{\mathrm{R}}n_{\mathrm{T}}$ 个非零元素。类似地，假设 $L=|\mathcal{L}|^{(r,t)}$ 是任意天线对之间信道中不同时延抽头的平均数量，时间域信道矩阵 $\boldsymbol{G}$ 中的非零元素总数为 $NMLn_{\mathrm{R}}n_{\mathrm{T}}$。由于 $L \leqslant S$ 为时域中无法区分多普勒路径，所以 $\boldsymbol{G}$ 的稀疏性比 $\boldsymbol{H}$ 更强。利用稀疏性差异可以降低检测和信道估计的复杂度。

8.3.1 线性最小均方误差检测器

类似于第 6.3 节中 SISO - OTFS 的检测方法，MIMO - OTFS 在时延-多普勒域中的 LMMSE 估计[见式(8.16)]可以表示为

$$\hat{\boldsymbol{x}}_{\mathrm{MIMO}}=(\boldsymbol{H}^{\dagger}\cdot\boldsymbol{H}+\sigma_z^2\boldsymbol{I}_{MNn_{\mathrm{T}}})^{-1}\cdot\boldsymbol{H}^{\dagger}\cdot\boldsymbol{y}_{\mathrm{MIMO}} \tag{8.22}$$

其中，σ_z^2 是高斯白噪声的功率。解决式(8.22)需要进行一个大型矩阵求逆，其矩阵大小为 $NMn_{\mathrm{T}}\times NMn_{\mathrm{T}}$。这可能导致非常高的复杂度 $O((NMn_{\mathrm{T}})^3)$。然而，$\boldsymbol{H}$ 的稀疏性可以用来降低 LMMSE 检测的复杂度。

由于时域信道矩阵 $\boldsymbol{G}$ 比 $\boldsymbol{H}$ 更稀疏，所以可以通过在时域进行 LMMSE 检测来降低复杂度，然后将时域估计转换到时延-多普勒域以恢复信息符号。式(8.9)的时域估计如下：

$$\hat{\boldsymbol{s}}_{\mathrm{MIMO}}=(\boldsymbol{G}^{\dagger}\cdot\boldsymbol{G}+\sigma_w^2\boldsymbol{I}_{MNn_{\mathrm{T}}})^{-1}\cdot\boldsymbol{G}^{\dagger}\cdot\boldsymbol{r}_{\mathrm{MIMO}} \tag{8.23}$$

其中，$\hat{\boldsymbol{s}}_{\mathrm{MIMO}}=\{\hat{\boldsymbol{s}}^{(t)}\}_{t=1}^{n_{\mathrm{T}}}$。第 t 个天线传输的时延多普勒信息符号的估计可以表示为

$$\hat{\boldsymbol{x}}^{(t)}=(\boldsymbol{I}_M\otimes\boldsymbol{F}_N^{\dagger})\cdot\boldsymbol{P}^{\mathrm{T}}\cdot\hat{\boldsymbol{s}}^{(t)} \tag{8.24}$$

8.3.2 消息传递检测器

类似于第 6.4 节中对 SISO - OTFS 的检测，消息传递(MP)也可以应用于 MIMO - OTFS。考虑式(8.16)中的向量化输入输出关系，其中，$\boldsymbol{y}_{\mathrm{MIMO}}$，$\boldsymbol{z}_{\mathrm{MIMO}}$ 是 $NMn_{\mathrm{R}}\times 1$ 复数向量，元素分别为 $y_{\mathrm{MIMO}}[d]$和 $z_{\mathrm{MIMO}}[d]]$，$\boldsymbol{H}$ 是 $NMn_{\mathrm{R}}\times NMn_{\mathrm{T}}$ 复数矩阵，其元素为 $H[d,c]$，$\boldsymbol{x}_{\mathrm{MIMO}}$ 是 $NMn_{\mathrm{T}}\times 1$ 复数向量，其元素为 $x_{\mathrm{MIMO}}[c]\in\mathbb{A}$，$d\in[0,NMn_{\mathrm{R}}-1]$，$c\in[0,NMn_{\mathrm{T}}-1]$，$\mathbb{A}=\{a_1,\cdots,a_Q\}$表示大小为 Q 的调制字母表。

设 $\mathcal{I}(d)$和 $\mathcal{J}(c)$分别表示第 d 行和第 c 列中非零元素的索引集合。那么对于所有行，有 $|\mathcal{I}(d)|=\sum_{r=1}^{n_{\mathrm{R}}}S^{(r,t)}$，对于所有列，有 $|\mathcal{J}(c)|=\sum_{t=1}^{n_{\mathrm{T}}}S^{(r,t)}$。

根据式(8.16)，用于估计发送信号的联合最大后验概率(MAP)检测准则可以表示为

$$\hat{\boldsymbol{x}}=\arg\max_{x\in\mathbb{A}^{NMn_{\mathrm{T}}\times 1}}\Pr(\boldsymbol{x}_{\mathrm{MIMO}}\mid\boldsymbol{y}_{\mathrm{MIMO}},\boldsymbol{H})$$

其中，复杂度随 NMn_{T} 呈指数增长，即 $Q^{NMn_{\mathrm{T}}}$。由于对于实际的 N，M 和 n_{R} 值来说，联合 MAP 检测可能难以处理，所以我们考虑逐符号的 MAP 检测规则，即对于 $c=0,\cdots,NMn_{\mathrm{T}}-1$

进行检测，有

$$\begin{aligned}\hat{x}[c] &= \arg\max_{a_j \in \mathbb{A}} \Pr\left(x_{\mathrm{MIMO}}[c]=a_j \mid \boldsymbol{y}_{\mathrm{MIMO}}, \boldsymbol{H}\right) \\ &= \arg\max_{a_j \in \mathbb{A}} \frac{1}{Q} \Pr\left(y_{\mathrm{MIMO}} \mid x_{\mathrm{MIMO}}[c]=a_j, \boldsymbol{H}\right) \qquad (8.25) \\ &\approx \arg\max_{a_j \in \mathbb{A}} \prod_{d \in J_c} \Pr\left(y_{\mathrm{MIMO}}[d] \mid x_{\mathrm{MIMO}}[c]=a_j, \boldsymbol{H}\right) \qquad (8.26)\end{aligned}$$

在第 6.4 节的算法 1 中给出了解决式(8.26)的算法。MIMO 情况下 MP 检测的总体复杂度为 $O(NMQSn_{\mathrm{R}})$，远低于第 8.3.1 节中的 LMMSE 检测器的复杂度。

8.3.3 最大比合并检测器

LMMSE 和 MP 检测方法仍然具有很高的复杂度。为了降低检测的复杂度，我们将第 6.5.1 节中的最大比合并(MRC)检测方法从 SISO 情况扩展到 MIMO 情况下，其中考虑了 ZP-OTFS。与第 6.5.1 节中的研究类似，MIMO ZP-OTFS 的 MRC 检测方法可以轻松地扩展到其他 OTFS 变体。

为了简化推导，与第 6 章中的 SISO 情况一样，我们考虑将长度 $L_{\mathrm{ZP}}=l_{\max}$ 的 N 个零填充(ZP)作为扩展 OTFS 帧的一部分，其大小为 $M'N$，其中 $M'=M+l_{\max}$。在接收端，ZP 并不被丢弃，而是用于 MRC 检测。此外，我们假设对于所有的 r,t，有 $L=|\mathcal{L}^{(r,t)}|$。

8.3.3.1 时延-多普勒域的最大比合并(MRC)检测

在每个块中使用零填充(ZP)，我们将发送和接收符号向量设置为以下形式：

$$\left.\begin{aligned}\boldsymbol{x}^{(t)} &= \left[(\boldsymbol{x}_0^{(t)})^{\mathrm{T}}, \cdots, (\boldsymbol{x}_{M'-1}^{(t)})^{\mathrm{T}}\right]^{\mathrm{T}} \\ \boldsymbol{y}^{(r)} &= \left[(\boldsymbol{y}_0^{(r)})^{\mathrm{T}}, \cdots, (\boldsymbol{y}_{M'-1}^{(r)})^{\mathrm{T}}\right]^{\mathrm{T}}\end{aligned}\right\} \qquad (8.27)$$

其中，$\boldsymbol{x}_m^{(t)}, \boldsymbol{y}_m^{(r)} \in \mathbf{C}^{N\times 1}$ 是子向量，$m=0,\cdots,M'-1$，并且使用零填充，有

$$\boldsymbol{x}_M^{(t)}=\mathbf{0}, m=M,\cdots,M'-1$$

请注意，式(8.27)中的符号向量包括零填充(ZP)，与不包括零填充的式(8.17)中的符号向量不同。考虑到零填充的影响，式(8.18)中的时延-多普勒输入-输出关系可以进行修改，具体形式为

$$\boldsymbol{y}_{m+l}^{(r)} = \boldsymbol{K}_{m+l,l}^{(r,t)} \cdot \boldsymbol{x}_m^{(t)} + \boldsymbol{v}_{m,l}^{(r,t)} + \boldsymbol{z}_{m+l}^{(r)} \qquad (8.28)$$

其中，$m=0,\cdots,M-1, l\in\mathcal{L}^{(r,t)}$，$\boldsymbol{K}_{m+l,l}^{(r,t)}$ 是扩展的时延-多普勒信道矩阵 $\boldsymbol{H}^{(r,t)} \in \mathbf{C}^{NM'\times NM'}$ 的子矩阵，$\boldsymbol{w}_{m+l}^{(r)}$ 是加性白噪声(AWGN)向量，有

$$\begin{aligned}\boldsymbol{v}_{m,l}^{(r,t)} = &\underbrace{\sum_{l'\in\mathcal{L}^{(r,t)}, l'\neq l} \boldsymbol{K}_{m+l,l'}^{(r,t)} \cdot \boldsymbol{x}_{m+l-l'}^{(t)}}_{\text{时延间干扰}} + \\ &\underbrace{\sum_{t'\neq t} \sum_{l'\in\mathcal{L}^{(r,t')}} \boldsymbol{K}_{m+l,l'}^{(r,t')} \cdot \boldsymbol{x}_{m+l-l'}^{(t')}}_{\text{天线间干扰}}\end{aligned} \qquad (8.29)$$

是大小为 $N\times 1$ 的干扰向量，包含了时延-多普勒网格中的时延间和天线间的干扰。当 $m+$

$l-l'<0$ 时，有 $\boldsymbol{x}_{m+l-l'}^{(t)}=0$。

在这里，我们的目标是仅估计 $m=0,\cdots,M-1$ 的 $\boldsymbol{x}_m^{(t)}$，因为 $m=M,\cdots,M'-1$ 的 $\boldsymbol{x}_m^{(t)}=\boldsymbol{0}$ 是 ZP。我们首先估计每个分支中的干扰 $\boldsymbol{v}_{m,l}^{(r,t)}$，这可以通过替换式(8.29)中符号向量的最新估计值来迭代完成。

为了简化符号，我们在以下步骤中省略迭代索引。假设 $\hat{\boldsymbol{v}}_{m,l}^{(r,t)}$ 是使用最新的符号向量估计得到的式(8.29)中的干扰估计项。将 $\hat{\boldsymbol{v}}_{m,l}^{(r,t)}$ 从接收到的符号向量 $\boldsymbol{y}_{m+l}^{(r)}$ 中移除得到

$$\boldsymbol{b}_{m,l}^{(r,t)}=\boldsymbol{y}_{m+l}^{(r)}-\hat{\boldsymbol{v}}_{m,l}^{(r,t)} \tag{8.30}$$

其中，$m=0,\cdots,M-1,l\in\mathcal{L}^{(r,t)}$。将式(8.28)代入式(8.30)得到

$$\boldsymbol{b}_{m,l}^{(r,t)}=\boldsymbol{K}_{m+l,l}^{(r,l)}\boldsymbol{x}_m^{(t)}+\underbrace{\boldsymbol{v}_{m,l}^{(r,t)}-\hat{\boldsymbol{v}}_{m,l}^{(r,t)}}_{\Delta\hat{\boldsymbol{v}}_{m,l}^{(r,t)}}+\boldsymbol{z}_{m+l}^{(r)} \tag{8.31}$$

其中，$\Delta\hat{\boldsymbol{v}}_{m,l}^{(r,t)}$ 表示由于对 $\boldsymbol{x}_m^{(t)}$ 的估计误差而产生的残余干扰，可以通过迭代提升符号向量的估计来减小。为了实现这个目标，我们对估计值 $\boldsymbol{b}_{m,l}^{(r,t)}$ 进行最大比合并(MRC)，以提高合并器输出处的信噪比(SINR)，然后逐符号进行 QAM 解映射，对 QAM 符号做出硬判决。总结起来，每次迭代中第 t 个发送天线的第 m 个符号向量的 MRC 估计为

$$\boldsymbol{c}_m^{(t)}=(\boldsymbol{D}_m^{(t)})^{-1}\cdot\sum_{r=1}^{n_{\mathrm{R}}}\sum_{l\in\mathcal{L}}\boldsymbol{K}_{m+l,l}^{(r,t)\dagger}\cdot\boldsymbol{b}_{m,l}^{(r,t)},t=1,\cdots,n_{\mathrm{T}} \tag{8.32}$$

其中

$$\boldsymbol{D}_m^{(t)}=\sum_{r=1}^{n_{\mathrm{R}}}\sum_{l\in\mathcal{L}}\boldsymbol{K}_{m+l,l}^{(r,t)\dagger}\cdot\boldsymbol{K}_{m+l,l}^{(r,t)} \tag{8.33}$$

在每次迭代结束时，使用硬判决最大似然(ML)估计得到的结果为

$$\hat{\boldsymbol{x}}_m^{(t)}[n]\leftarrow\mathcal{D}(\boldsymbol{c}_m^{(t)}[n])\overset{\text{def}}{=\!=}\arg\min_{a_j\in\mathbb{A}}|a_j-\boldsymbol{c}_m^{(t)}[n]| \tag{8.34}$$

其中，$m=0,\cdots,M-1,n=0,\cdots,N-1,t=1,\cdots,n_{\mathrm{T}},\mathbb{A}=\{a_j,j=1,\cdots,Q\}$ 是 QAM 字母表集合，$\mathcal{D}(\cdot)$ 是使用最大似然准则进行硬判决操作的函数。

8.3.3.2 减少复杂度的时延-时间域实现方式

通过消除冗余操作并利用 OTFS 信道矩阵的特殊结构，可以降低延迟多普勒域 MRC 检测的复杂性。由于将 $N\times N$ 矩阵乘以向量需要 N^2 次复数乘法 (CMs)，所以使用式(8.29) 计算 $\hat{\boldsymbol{v}}_{m,l}^{(r,t)}$ 会产生 $(n_{\mathrm{T}}L-1)N^2$ 次 CMs。

为了避免直接计算 $\hat{\boldsymbol{v}}_{m,l}^{(r,t)}$，我们将进行以下步骤。为了使它们更清晰，我们在以下方程中包含迭代索引。

使用先前估计的符号向量 $\hat{\boldsymbol{x}}_m^{(t)\{i-1\}}$，在式(8.30)中加减 $\boldsymbol{K}_{m+l,l}^{(r,t)}\cdot\hat{\boldsymbol{x}}_m^{(t)\{i-1\}}$ 得到

$$\boldsymbol{b}_{m,l}^{(r,t)\{i\}}=\boldsymbol{K}_{m+l,l}^{(r,t)}\cdot\hat{\boldsymbol{x}}_m^{(t)\{i-1\}}+\underbrace{\boldsymbol{y}_{m+l}^{(r)}-\sum_{r=1}^{n_{\mathrm{R}}}\sum_{l\in\mathcal{L}^{(r,t)}}\boldsymbol{K}_{m+l,l}^{(r,t)}\cdot\hat{\boldsymbol{x}}_m^{(t)\{i-1\}}}_{\Delta\boldsymbol{y}_{m+l}^{(r)}} \tag{8.35}$$

其中，$\Delta\boldsymbol{y}_{m+l}^{(r)}\in\mathbf{C}^{N\times 1}$ 是由于对 $\boldsymbol{x}_m^{(t)}$ 的估计误差而产生的残余干扰加噪声(Residual Error

Plus Noise,REPN)。将式(8.35)代入式(8.32),我们得到符号向量在式(8.32)中的MRC估计如下：

$$\boldsymbol{c}_m^{(t)\{i\}}=\check{\boldsymbol{x}}_m^{(t)\{i-1\}}+(\boldsymbol{D}_m^{(t)})^{-1}\cdot\sum_{r=1}^{n_\mathrm{R}}\sum_{l\in\mathcal{L}^{(r,t)}}(\boldsymbol{K}_{m+l,l}^{(r,t)})^{\dagger}\cdot\Delta\boldsymbol{y}_{m+l}^{(r)}\tag{8.36}$$

在第一次迭代中,我们可以假设所有的$\hat{\boldsymbol{x}}_m^{(t)\{0\}}=\boldsymbol{0}_N$,这意味着重建误差项$\Delta\boldsymbol{y}_m^{(r)}=\boldsymbol{y}_m^{(r)}$。在第$i$次迭代中,我们只需要更新$l\in\mathcal{L}(r,t)$和$r=1,\cdots,n_\mathrm{R}$的$n_\mathrm{R}L$个重建误差向量$\Delta\boldsymbol{y}_{m+l}^{(r)}$,如下所示：

$$\Delta\boldsymbol{y}_{m+l}^{(r)}\leftarrow\Delta\boldsymbol{y}_{m+l}^{(r)}-\boldsymbol{K}_{m+l,l}^{(r,t)}\cdot\Delta\boldsymbol{x}_m^{(t)\{i\}}\tag{8.37}$$

其中

$$\Delta\boldsymbol{x}_m^{(t)\{i\}}=\boldsymbol{c}_m^{(t)\{i\}}-\hat{\boldsymbol{x}}_m^{(t)\{i-1\}}\tag{8.38}$$

请注意,在式(8.38)中,我们可以将$\boldsymbol{c}_m^{(t)\{i\}}$替换为硬估计的$\hat{\boldsymbol{x}}_m^{(t)\{i\}}$。在更新了$\Delta\boldsymbol{y}_{m+l}^{(r)}$之后,我们对剩余的$m$和$t$重复相同的过程。

MRC检测器在式(8.32)和式(8.33)中的核心步骤因此简化为式(8.36)、式(8.37)和式(8.38)。在每次迭代中,式(8.36)和式(8.37)的步骤分别涉及$n_\mathrm{T}(n_\mathrm{R}L+1)MN^2$个和$n_\mathrm{T}n_\mathrm{R}LMN^2$个CMs。虽然这种复杂性比MMSE探测要低,与MP探测相当,但仍然较高。然而,由于OTFS信道矩阵具有特殊结构,所以复杂度可以进一步降低,利用$\boldsymbol{K}_{m,l}^{(r,t)}$是循环矩阵的特性,在时延-时间域中可以对其进行对角化处理。

根据式(8.19)和式(8.20)中的时延-时间输入输出关系,式(8.37)和式(8.38)中的操作在该域中可以以更低的复杂度进行处理,如下所示：

$$\Delta\tilde{\boldsymbol{x}}_m^{(t)\{i\}}[n]=\frac{1}{\tilde{\boldsymbol{d}}_m^{(t)}[n]}\sum_{r=1}^{n_\mathrm{R}}\sum_{l\in\mathcal{L}^{(r,t)}}\tilde{\boldsymbol{v}}_{m+l,l}^{(r,t)^*}[n]\Delta\tilde{\boldsymbol{y}}_{m+l}^{(r)}[n]\tag{8.39}$$

并且可以更新所有分支$l\in\mathcal{L}^{(r,t)}$(其中$r=1,\cdots,n_\mathrm{R}$)的重建误差,如下所示：

$$\Delta\tilde{\boldsymbol{y}}_{m+l}^{(r)}[n]\leftarrow\Delta\tilde{\boldsymbol{y}}_{m+l}^{(r)}[n]-\tilde{\boldsymbol{v}}_{m+l,l}^{(r,t)}[n]\Delta\tilde{\boldsymbol{x}}_m^{(t)\{i\}}[n]\tag{8.40}$$

对于$n=0,\cdots,N-1$,有

$$\tilde{\boldsymbol{d}}_m^{(t)}[n]=\sum_{r=1}^{n_\mathrm{R}}\sum_{l\in\mathcal{L}^{(r,t)}}|\tilde{\boldsymbol{v}}_{m+l,l}^{(r,t)}[n]|^2\tag{8.41}$$

第i次迭代结束时(在时延-多普勒域),估计的信息符号为

$$\hat{\boldsymbol{x}}_m^{(t)\{i\}}=\hat{\boldsymbol{x}}_m^{(t)\{i-1\}}+\boldsymbol{F}_N\cdot\Delta\tilde{\boldsymbol{x}}_m^{(t)\{i\}}\tag{8.42}$$

为了提高收敛速度,我们可以使用这种估计和硬判决的加权平均值,而不是使用时延-多普勒信息符号估计,如下所示：

$$\boldsymbol{c}_m^{(t)\{i\}}\leftarrow(1-\delta)\hat{\boldsymbol{x}}_m^{(t)\{i\}}+\delta D(\hat{\boldsymbol{x}}_m^{(t)\{i\}})\tag{8.43}$$

随着残差范数的降低和硬决策估计变得更加可靠,每次迭代都可以略微增加δ的值。当残余误差不再减少或达到最大迭代次数时,迭代将停止。算法1总结了复杂度降低延迟时间MIMO MRC检测中的所有步骤。

8.3.3.3 MRC 检测复杂度

现在我们讨论算法 1 的复杂度。步骤 10 和 13 中的操作每次迭代每个信息符号需要 $(2n_{\rm R}L+1)$ 个 CMs。每次迭代结束时，对于每次迭代中的每个符号向量，算法 1 的步骤 19 和 21 中的两个 N－FFT 需要 $2N\log_2 N$ 次 CMs。计算式(8.41)中的 $\tilde{\boldsymbol{d}}_m^{(t)}[n]$对于每个信息符号需要 $n_{\rm R}L$ 次 CMs。在步骤 25 中，对于每次迭代中的每个符号向量，计算重建误差需要 $n_{\rm R}L$ 次 CMs。假设需要 S 次迭代，使用算法 1 检测所有信息符号所需的总 CMs 次数为 $n_{\rm T}NM[n_{\rm R}L+S(3n_{\rm R}L+2\log_2 N+1)]$。这显著低于 MP 检测的复杂度($O(n_{\rm T}n_{\rm R}NMSP^2Q)$)和 LMMSE 检测的复杂度($O((n_{\rm T}n_{\rm R}NM)^3)$)。

算法 1：MRC MIMO 检测算法

1 接收信号输入：$\tilde{\mathbf{y}}_m^{(r)}$，其中 $m=0,\cdots,M'-1$ 对于所有 r

2 信道输入：$\tilde{\mathbf{v}}_{m,l}^{(r,t)}$，其中 $m=0,\cdots,M'-1, l\in\mathcal{L}^{(r,t)}$ 对于所有 r 和 t

3 　　$\tilde{\boldsymbol{d}}_m^{(t)}$，其中 $m=0,\cdots,M-1, l\in\mathcal{L}^{(r,t)}$ 对于所有 r 和 t

4 初始化：$\hat{\boldsymbol{x}}_m^{(t)\{0\}}=\mathbf{0}_N$，对于所有 t，$m=0,\cdots,M-1$

5 　　$\Delta\tilde{\mathbf{y}}_m^{(r)}=\tilde{\mathbf{y}}_m^{(r)}$，对于所有 t 和 r，$m=0,\cdots,M'-1$

6 for $i=1$：max iterations do

7 　for $m=0:M-1$ do

8 　　for $n=0:N-1$ do

9 　　　for $t=1:n_{\rm T}$ do

10 　　　　$\Delta\tilde{\boldsymbol{x}}_m^{(t)\{i\}}[n]=$

$$(\tilde{\boldsymbol{d}}_m^{(t)}[n])^{-1}\times\sum_{r=1}^{n_{\rm R}}\sum_{l\in\mathcal{L}^{(r,t)}}\tilde{\mathbf{v}}_{m+l,l}^{(r,t)^*}[n]\Delta\tilde{\mathbf{y}}_{m+l}^{(r)}[n]$$

11 　　　　for $r=1:n_{\rm R}$ do

12 　　　　　for $l\in\mathcal{L}^{(r,t)}$ do

13 　　　　　　$\Delta\tilde{\mathbf{y}}_{m+l}^{(r)}[n]\leftarrow\Delta\tilde{\mathbf{y}}_{m+l}^{(r)}[n]-\tilde{\mathbf{v}}_{m+l,l}^{(r,t)}[n]\Delta\boldsymbol{x}_m^{(t)\{i\}}[n]$

14 　　　　　end

15 　　　　end

16 　　　end

17 　　end

18 　end

19 　for $m=0:M-1$ do

20 　　for $t=1:n_{\rm T}$ do

21 　　　$\hat{\boldsymbol{x}}_m^{(t)\{i\}}=\hat{\boldsymbol{x}}_m^{(t)\{i-1\}}+\boldsymbol{F}_N\cdot\Delta\tilde{\boldsymbol{x}}_m^{(t)\{i\}}$

算法 1：MRC MIMO 检测算法

22               $\hat{\boldsymbol{c}}_m^{(t)\{i\}} \leftarrow (1-\delta)\hat{\boldsymbol{x}}_m^{(t)\{i\}} + \delta \mathcal{D}(\hat{\boldsymbol{x}}_m^{(t)\{i\}})$

23               $\tilde{\hat{\boldsymbol{c}}}_m^{(t)\{i\}} = \boldsymbol{F}_N^{\dagger} \cdot \hat{\boldsymbol{c}}_m^{(t)\{i\}}$

24               $\Delta \tilde{\boldsymbol{x}}_m^{(t)\{i\}} = \tilde{\hat{\boldsymbol{c}}}_m^{(t)\{i\}} - \boldsymbol{F}_N^{\dagger} \cdot \hat{\boldsymbol{x}}_m^{(t)\{i\}}$

25   for $r = 1 : n_R$ do

26   for $l \in \mathcal{L}^{(r,t)}$ do

27                           $\Delta \tilde{\boldsymbol{y}}_{m+l}^{(r)} \leftarrow \Delta \tilde{\boldsymbol{y}}_{m+l}^{(r)} - \tilde{\boldsymbol{v}}_{m+l,l}^{(r,t)} \circ \Delta \tilde{\boldsymbol{x}}_m^{(t)\{i\}}$

28   end

29   end

30   end

31   end

32   end

33 输出：$\mathcal{D}(\hat{\boldsymbol{x}}_m^{(t)\{i\}})$ 对于所有 m 和 t

8.4 MIMO – OTFS 信道估计

在本节中，我们将第 7 章中 SISO – OTFS 的嵌入式导频信道估计方法扩展到具有 n_T 个发射天线和 n_R 个接收天线的 MIMO – OTFS 系统。

为了方便解释，假设延迟和多普勒抽头是整数，前文提到的 l_{max}（所有信道中的最大延迟抽头）和 $k_{max} = \max(\max_l(\mathcal{K}_l))$，其中 $\mathcal{K}_l$ 是所有信道中第 l 个延迟路径的整数多普勒抽头集合。

在点对点的 SISO – OTFS 情况下，嵌入式导频信道估计方案在时延-多普勒网格中分配了一个单独的导频符号、零保护符号和数据符号。导频符号被占据着大小为 $(2l_{max}+1) \times (4k_{max}+1)$ 的矩形区域的保护符号所包围。

我们可以将这个想法扩展到 MIMO – OTFS 中的每对天线之间的信道估计。因此，我们在时延-多普勒网格中嵌入了每个发射天线的导频符号，并且它们之间有足够的间距，以确保它们在接收端不会相互干扰。在每个接收天线处，通过在一个帧内非重叠接收到的导频符号上同时估计信道。

图 8 – 2 展示了用于 2×2 MIMO – OTFS 的两种嵌入式导频信道估计方案，其中导频符号、数据符号和保护符号在时延-多普勒网格排列。在图中，红色（在打印版本中为深灰色）的框表示每个发射天线的导频和保护符号区域，红色框外额外的保护符号用于避免来自其他发射天线的导频的干扰。

具体来说，在图 8 – 2(a)中，显示了适用于中等多普勒展宽信道的导频放置方式（即 $2k_{max}+1 < N/n_T$）。导频可以放置在相同的延迟索引上，但在多普勒维度上相隔 $2k_{max}$ 以保证接收端没有干扰。

对于高多普勒展宽情况（即 $2k_{max}+1=N$），如图 8 – 2(b)所示，可以采用占据整个多普勒维度的完整保护符号，导频可以放置在相同的多普勒索引上，但在延迟维度上相隔 $2l_{\max}$ 以避免接收端的干扰。

总结起来，图 8-2(a)(b)中的 MIMO-OTFS 信道估计需要导频和保护符号的冗余如下：

$$\frac{(2l_{\max}+1)(2k_{\max}+1)n_{\mathrm{T}}}{MN}, \frac{[(n_{\mathrm{T}}+1)l_{\max}+n_{\mathrm{T}}]\times N}{MN}$$

可以采用其他的导频区域配置，以减小导频符号区域的大小。例如，可以发送部分重叠的导频区域，但这样会导致导频冲突。根据信道特性，在接收端需要进一步研究发射机导频之间的分离情况。通过进一步的研究，可以确定适合信道特性的导频配置方案。

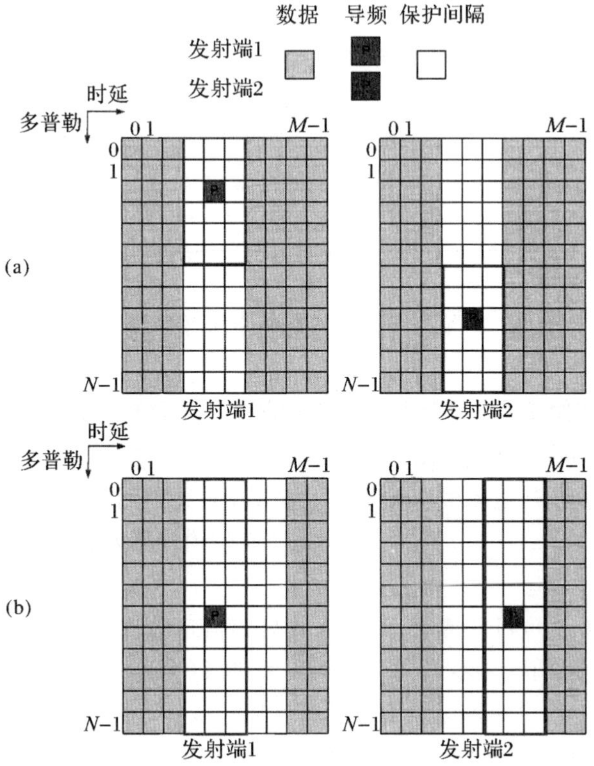

图 8-2 MIMO-OTFS 嵌入式导频信道估计方案

(a)中等多普勒展宽信道估计；(b)高多普勒展宽信道估计

8.5 多用户 OTFS 信道估计

在本节中，我们将上述的 MIMO-OTFS 嵌入式导频信道估计扩展到多用户 OTFS 系统中。在这种系统中，每个用户和接收端都采用单天线。

在多用户 OTFS 上行链路中，我们将每个用户的资源块(RB)分配到时延-多普勒网格的不同位置，用于信道估计和数据传输，相邻导频之间有足够的间隔以避免接收端的干扰。每个用户的资源块包含一个导频符号、零填充保护符号和数据符号。

图 8-3 展示了 4 个用户上行链路中的 2 种嵌入式导频信道估计方案。每个用户的 RB 在

延迟-多普勒网格中占据 4 个非重叠的区域用于数据传输,每个区域都以不同的颜色标记。

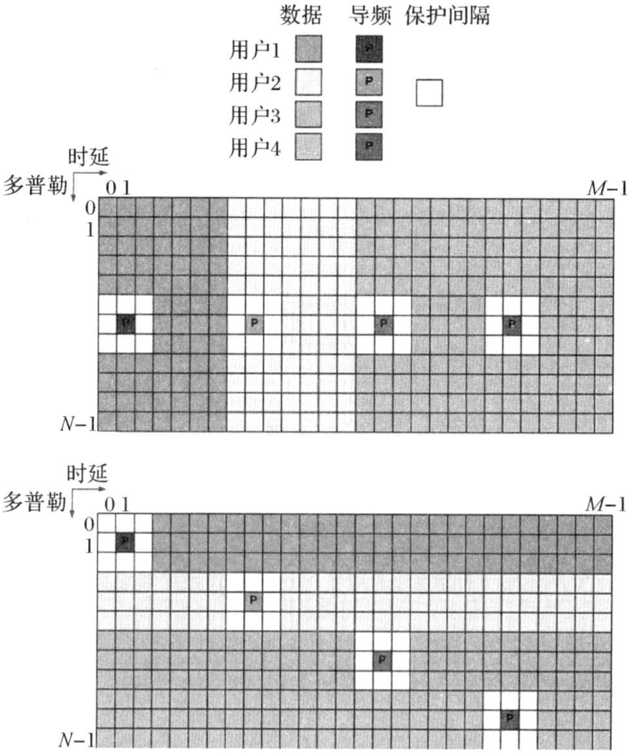

图 8－3　4 **个用户的上行通信的多用户** OTFS **嵌入式导频信道估计方案**

在第一种方案中,这 4 个不重叠的区域沿着延迟-多普勒网格的延迟维度进行分割。导频可以放置在相同的多普勒索引上,但延迟轴上至少有 $2l_{\max}$ 个保护符号,以确保接收器没有干扰。

为了减少导频开销,我们假设在相邻导频之间沿延迟轴放置了 $2l_{\max}$ 个保护符号。在这种情况下,每个导频和保护符号区域的大小为 $(2l_{\max}+1)(4k_{\max}+1)$,对于 N_u 个用户而言,导频和保护符号的总数为 $[(N_u+1)l_{\max}+N_u](4k_{\max}+1)$。在接收端,可以使用 MP 算法进行信道估计和多用户检测。如果优选正交资源分配,则可以在相邻数据区域之间插入保护符号。

在第二种方案中,这 4 个不重叠的区域沿着多普勒维度进行分割,并在不同的延迟和多普勒位置放置导频。信道估计需要每个导频和保护符号区域的大小为 $(2l_{\max}+1)(4k_{\max}+1)$。需要注意的是,可以通过其他导频和保护符号的放置来降低开销,但代价是增加传输复杂性。

在多用户 OTFS 下行链路中,我们考虑一个单天线的基站,向用户发送单个导频符号、零保护符号和用户的数据符号,类似于 SISO－OTFS 情况。导频信号被所有下行用户用于估计广播信道。剩余的时延-多普勒网格位置被分配给保护符号和数据符号。图 8－4 展示了在需要正交资源分配的 4 用户下行情况下的嵌入式导频信道估计方案。一个单独的导频被保护符号包围，以确保导频和数据符号之间没有干扰，导致导频区域的大小为 $(2l_{max}+1)(4k_{max}+1)$。此外，在用户的数据符号之间还放置了额外的保护符号，以避免接收端的干扰。

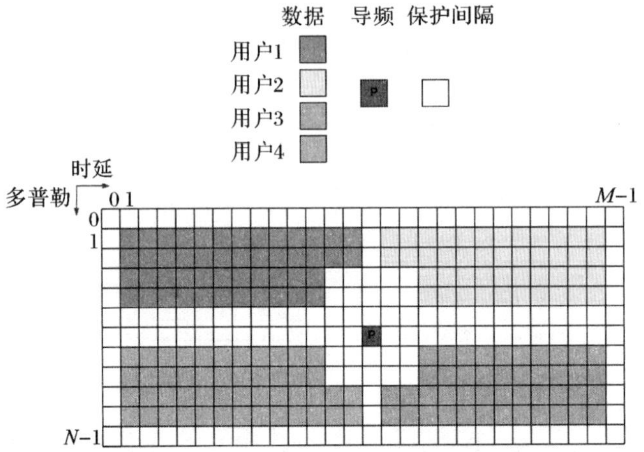

图 8-4 针对 4 个用户的下行通信，采用多用户嵌入式导频信道估计方案的 OTFS 技术

总结起来，导频符号、保护符号和数据符号的放置可以根据资源分配方案、开销以及发送/接收复杂性的要求进行设计。

8.6 数值结果与讨论

在本节中，我们将展示 ZP-OTFS 在 SISO 和 MIMO 情况下的误比特率（BER）的仿真结果，并将其与 CP-OFDM 性能进行比较。我们采用以下系统参数：子载波间隔为 15 kHz，载波频率为 4 GHz，使用 4-QAM、16-QAM、64-QAM 调制方式。我们考虑一个具有均匀功率延迟特性的五径信道模型，其整数延迟衰落$\mathcal{L}^{(r,t)}=\{0,1,2,3,4\}$适用于所有可能的$(r,t)$天线对，而每条路径的单一多普勒频移按照 Jakes 频谱生成，即 $\nu_{max}\cos\theta_i$，其中 ν_{max} 是由用户设备速度确定的最大多普勒频移，而 θ_i 在$[-\pi,\pi]$上均匀分布。对于每个信噪比（SNR）点的 BER 性能，我们进行了 10^4 个 OTFS 帧的仿真。对于信道估计，每个发射机上的导频功率被定义为 $E_p=N(2l_{max}+1)E_S$，其中 E_S 是独立产生的 QAM 符号的平均能量。

对于每个天线对生成信道的 Matlab 代码，见附录 C 中的第 6 和第 7 段代码。

图 8-5 比较了在 SISO、2×2 MIMO 和 3×3 MIMO 情况下，使用 4-QAM 调制的 OTFS 和 OFDM 的误比特率（BER）性能。每种方案都采用了帧大小为 $N=M=32$ 的分块 LMMSE 检测器，在用户设备速度为 120 km/h 的情况下进行测试。无论是 OFDM 还是 OTFS，随着发送和接收天线数量的增加，它们的 BER 都有所改善，但是在高移动性 MIMO 信道中，OTFS 相比于 OFDM 提供了显著的改进。

图 8-6 比较了在 SISO-OTFS、2×2 MIMO-OTFS 和 3×3 MIMO-OTFS 中，使用

4-QAM 调制的 LMMSE、MP 和 MRC 检测器的误比特率(BER)性能。每种方案都采用了帧大小为 $N=M=32$ 的设定,在用户设备速度为 120 km/h 的情况下进行测试,最大迭代次数为 30 次。我们观察到,在中高信噪比下,低复杂度的 MRC 检测器比 LMMSE 和 MP 检测器提供更好的性能。

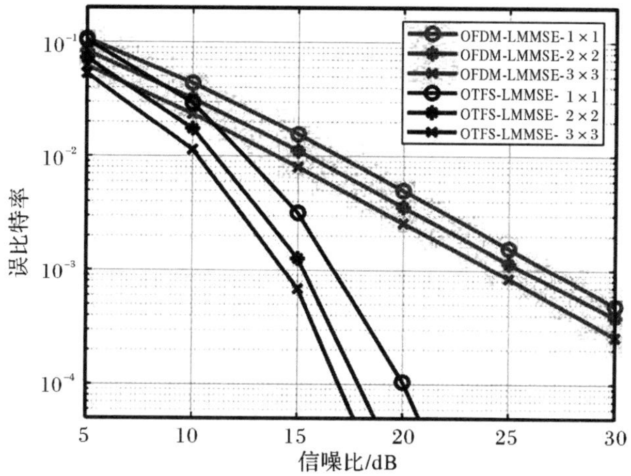

图 8-5 使用 4-QAM 进行分块 LMMSE 检测的 OTFS 和 OFDM 系统在具有 $N=M=32$ 帧大小和不同天线数量下的误比特率(BER)性能比较

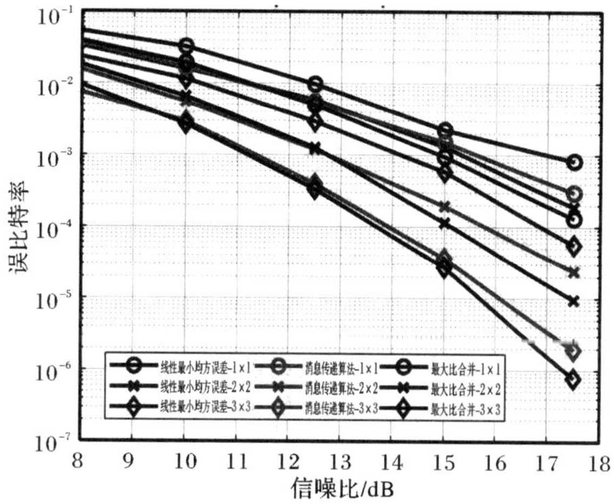

图 8-6 使用 4-QAM 进行分块 LMMSE、MP 和 MRC 检测的 OTFS 系统在具有 $N=M=32$ 帧大小和不同天线数量下的未编码误比特率(BER)性能比较

图 8-7 展示了 SISO-OTFS、2×2 MIMO-OTFS 和 3×3 MIMO-OTFS 使用 MRC 检测器在 16-QAM 和 64-QAM 符号下的误比特率(BER)性能。帧大小设定为 $M=N=32$,UE 速度为 120 km/h。MRC 检测器以优异的性能被凸显,在 16-QAM 下 $\delta=0.125$ 和最大 25 次迭代便收敛,而在 64-QAM 下 $\delta=0.05$ 和最大 40 次迭代便收敛。

图 8-8 和图 8-9 展示了 2×2 MIMO-OTFS 和 4×4 MIMO-OTFS 在 15 dB SNR 下,使用图 8-2(a)中的嵌入式导频信道估计方案(导频间隔为 N/n_T)时的 BER 性能,接收

端采用 LMMSE 和 MRC 检测器。

在图 8-8 中，使用线性最小均方误差(LMMSE)和 MRC 检测的基于完美信道状态信息的理想情况的曲线也以虚线绘制。在使用完美和估计的 CSI 的两个图中，使用迭代的 MRC(最多 30 次迭代)的误比特率(BER)要优于使用 LMMSE 检测器的 BER。

在这两个图中，我们观察到在图 8-2(a)中的信道估计方案对于 2×2 MIMO-OTFS 和 4×4 MIMO-OTFS 的最大 UE 速度分别为 1 000 km/h 和 550 km/h 时是有效的。当 UE 速度对于 2×2 MIMO-OTFS 超过 1 000 km/h 和 4×4 MIMO-OTFS 超过 550 km/h 时，由于不足的导频间隔 $N/n_{\mathrm{T}}<2k_{\max}+1$，所以它变得无效。正如第 8.4 节中讨论的那样，在这种高多普勒情况下，解决方案是简单地采用图 8-2(b)中的方案，其中我们在不同的延迟位置放置导频，并在整个多普勒维度上使用完整的保护符号以适应高多普勒展宽。

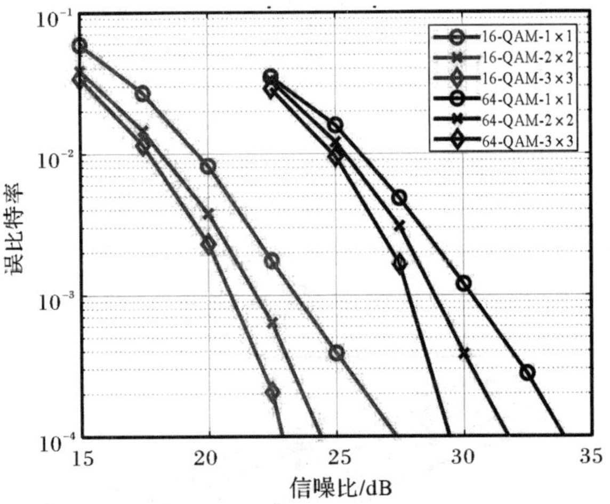

图 8-7 针对帧大小为 $N=M=32$ 的 OTFS 系统，使用 MRC 检测器，在不同调制大小和天线数量下评估其误比特率(BER)性能

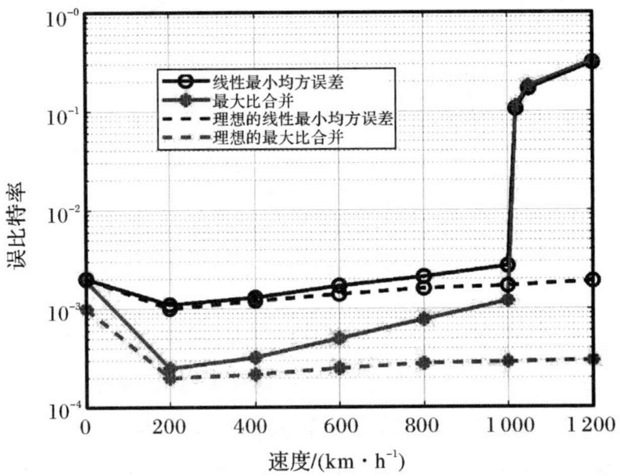

图 8-8 在 SNR 为 15 dB 的条件下，针对帧大小为 $N=M=32$ 的 2×2 MIMO-OTFS 系统采用图 8-2(a)的信道估计，使用 4-QAM 调制方式进行分块 LMMSE 和 MRC 检测器在不同 UE 速度下的误比特率(BER)性能对比

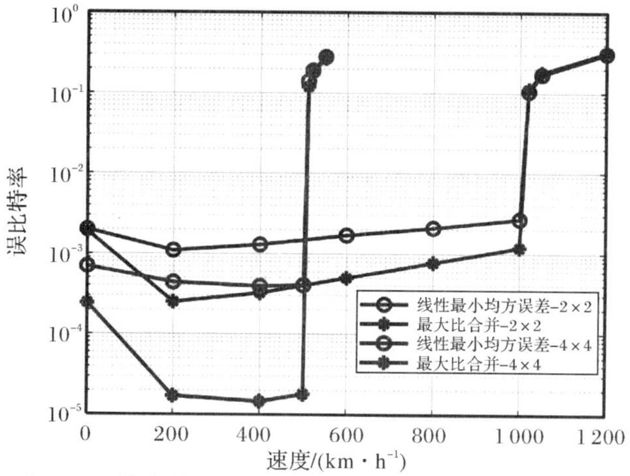

图 8-9 在 SNR 为 15 dB 的条件下,针对帧大小为 $N=M=32$ 的 2×2 和 4×4 MIMO-OTFS 系统采用图 8-2(a)的信道估计,使用 4-QAM 调制方式进行分块 LMMSE 和 MRC(最多 30 次迭代)检测器对于不同 UE 速度下的误比特率(BER)性能对比

8.7 参考文献及注释

OTFS 调制是由 Hadani 等人在 2017 年 IEEE 无线通信和网络会议[1]上提出的。MIMO-OTFS 系统的输入输出关系和分析可以在文献[2,3]中找到。8.3.2 节中介绍了针对 MIMO-OTFS 的 MP 检测方法[2]。本章介绍的 MIMO-OTFS 检测和信道估计方法是在文献[2,4-6]中提出的。其他 MIMO 和多用户 OTFS 的信道估计和检测讨论可参考文献[5,7-16]。有关 MIMO 和/或多用户 OTFS 的编码、多样性、波束成形等其他方面的内容,请参考文献[17-22]。最近关于 MIMO-OTFS 和相关 MIMO-OTFS 的最大比合并检测的研究可以在文献[23]中找到。

【参考文献】

[1] R. Hadani, S. Rakib, M. Tsatsanis, A. Monk, A. J. Goldsmith, A. F. Molisch, R. Calderbank, Orthogonal time frequency space modulation, in: 2017 IEEE Wireless Communications and Networking Conference (WCNC), 2017, pp. 1-6.

[2] M. Kollengode Ramachandran, A. Chockalingam, MIMO-OTFS in high-Doppler fading channels: Signal detection and channel estimation, in: 2018 IEEE Global Communications Conference (GLOBECOM), 2018, pp. 206-212.

[3] A. RezazadehReyhani, A. Farhang, M. Ji, R. R. Chen, B. Farhang-Boroujeny, Analysis of discrete-time MIMO OFDM-based orthogonal time frequency space modulation, in: 2018 IEEE International Conference on Communications (ICC), 2018, pp. 1-6.

[4] G. D. Surabhi, A. Chockalingam, Low-complexity linear equalization for 2×2 MIMOOTFS signals, in: 2020 IEEE 21st International Workshop on Signal Processing Advances in Wire-

less Communications(SPAWC),2020,pp. 1 – 5.

[5] P. Raviteja, K. Tran, Y. Hong, Embedded pilot-aided channel estimation for OTFS in delay-Doppler channels, IEEE Transactions on Vehicular Technology 68(5)(2019) 4906-4917, https://doi.org/10.1109/TVT.2019.2906357.

[6] P. Raviteja, K. Phan, Y. Hong, E. Viterbo, Embedded delay-Doppler channel estimation for orthogonal time frequency space modulation, in: 2018 IEEE 88th Vehicular Technology Conference(VTC-Fall), 2018, pp. 1 – 6.

[7] W. Shen, L. Dai, S. Han, I. C. Lin, R. W. Heath, Channel estimation for orthogonal time frequency space(OTFS) massive MIMO, in: 2019 IEEE International Conference on Communications(ICC), 2019, pp. 1 – 6.

[8] W. Shen, L. Dai, J. An, P. Fan, R. W. Heath, Channel estimation for orthogonal time frequency space(OTFS) massive MIMO, IEEE Transactions on Signal Processing 67 (16)(2019) 4204-4217, https://doi.org/10.1109/TSP.2019.2919411.

[9] Y. Liu, S. Zhang, F. Gao, J. Ma, X. Wang, Uplink-aided high mobility downlink channel estimation over massive MIMO-OTFS system, IEEE Journal on Selected Areas in Communications 38 (9) (2020) 1994—2009, https://doi.org/10.1109/JSAC.2020.3000884.

[10] O. K. Rasheed, G. D. Surabhi, A. Chockalingam, Sparse delay-Doppler channel estimation in rapidly time-varying channels for multiuser OTFS on the uplink, in: 2020 IEEE 91st Vehicular Technology Conference(VTC2020-Spring), 2020, pp. 1 – 5.

[11] Y. Liu, S. Zhang, F. Gao, J. Ma, X. Wang, Uplink-aided high mobility downlink channel estimation over massive MIMO-OTFS system, IEEE Journal on Selected Areas in Communications 38 (9) (2020) 1994-2009, https://doi.org/10.1109/JSAC.2020.3000884.

[12] B. C. Pandey, S. K. Mohammed, P. Raviteja, Y. Hong, E. Viterbo, Low complexity precoding and detection in multi-user massive MIMO OTFS downlink, IEEE Transactions on Vehicular Technology 70(5)(2021) 4389-4405, https://doi.org/10.1109/TVT.2021.3061694.

[13] D. Shi, W. Wang, L. You, X. Song, Y. Hong, X. Gao, G. Fettweis, Deterministic pilot design and channel estimation for downlink massive MIMO-OTFS systems in presence of the fractional Doppler, IEEE Transactions on Wireless Communications 20 (11)(2021) 7151-7165, https://doi.org/10.1109/TWC.2021.3081164, in press.

[14] M. Li, S. Zhang, F. Gao, P. Fan, O. A. Dobre, A new path division multiple access for the massive MIMO-OTFS networks, IEEE Journal on Selected Areas in Communications 39(4)(2021) 903-918, https://doi.org/10.1109/JSAC.2020.3018826.

[15] A. Naikoti, A. Chockalingam, Low-complexity delay-Doppler symbol DNN for OTFS

signal detection, in: 2021 IEEE 93rd Vehicular Technology Conference(VTC 2021 Spring), 2021, pp. 1 – 6.

[16] P. Singh, H. B. Mishra, R. Budhiraja, Low-complexity linear MIMO-OTFS receivers, in: 2021 IEEE International Conference on Communications Workshops(ICC Workshops), 2021, pp. 1 – 6.

[17] R. M. Augustine, G. D. Surabhi, A. Chockalingam, Space-time coded OTFS modulation in high-Doppler channels, in: 2019 IEEE 89th Vehicular Technology Conference (VTC2019-Spring), 2019, pp. 1 – 6.

[18] V. S. Bhat, S. G. Dayanand, A. Chockalingam, Performance analysis of OTFS modulation with receive antenna selection, IEEE Transactions on Vehicular Technology 70 (4)(2021) 3382-3395, https://doi.org/10.1109/TVT.2021.3063546.

[19] Z. Ding, Robust beamforming design for OTFS-NOMA, IEEE Open Journal of the Communications Society 1 (2019) 33-40, https://doi.org/10.1109/OJCOMS.2019.2953574.

[20] V. Khammammetti, S. K. Mohammed, OTFS-based multiple-access in high Doppler and delay spread wireless channels, IEEE Wireless Communications Letters 8(2) (2019) 528-531, https://doi.org/10.1109/LWC.2018.2878740.

[21] A. K. Sinha, S. K. Mohammed, P. Raviteja, Y. Hong, E. Viterbo, OTFS based random access preamble transmission for high mobility scenarios, IEEE Transactions on Vehicular Technology 69(12)(2020) 15078-15094, https:/ /doi.org/10.1109/TVT.2020.3034130.

[22] G. D. Surabhi, R. M. Augustine, A. Chockalingam, On the diversity of uncoded OTFS modulation in doubly-dispersive channels, IEEE Transactions on Wireless Communications 18(6)(2019) 3049-3063, https:/ /doi.org/10.1109/TWC.2019.2909205.

[23] T. Thaj, E. Viterbo, Low complexity linear diversity-combining detector for MIMOOTFS, IEEE Wireless Communications Letters(2021) 1, https://doi.org/10.1109/LWC.2021.3125986.

第 9 章　总结和未来方向

章节要点

▲ OTFS 的主要优势。

▲ 其他研究方向。

知识的岛屿越大，探索的边缘就越广阔。——拉尔夫·华盛顿·索克曼

本书介绍了一系列时延多普勒通信系统，并揭示了它们如何能在高移动性无线信道上高效运作。我们从无线高移动性信道的建模和时延多普勒表示开始。然后我们关注了时延多普勒调制 OTFS，它在时延多普勒域中传输信息符号，以对抗高移动性场景中严重的多普勒移位。我们分析了 OTFS 信号与高移动性信道的交互，并将我们的分析扩展到 OTFS 的变体。

为了理解 OTFS 的基本理论，我们展示了它与众所周知的 Zak 变换的关系。利用 OTFS 调制/解调等效于离散 Zak 变换的事实，我们展示了如何利用 Zak 变换的性质简化分析。“

在后续章节中，我们介绍了在不同域执行的各种检测和信道估计技术。我们还展示了一个实时的软件定义无线电(SDR)实现，强调说明了其硬件损伤的影响及其缓解策略。最后，我们将检测和信道估计方案的分析从单输入单输出(SISO)扩展到多输入多输出(MIMO)和多用户通信。

本章将总结时延多普勒调制的关键优点，并列出 OTFS 变体的优、缺点，包括传输功率、检测复杂性和归一化频谱效率(NSE)方面，还包括用于信道估计所需的导频开销。这个比较对读者选择适合某些特定设计要求的 OTFS 变体很有帮助。最后，我们列出几个感兴趣的未来探索的研究方向。

9.1　OTFS 的主要优势

4G 无线通信已经采用 OFDM 波形作为慢速时间变化(准静态)多路径信道的空中接口。OFDM 使用多个子载波来携带信息，所有的子载波在接收机处保持正交通过使用循环

前缀(CP)来对抗由多路径信道延迟扩展引入的符号间干扰(ISI)。这使得可以使用低复杂性的单抽头均衡器进行检测。由于信道是慢变的,所以可以通过在多个 OFDM 符号中散布导频来估计它,所有子载波的信道估计可以通过简单的时频域插值得到。

在高移动性场景中,无线信道是双选择性的,多路径效应导致符号间干扰(ISI)和多普勒移位。因此,信道在 OFDM 符号内变化,导致子载波之间的正交性丧失。这反过来导致严重的子载波间干扰(ICI)和性能降低。在这种场景下,OFDM 的低复杂度检测和信道估计非常具有挑战性。多个多普勒很难均衡,子信道增益不等,性能最差的一个决定了性能。我们可能需要使用强大的信道编码来补偿这种缺点。此外,为了估计这种快速变化的信道,导频的开销可能会变得非常大。

与 OFDM 不同,OTFS 在时延多普勒域的二维正交基函数上复用信息符号而不是在时频域中复用。这种二维正交基函数被专门设计用来应对时变多径信道的动态性。因此,OTFS 将衰落、时变的多径信道转化为稀疏且缓慢变化的信道[1]。这种时延多普勒表达捕获了无线环境的几何特性,正如第 2 章所讨论的那样。

在时域中观察,OTFS 的正交基函数跨越了一个 NM 维的空间。在接收机处,这些函数都受到信道相同的缩放影响但会在高移动性 P 条多径信道中与其他基函数相互干扰。因此,接收机处的正交性会丢失,来自其他符号的一些符号间干扰(ISI)会出现。幸好少量路径数 $P<NM$ 仍然可以让我们容易地均衡这种干扰。例如,如第 6 章所示,我们可以使用复杂度非常低的最大比合并(MRC)检测来达到与消息传递(MP)检测相当的性能。

在高移动性信道中,传统的时频域不能捕捉到受多普勒频移影响的独立传播路径。相比之下,时延多普勒域能够实现稀疏且慢变的信道表达,从而简化了每个传播路径的参数估计。单个导频符号可以用来估计整个 OTFS 帧的每条路径的延迟、多普勒频移和增益。假设有 P 条具有不同整数延迟和多普勒频移的传播路径,一个孤立的在时延多普勒域中发送的导频符号在接收器处产生 P 个不同的非零样本,这些样本定义了时延多普勒信道响应。对于分数多普勒频移,可以通过在接收器处获得更多的不同非零样本来估计时延多普勒信道响应。

由此,第 7 章中介绍了嵌入式导频时延多普勒信道估计,其中导频、保护间隔和数据符号在 OTFS 帧中特别排列,以避免接收机处导频和数据之间的干扰。或者,可以使用时延-时间域信道估计,它的优点是由于时延-时间域提供的稀疏性,表示信道需要的参数更少。然后进行插值,以重构整个帧的每个延迟的时域信道系数(详见第 7 章)。

总的来说,OTFS 不仅在高移动性信道中表现出色,而且在静态多径信道中也表现出色。在文献[2]中证明,对于静态多径信道,OTFS 的系统结构等价于文献[3]中的向量 OFDM(V-OFDM)[也被称为文献[4,5]中的非对称 OFDM(A-OFDM)]。通过低复杂度的消息传递(MP)或最大比合并(MRC)检测,OTFS 比上述方案的 ZF 和最小均方误差(MMSE)检测获得了显著的性能提升。与广泛使用的 OFDM 相比,OTFS 的优越性能使其成为 6G 无线通信的潜在波形候选者。

9.2 OTFS 变体的利弊分析

在第 4 章中,我们介绍了 4 种 OTFS 变体,并在表 4-4 中比较了它们的关键设计约束,包括发射功率(P_T)、信道稀疏性和网络频谱效率(NSE)。结果显示,ZP/RZP-OTFS 具有最低的发射功率。

在第 6 章中,我们展示了 OTFS 变体的 MRC 检测及其复杂性。我们观察到,由于一些零信道子矩阵(对于 $m<l, \boldsymbol{K}_{m,l}=\boldsymbol{0}_N$),ZP-OTFS 具有最低的检测复杂性,而由于非循环子矩阵 $\boldsymbol{K}_{m,l}$,RCP/RZP-OTFS 具有最高的检测复杂性。

在第 7 章中,我们研究了信道估计对 NSE 的影响。表 7-1 中显示,对于具有完全保护间隔的高移动性信道估计,ZP-OTFS 具有最高的 NSE。

为了帮助读者选择适合特定设计要求的 OTFS 变体,我们在表 9-1 中总结了它们在发射功率(P_T)、最大比合并(MRC)检测复杂性和在低或者高移动性环境中的信道估计的导频开销的 NSE 方面的优点和缺点。比较低和高移动性信道的 NSE 时,我们采用了第 7 章中的嵌入式导频信道估计,分别使用了减少和完全的保护间隔符号。

从表 9-1 可以得出,由于发射功率低、检测复杂性低和 NSE 高,所以 ZP-OTFS 在高移动性信道中提供了最佳解决方案。此外,正如第 7 章所讨论的那样,ZP-OTFS 支持使用低复杂度的时延-时间域信道估计。

表 9-1 OTFS 变体的优、缺点(P_T来自表 4-4,MRC 检测来自第 6.5.6 节,NSE 来自表 7-1)

	发射功率(P_T)	MRC 检测复杂性	NSE(减少保护,低移动性)	NSE(全保护,高移动性)
CP	中等	低	低	低
ZP	最低	最低	中等	高
RCP	低	中等	高	中等
RZP	最低	中等	高	中等

9.3 其他研究方向

在本节中,我们将提出一些对从事 OTFS 研究的研究团队感兴趣的研究方向。我们想指出,Zak 变换是一种强大的工具,可能有助于分析和解决一些时延多普勒通信问题。

9.3.1 信道估计和峰均功率比减小

第 7 章中的嵌入式导频信道估计并未估计每个延迟路径中的分数多普勒偏移。相反,它估计了全多普勒信道响应样本。或者,我们可以估计单独的分数多普勒偏移以适应全多普勒信道响应。然而,这种非线性估计过程在某些信道条件(如紧密排列的分数多普勒偏移)下可能导致信道估计不准确。此外,噪声可以显著影响估计的准确性。因此,估计分数多普勒偏移是一个有趣的待研究的开放问题。

对于嵌入式导频信道估计,另一个问题是峰均功率比率(PAPR),它决定了发射机功率放大器(PA)的效率。低 PAPR 表示 PA 在线性区域内运行效率高,而高 PAPR 导致 PA 在非线性区域运行,从而降低性能。文献[6]中已经证明,OTFS 的最大 PAPR 与时间槽 N 的数量呈线性增长,而不是像 OFDM 那样与子载波的数量 M 呈线性增长。因此,对于 $N<M$,OTFS 的 PAPR 比 OFDM 好。然而,当使用嵌入式导频延迟时间信道估计时,一个导频被放置在时延多普勒域中,周围是保护符号。这种放置方式可以降低传统方法[7]中的信道估计复杂性,但由于在时延多普勒域中放置的导频产生的时间域脉冲,导致了高 PAPR。

一个解决方案是降低导频功率,使导频峰值远低于时间域样本的峰值。另一个解决方案是在时延多普勒域中放置一个导频序列(总功率与单个导频相同)[8,9]。然而,使用这样的导频序列进行信道估计具有更高的复杂性。尽管如此,考虑到其对 PAPR 的优势,它仍可以被认为是一个有趣的待探索的问题。

9.3.2 具有快速时变时延多普勒路径的信道

未来的无线网络可能涉及以高速移动的车辆之间的通信。对于非常长的帧,这可能导致物理信道的几何形状在一个帧的持续时间内变化。一个这样的场景是,当一个高速车辆在一个帧的持续时间内(几十毫秒)加速、减速或转弯,就像赛车与维修团队通信一样。延迟、多普勒和传播增益随时间变化。忽略噪声项,接收信号可以用时间变化的时延多普勒系数[路径的增益 $g_i(t)$、延迟扩散 $\tau_i(t)$、多普勒偏移 $\nu_i(t)$]表示为

$$r(t)=\sum_{i=1}^{P} g_i(t)\mathrm{e}^{\mathrm{j}2\pi\nu_i(t)(t-\tau_i(t))}s(t-\tau_i(t)) \tag{9.1}$$

这种模型也可以用于移动终端的水声通信[10,11],其中多径是由于信号从海面和海底的反射,而时间变化的多径参数是由于发射机和接收机之间的相对运动和海浪传播引起的[12]。

第 5 章中提出的 Zak 变换技术可以用来简化分析快速变化的时延多普勒信道的问题。此外,对于这样的信道,时间变化性使得准确估计时延多普勒信道参数变得困难。具体来说,如果我们在第 7 章和第 8 章中采用 OTFS 并使用嵌入式导频信道估计,这种估计技术可能无法捕捉信道系数的时间变化性。准确地模拟出在帧持续时间内,如式(9.1)中的时延多普勒参数如何随时间变化,是一个待探索的挑战性问题。

9.3.3 多用户通信

考虑 OTFS 多用户上行链路,其中多个用户与基站(BS)同时通信,每个用户在时延多普勒域的不同部分放置数据。对于检测方法,如果在时延多普勒域的之间放置了足够的保护符号,那么可以使用单用户检测[13]。否则,可以通过 MP[13]进行联合多用户检测。此外,可以应用 MRC 检测进行联合多用户检测,类似于第 8 章中讨论的多输入单输出(MISO)情况。可以设计一种替代的时延多普勒域资源分配,以限制分配给用户的带宽或时间槽[14]。

如果用户端有信道信息,可以应用预编码或波束成形来使用户的信号正交并降低检测

复杂性[15,16]。混合波束成形,包括预编码和通过调整发射天线的相位的模拟波束成形的组合,可以提供一种良好的解决方案,以增加在共享空间中的用户容量。或者,可以使用智能反射表面(IRS)[17-22]来塑造多径信道的几何形状。因此,将 OTFS 与预编码、波束成形和智能反射表面(IRS)结合用于多用户上行链路是令人兴奋的研究主题。

多用户通信的另一个挑战是上行信道估计[13,23],因为可以在给定的带宽和持续时间内传输的导频数量受到帧大小以及信道的延迟和多普勒扩散的限制。可能需要更多的导频来容纳更多的用户,并且必须开发一些机制来避免导频冲突或解耦重叠的导频。这个问题,以及在非常高流动性的信道中有效的多用户检测,仍然是 OTFS 的一个开放问题。

非正交多接入(NOMA)被认为能够支持大量用户有效地使用时间和频率资源[24]。由于 OTFS 可以被解释为一个二维的 CDMA,其中信息符号在整个时间和频率平面上被扩散[1,25],所以将 OTFS 和 NOMA 结合用于高流动性场景中的多用户通信是很自然的。最近,已经有人在文献[24,26 - 29]中提出了 OTFS - NOMA。这些工作主要集中在开发 OTFS - NOMA 方案、波束成形技术和检测方法[24,26-29]。研究表明,OTFS - NOMA 实现了提高频谱效率和改善具有不同移动性特征的用户的误码性能。未来的研究可以探索将 NOMA 应用于 OTFS 变体,并研究信道估计和检测技术。

9.3.4 大规模 MIMO - OTFS

大规模 MIMO 是 5G 无线通信的关键技术之一。大规模 MIMO 采用大量的天线来提供巨大的吞吐量和能效改进[30-33]。对于高移动性的多用户下行链路,即基站与大量移动用户通信的场景,可以结合使用 OTFS 和大规模 MIMO 来提高误码性能[8,9,15,34-36]。

可以在时延多普勒-空间域(或时延多普勒-角度域)[8,9,34,36]分析多用户下行链路的大规模 MIMO - OTFS 性能。然而,当在频分双工(FDD)模式[8,9]下进行操作时,信道估计是一个主要的挑战。众所周知,在时间分双工(TDD)模式[36]下,可以通过上行训练来获得信道信息,这要归功于上行-下行信道的对等性。相比之下,在频分双工(FDD)模式[8,9,34]下,下行信道估计更具挑战性。在文献[8,9]中,通过利用三维信道稀疏性,提出了嵌入式导频-和导频序列辅助的信道估计,但对于有限的信道条件,导频开销相对较高。大规模 MIMO - OTFS 的低开销下行信道估计是一个待探索的开放问题。

9.3.5 OTFS 用于通感一体化

通感一体化指的是通过共享波形进行联合雷达和通信。通感一体化在现代民用和商业领域得到了广泛的应用。例如,在新兴的智能交通应用中,通感一体化系统提供与其他车辆的通信链路和主动环境感知功能,使得道路上的所有车辆能够进行协作交互[37]。不出所料,通感一体化系统的其他应用主要在航空和军事领域。尽管有不少研究,当前的通感一体化(和雷达)系统仍存在局限性,难以支持如高移动性和密集交通环境的智能汽车系统等新兴应用,这些应用需要非常高的数据速率、超可靠性和超低延迟通信。在这些条件下,开发能够同时满足雷达感知和数据通信需求的合适波形是具有挑战性的。

作为一种适应高移动性环境的有前景的波形，OTFS已经在文献[38,39]中初步研究用于通感一体化，包括输入-输出关系、检测和雷达估计。研究表明，基于OTFS的雷达处理不仅具有多载波调制的内在优点，而且还提供了改进雷达能力的额外好处，如更长的距离、更快的跟踪速度等。这些结果启发了OTFS在通感一体化中的潜在应用。一个可能的研究方向是探索第4章介绍的不同OTFS变体的通感一体化。

9.3.6 正交时序多路复用及预编码设计

OTFS在静态和高移动多径信道上都表现出优秀的性能。这种性能提升是将信息符号通过辛快速傅里叶逆变换(ISFFT)在二维正交基函数上扩散的结果，这些基函数覆盖了整个时间和带宽资源，从而利用了时频多样性。我们可以将OTFS中的辛快速傅里叶逆变换(ISFFT)视为时频域的二维预编码。

在文献[16,40]中，已经展示了在时频域的任何二维酉变换都能达到与OTFS的辛快速傅里叶逆变换(ISFFT)相同的误码性能。这为我们在不牺牲性能的前提下选择时频预编码创造了许多可能性。

一个例子是在文献[41]中提出的沃尔什-哈达玛德变换(WHT)波形[通过用WHT替换快速傅里叶变换(FFT)，类似于CP-OTFS]，接收机使用了时域线性最小均方误差并行干扰消除(LMMSE-PIC)。另一个例子是最近提出的正交时间序列多路复用(OTSM)[42,43]，它在时间和频率上扩散信息符号，使用快速傅里叶变换(FFT)沿频率和WHT($\boldsymbol{W}_N \in \mathbf{Z}^{N\times N}$)沿时间。提出了一种低复杂度的延迟时间(或时延多普勒)MRC检测和时域信道估计。

一般来说，时频域的酉预编码可以写为$\boldsymbol{X}_{\mathrm{tf}}=\boldsymbol{V}_{\mathrm{f}}\cdot\boldsymbol{X}\cdot\boldsymbol{V}_{\mathrm{t}}$，其中$\boldsymbol{X}_{\mathrm{tf}}\in\mathbf{C}^{M\times N}$是从信息符号矩阵$\boldsymbol{X}\in\mathbf{C}^{M\times N}$生成的时频样本矩阵，酉矩阵$\boldsymbol{V}_{\mathrm{f}}\in\mathbf{C}^{M\times M}$和$\boldsymbol{V}_{\mathrm{t}}\in\mathbf{C}^{N\times N}$定义了不同的波形。例如，OTFS使用辛快速傅里叶逆变换(ISFFT)，其中$\boldsymbol{V}_{\mathrm{f}}=\boldsymbol{F}_M$和$\boldsymbol{V}_{\mathrm{t}}=\boldsymbol{F}_N^{\dagger}$，而OTSM使用$\boldsymbol{V}_{\mathrm{f}}=\boldsymbol{F}_M$和$\boldsymbol{V}_{\mathrm{t}}=\boldsymbol{F}_N^{\dagger}$。两种方案都使用$\boldsymbol{V}_{\mathrm{f}}=\boldsymbol{F}_M$，这与海森堡变换的快速傅里叶逆变换(IFFT)抵消了，如下所示：

$$\boldsymbol{s}=\mathrm{vec}(\boldsymbol{F}_M^{\dagger}\cdot\boldsymbol{X}_{\mathrm{tf}})-\mathrm{vec}(\boldsymbol{F}_M^{\dagger}\cdot\boldsymbol{F}_M\cdot\boldsymbol{X}\cdot\boldsymbol{V}_{\mathrm{t}})=\mathrm{vec}(\boldsymbol{X}\cdot\boldsymbol{V}_{\mathrm{t}}) \tag{9.2}$$

生成了用于传输的时域向量$\boldsymbol{s}$。选择$\boldsymbol{V}_{\mathrm{f}}=\boldsymbol{F}_M$将时频二维酉预编码波形转换为一维酉预编码的单载波波形。此外，$\boldsymbol{V}_{\mathrm{t}}$的选择影响了预编码操作的计算复杂性。例如，在OTSM中使用WHT($\boldsymbol{V}_{\mathrm{t}}=\boldsymbol{W}_N$)只需要加法和减法，而在OTFS中使用$\boldsymbol{V}_{\mathrm{t}}=\boldsymbol{F}_N^{\dagger}$需要更高复杂度的复数乘法。

另外，预编码矩阵$\boldsymbol{V}_{\mathrm{t}}$的选择会影响信道的稀疏性，这决定了检测的复杂性。假设只有整数时延和多普勒抽头的信道，使用$\boldsymbol{V}_{\mathrm{t}}=\boldsymbol{F}_N^{\dagger}$的OTFS提供了信道的最稀疏表示。然而，当信道存在分数多普勒移位时，这样的表示可能不会那么稀疏。相反，OTSM中使用WHT导致了类似的稀疏性(时延多普勒抽头数目)，但计算复杂度降低。另一种选择是使用离散余弦变换(DCT)，它可能比离散傅里叶逆变换(IDFT)和WHT提供更高的稀疏性(减少的时延多普勒抽头数目)。离散余弦变换(DCT)被认为能将大部分能量集中在少数几个系数上，但文献中尚未探讨由离散余弦变换(DCT)提供的信道的稀疏表示。一个广泛的研究方向是为不同类型的信道上的各种酉预编码系统设计来确保信道的稀疏表达。

9.3.7 机器学习应用于 OTFS

机器学习技术已经被应用于各种各样的领域和行业,其目标是使用大规模的训练数据集来优化系统性能。基于深度神经网络(DNN)的机器学习是解决许多物理层通信问题的有前途的工具,包括信道估计和预测以及在信道状态信息不完全或未知情况下的信号检测(参见文献[44-50]及其中的引用)。

最近,机器学习技术已经被应用于 OTFS,特别是在文献[51,52]中的信道估计和检测。在文献[51]中,提出了一种基于深度神经网络(DNN)的收发器架构,用于学习时延-多普勒信道并使用一个专门为此目的训练的深度神经网络(DNN)来检测信息符号。在文献[52]中,提出了一种基于二维卷积神经网络(CNN)的 OTFS 信号检测。使用基于消息检测(MP)算法的数据增强技术来提高所提方法的学习能力。

总的来说,对于 OTFS 的机器学习技术的实际设计、实施和验证仍处于初级阶段,是未来研究的一个关键方向。

【参考文献】

[1] R. Hadani, S. Rakib, M. Tsatsanis, A. Monk, A. J. Goldsmith, A. F. Molisch, R. Calderbank, Orthogonal time frequency space modulation, in: 2017 IEEE Wireless Communications and Networking Conference(WCNC), 2017, pp. 1-6.

[2] P. Raviteja, E. Viterbo, Y. Hong, OTFS performance on static multipath channels, IEEE Wireless Communications Letters 8(3)(2019) 745-748, https://doi.org/10.1109/LWC.2018.2890643.

[3] X. G. Xia, Precoded and vector OFDM robust to channel spectral nulls and with reduced cyclic prefix length in single transmit antenna systems, IEEE Transactions on Communications 49(8)(2001) 1363-1374, https://doi.org/10.1109/26.939855.

[4] J. Zhang, A. D. S. Jayalath, Y. Chen, Asymmetric OFDM systems based on layered FFT structure, IEEE Signal Processing Letters 14(11)(2007) 812-815, https://doi.org/10.1109/LSP.2007.903230.

[5] L. Luo, J. Zhang, Z. Shi, BER analysis for asymmetric OFDM systems, in: Proc. 2008 IEEE Global Telecommunications Conference(GLOBECOM), 2008, pp. 1-6.

[6] G. D. Surabhi, R. M. Augustine, A. Chockalingam, Peak-to-average power ratio of OTFS modulation, IEEE Communications Letters 23(6)(2019) 999-1002, https://doi.org/10.1109/LCOMM.2019.2914042.

[7] M. Ramachandran, A. Chockalingam, MIMO-OTFS in high-Doppler fading channels: signal detection and channel estimation, in: 2018 IEEE Global Communications Conference(GLOBECOM), 2018, pp. 1-6.

[8] W. Shen, L. Dai, J. An, P. Z. Fan, R. W. Heath, Channel estimation for orthogonal time frequency space(OTFS) massive MIMO, IEEE Transactions on Signal Processing 67 (16)(2019) 4204 - 4217, https://doi.org/10.1109/TSP.2019.2919411.

[9] D. Shi, W. Wang, L. You, X. Song, Y. Hong, X. Gao, G. Fettweis, Deterministic pilot design and channel estimation for downlink massive MIMO—OTFS systems in presence of the fractional Doppler, IEEE Transactions on Wireless Communications 20 (11)(2021) 7151 - 7165, https://doi.org/10.1109/TWC.2021.3081164.

[10] T. Ebihara, G. Leus, Doppler-resilient orthogonal signal—division multiplexing for underwater acoustic communication, IEEE Journal of Oceanic Engineering 41(2) (2016) 408 - 427, https://doi.org/10.1109/JOE.2015.2454411.

[11] T. Ebihara, H. Ogasawara, G. Leus, Underwater acoustic communication using multiple-input - multiple-output Doppler-resilient orthogonal signal division multiplexing, IEEE Journal of Oceanic Engineering 45(4)(2020) 1594 - 1610, https://doi.org/10.1109/JOE.2019.2922094.

[12] S. H. Byun, S. M. Kim, Y. K. Lim, W. Seong, Time-varying underwater acoustic channel modeling for moving platform, in: Oceans 2017, 2007, pp. 1 - 6.

[13] P. Raviteja, K. T. Phan, Y. Hong, Embedded pilot-aided channel estimation for OTFS in delay-Doppler channels, IEEE Transactions on Vehicular Technology 68(5)(2019) 4906 - 4917, https://doi.org/10.1109/TVT.2019.2906357.

[14] V. Khammammetti, S. K. Mohammed, OTFS-based multiple-access in high Doppler and delay spread wireless channels, IEEE Wireless Communications Letters 8(2) (2019)528 - 531, https://doi.org/10.1109/LWC.2018.2878740.

[15] B. C. Pandey, S. K. Mohammed, P. Raviteja, Y. Hong, E. Viterbo, Low complexity precoding and detection in multi-user massive MIMO OTFS downlink, IEEE Transactions on Vehicular Technology 70(5)(2021) 4389 - 4405, https://doi.org/10.1109/TVT.2021.3061694.

[16] T. Zemen, D. Loschenbrand, M. Hofer, C. Pacher, B. Rainer, Orthogonally precoded massive MIMO for high mobility scenarios, IEEE Access 7(2019) 132979 - 132990, https://doi.org/10.1109/ACCESS.2019.2941316.

[17] S. Hu, F. Rusek, O. Edfors, The potential of using large antenna arrays on intelligent surfaces, in: 2017 IEEE 85th Vehicular Technology Conference(VTC Spring), 2017, pp. 1 - 6.

[18] S. Hu, F. Rusek, O. Edfors, Beyond massive MIMO: the potential of data transmission with large intelligent surfaces, IEEE Transactions on Signal Processing 66(10) (2019)2746 - 2758, https://doi.org/10.1109/TSP.2018.2816577.

[19] Q. Wu, R. Zhang, Intelligent reflecting surface enhanced wireless network: joint ac-

tive and passive beamforming design,in: 2018 IEEE Global Communications Conference(GLOBECOM),2018,pp. 1 - 6.

[20] Q. Wu,R. Zhang,Intelligent reflecting surface enhanced wireless network via joint active and passive beamforming,IEEE Transactions on Wireless Communications 18 (11)(2019) 5394 - 5409,https://doi.org/10.1109/TWC.2019.2936025.

[21] E. Basar,M. D. Renzo,J. D. Rosny,M. Debbah,M. Alouini,R. Zhang,Wireless communications through reconfigurable intelligent surfaces, IEEE Access 7 (2019) 116753 - 116773,https://doi.org/10.1109/ACCESS.2019.2935192.

[22] Q. Wu,R. Zhang,Towards smart and reconfigurable environment: intelligent reflecting surface aided wireless network,IEEE Communications Magazine 58(1)(2020) 106 - 112,https://doi.org/10.1109/MCOM.001.1900107.

[23] O. K. Rasheed,G. D. Surabhi,A. Chockalingam,Sparse delay-Doppler channel estimation in rapidly time-varying channels for multiuser OTFS on the uplink,in: 91st IEEE Vehicular Technology Conference,VTC Spring 2020,Antwerp,Belgium,May 25 - 28,2020,IEEE,2020,pp. 1 - 5.

[24] Z. Ding,R. Schobcr,P. Fan,H. V. Poor,OTFS NOMA: An efficient approach for exploiting heterogenous user mobility profiles,IEEE Transactions on Communications 67(11)(2019) 7950 - 7965,https://doi.org/10.1109/TCOMM.2019.2932934.

[25] P. Raviteja,K. T. Phan,Y. Hong,E. Viterbo,Interference cancellation and iterative detection for orthogonal time frequency space modulation,IEEE Transactions on Wireless Communications 17(10)(2018) 6501 - 6515,https://doi.org/10.1109/TWC.2018.2860011.

[26] Z. Ding,Robust beamforming design for OTFS-NOMA,IEEE Open Journal of the Communications Society 1(2019) 33 - 40,https://doi.org/10.1109/OJCOMS.2019.2953574.

[27] Y. Ge,Q. Deng,P. C. Ching,Z. Ding,OTFS signaling for uplink NOMA of heterogeneous mobility users,IEEE Transactions on Communications 69(5)(2019) 3147 - 3161,https://doi.org/10.1109/TCOMM.2021.3059456.

[28] K. Deka,A. Thomas,S. Sharma,OTFS—SCMA: a code-domain NOMA approach for orthogonal time frequency space modulation,IEEE Transactions on Communications 69(8)(2021) 5043 - 5058,https://doi.org/10.1109/TCOMM.2021.3075237.

[29] A. Chatterjee,V. Rangamgari,S. Tiwari,S. S. Das,Nonorthogonal multiple access with orthogonal time-frequency space signal transmission,IEEE Systems Journal 15 (1)(2021) 383 - 394,https://doi.org/10.1109/JSYST.2020.2999470.

[30] L. Marzetta,Noncooperative cellular wireless with unlimited num Bers of base station antennas,IEEE Transactions on Wireless Communications 9(11)(2010) 3590 - 3600,

https://doi.org/10.1109/TWC.2010.092810.091092.

[31] F. Rusek, D. Persson, B. K. Lau, E. G. Larsson, T. L. Marzetta, O. Edfors, F. Tufvesson, Scaling up MIMO: opportunities and challenges with very large arrays, IEEE Signal Processing Magazine 30(1)(2010) 40 – 60, https://doi.org/10.1109/MSP.2011.2178495.

[32] H. Q. Ngo, E. G. Larsson, T. L. Marzetta, Energy and spectral efficiency of very large multiuser MIMO systems, IEEE Transactions on Communications 61(4)(2013) 1436 – 1449, https://doi.org/10.1109/MSP.2011.2178495.

[33] E. G. Larsson, O. Edfors, F. Tufvesson, T. L. Marzetta, Massive MIMO for next generation wireless systems, IEEE Communications Magazine 52(2)(2014) 186 – 195, https://doi.org/10.1109/MCOM.2014.6736761.

[34] Y. Liu, S. Zhang, F. Gao, J. Ma, X. Wang, Uplink-aided high mobility downlink channel estimation over massive MIMO-OTFS system, IEEE Journal on Selected Areas in Communications 38(9)(2020) 1994 – 2009, https://doi.org/10.1109/JSAC.2020.3000884.

[35] Y. Shan, F. Wang, Low-complexity and low-overhead receiver for OTFS via large-scale antenna array, IEEE Transactions on Vehicular Technology 70(6)(2021) 5703 – 5718, https://doi.org/10.1109/TVT.2021.3072667.

[36] M. Li, S. Zhang, F. Gao, P. Fan, O. A. Dobre, Low-complexity and low-overhead receiver for OTFS via large-scale antenna array, IEEE Journal on Selected Areas in Communications 39 (4) (2021) 903 – 918, https://doi.org/10.1109/JSAC.2020.3018826.

[37] C. Sturm, W. Wiesbeck, Waveform design and signal processing aspects for fusion of wireless communications and radar sensing, Proceedings of the IEEE 99(7)(2011) 1236 – 1259, https://doi.org/10.1109/JPROC.2011.2131110.

[38] P. Raviteja, K. T. Phan, Y. Hong, E. Viterbo, Orthogonal time frequency space (OTFS) modulation based radar system, in: 2019 IEEE Radar Conference(RadarConf), 2021, pp. 1 – 6.

[39] L. Gaudio, M. Kobayashi, G. Caire, G. Colavolpe, On the effectiveness of OTFS for joint radar parameter estimation and communication, IEEE Transactions on Wireless Communications 19(9)(2020) 5951 – 5965, https://doi.org/10.1109/TWC.2020.2998583.

[40] T. Zemen, M. Hofer, D. Loschenbrand, C. Pacher, Iterative detection for orthogonal precoding in doubly selective channels, in: 2018 IEEE 29th Annual International Symposium on Personal, Indoor and Mobile Radio Communications(PIMRC), 2018, pp. 1 – 6.

[41] R. Bomfin, A. Nimr, M. Chafii, G. Fettweis, A robust and low-complexity Walsh – Hadamard modulation for doubly-dispersive channels, IEEE Communications Letters

25(3)(2021) 897 - 901,https://doi.org/10.1109/LCOMM.2020.3034429.

[42] T. Thaj, E. Viterbo, Orthogonal time sequency multiplexing modulation, in: 2021 IEEE Wireless Communications and Networking Conference(WCNC), 2021.

[43] T. Thaj, E. Viterbo, Y. Hong, Orthogonal time sequency multiplexing modulation: analysis and low-complexity receiver design, IEEE Transactions on Wireless Communications 20(12)(2021) 7842 - 7855, https://doi.org/10.1109/TWC.2021.3088479.

[44] T. O'Shea, J. Hoydis, An introduction to deep learning for the physical layer, IEEE Transactions on Cognitive Communications and Networking 3(4)(2017) 563 - 575, https://doi.org/10.1109/TCCN.2017.2758370.

[45] H. Ye, G. Y. Li, B. Juang, Power of deep learning for channel estimation and signal detection in OFDM systems, IEEE Wireless Communications Letters 7(1)(2018) 114 - 117, https://doi.org/10.1109/LWC.2017.2757490.

[46] S. Dorner, S. Cammerer, J. Hoydis, S. t. Brink, Deep learning based communication over the air, IEEE Journal of Selected Topics in Signal Processing 12(1)(2018) 132 - 143, https://doi.org/10.1109/JSTSP.2017.2784180.

[47] N. Farsad, A. Goldsmith, An introduction to deep learning for the physical layer, IEEE Transactions on Signal Processing 66(21)(2017) 5663 - 5678, https://doi.org/10.1109/TSP.2018.2868322.

[48] S. Sharma, Y. Hong, UWB receiver via deep learning in MUI and ISI scenarios, IEEE Transactions on Vehicular Technology 69(3)(2020) 3496 - 3499, https://doi.org/10.1109/TVT.2020.2972510.

[49] T. V. Luong, Y. Ko, N. A. Vien, D. H. N. Nguyen, M. Matthaiou, Deep learning-based detector for OFDM-IM, IEEE Wireless Communications Letters 8(4)(2019) 1159 - 1162, https://doi.org/10.1109/LWC.2019.2909893.

[50] S. Sharma, Y. Hong, A hybrid multiple access scheme via deep learning-based detection, IEEE Systems Journal 15(1)(2021) 981 - 984, https://doi.org/10.1109/JSYST.2020.2975666.

[51] A. Naikoti, A. Chockalingam, Low-complexity delay-Doppler symbol DNN for OTFS signal detection, in: 2021 IEEE 93rd Vehicular Technology Conference(VTC2021-Spring), 2021, pp. 1 - 6.

[52] Y. K. Enku, B. Bai, F. Wan, C. U. Guyo, I. N. Tiba, C. Zhang, S. Li, Two-dimensional convolutional neural network based signal detection for OTFS systems, IEEE Wireless Communications Letters 10(11)(2021) 2514 - 2518, https://doi.org/10.1109/LWC.2021.3106039.

附　　录

附录 A　符号与缩略词

符号与缩略词	含　　义
$\mathbf{R}^{M\times N}$	实数元素的$(M\times N)$维矩阵集合
$\mathbf{C}^{M\times N}$	复数元素的$(M\times N)$维矩阵集合
$\mathbf{Z}^{M\times N}$	整数元素的$(M\times N)$维矩阵集合
a	实数或复数
a^*	复共轭
$\boldsymbol{a}$	列向量
$\boldsymbol{a}[n]$	向量 $\boldsymbol{a}$ 的第 n 个元素
$\boldsymbol{A}$	矩阵
$\boldsymbol{A}[m,n]$	矩阵 $\boldsymbol{A}$ 的(m,n)元素
$(\cdot)^{\mathrm{T}}$	转置
$(\cdot)^{\dagger}$	共轭转置
$\boldsymbol{A}^n$	矩阵 A 的 n 次幂
$\mathrm{diag}(\boldsymbol{a})$	主对角线上元素为向量 $\boldsymbol{a}$ 的对角矩阵
$\mathrm{circ}(\boldsymbol{a})$	基于列向量 $\boldsymbol{a}$ 的循环移位构建的方形循环矩阵
$\mathrm{tr}(\boldsymbol{A})$	矩阵 $\boldsymbol{A}$ 的迹
$\boldsymbol{a}=\mathrm{vec}(\boldsymbol{A})$	将 $M\times N$ 矩阵 $\boldsymbol{A}$ 按列展开成长度为 MN 的向量 $\boldsymbol{a}$
$\boldsymbol{A}=\mathrm{vec}_{M,N}^{-1}(\boldsymbol{a})$	将长度为 MN 的向量 $\boldsymbol{a}$ 反向展开为一个 $M\times N$ 矩阵 $\boldsymbol{A}$
$\boldsymbol{I}_N$	$N\times N$ 单位矩阵
$\mathbf{0}_N$	N 个 0 的列向量
$\mathbf{1}_N$	N 个 1 的列向量

续表

符号与缩略词	含　义
⊛	循环卷积
$\otimes$	矩阵克罗内克积
$\circ$	矩阵哈达玛积(逐元素相乘)
$\oslash$	矩阵哈达玛除(逐元素相除)
$\boldsymbol{F}_N$	N 点离散傅里叶变换(DFT)矩阵
$\boldsymbol{F}_N^\dagger$	N 点离散傅里叶逆变换(IDFT)矩阵
$\mathrm{DFT}_N(\cdot)$	N 点离散傅里叶变换算子
$\mathrm{IDFT}_N(\cdot)$	N 点离散傅里叶逆变换算子
$\delta(\cdot)$	狄拉克 δ 函数
$[n]_M$	整数 n 对整数 M 取模
$\lceil a \rceil$	将 a 射到大于或等于 a 的最接近的整数的天花板函数
$\lfloor a \rfloor$	将 a 映射到小于或等于 a 的最接近的整数的地板函数
$\lvert \mathcal{S} \rvert$	集合 $\mathcal{S}$ 的基数
$c=3\times10^8$ m/s	光速
$\max(\cdot)$	返回一组元素的最大值的最大操作
$E(\cdot)$	期望运算符
$\mathrm{Var}(\cdot)$	方差运算符
1D	一维
2D	二维
3D	三维
AD	模数转换
ADC	模拟到数字转换器
AWGN	加性白噪声
BC	广播信道
BER	误比特率
CDMA	码分多址
CFO	载波频偏
CM	复数乘法
CP	循环前缀
CP-OTFS	循环前缀正交时频空间
DA	数模转换
DAC	数字到模拟转换器

续表

符号与缩略词	含　义
DC	直流
DCR	直接转换接收机
DFE	决策反馈均衡器
DFT	离散傅里叶变换
DLL	动态链接库
DZT	离散 Zak 变换
ECC	错误纠正码
EGC	等增益合并
EPA	扩展的行人 A 模型
ETU	扩展的典型城市模型
EVA	扩展的车辆 A 模型
FBMC	滤波器组多载波
FDD	频分双工
FDE	频域均衡器
FDMA	频分多址
FFT	快速傅里叶变换
GFDM	广义频分复用
GSM	全球移动通信系统
ICI	载波间干扰
IDFT	离散傅里叶逆变换
IDI	多普勒间干扰
IDZT	离散 Zak 逆变换
IF	中频
IFFT	快速傅里叶逆变换
IQ	正交振幅调制
IRS	智能反射面
ISFT	辛傅里叶逆变换
ISFFT	辛快速傅里叶逆变换
ISI	符号间干扰
LDPC	低密度奇偶校验码
LLR	对数似然比
LMMSE	线性最小均方误差

续表

符号与缩略词	含　义
LMMSE - PIC	带有并行干扰消除的线性最小均方误差
LTI	线性时不变
MAC	多址信道
MAP	最大后验概率
MIMO	多输入多输出
MISO	多输入单输出
MMSE	最小均方误差
MP	消息传递算法
MRC	最大比合并
NI	国家仪器公司
NOMA	非正交多址
NPI	噪声加干扰
NSE	归一化频谱效率
OFDM	正交频分复用
OFDMA	正交频分复用多址
OOB	带外
OTFS	正交时频空间
OTFS	在 2017 年之前，指的是正交时频移
OTSM	正交时间序列复用
PAPR	峰均比
PS	并行转串行
PS - OFDM	脉冲形状正交频分复用
QAM	正交幅度调制
RCP - OTFS	减少循环前缀的正交时频空间
REPN	残差误差加噪声
RZP - OTFS	减少零填充的正交时频空间
SE	频谱效率
SFT	辛傅里叶变换
SFFT	辛快速傅里叶变换
SDR	软件定义无线电
SINR	信号与干扰加噪声比
SISO	单输入单输出

续表

符号与缩略词	含 义
SNR	信噪比
TDD	时分双工
TDL	触发延迟线
TDMA	时分多址
UFMC	通用滤波多载波
UMTS	通用移动通信系统
USRP	通用软件无线电外围设备
WHT	Walsh - Hadamard 变换
ZP	零填充
ZP - OTFS	零填充正交时频空间

附录 B 一些有用的矩阵

B.1 DFT 矩阵

定义 N 点离散傅里叶变换(DFT)矩阵为

$$\boldsymbol{F}_N=\frac{1}{\sqrt{N}}\{\omega_N^{kl}\}_{k,l=0}^{N-1}=\frac{1}{\sqrt{N}}\begin{pmatrix}1 & 1 & 1 & & 1\\ 1 & \omega_N^{1\cdot 1} & \omega_N^{1\cdot 2} & \cdots & \omega_N^{(N-1)\cdot 1}\\ \vdots & & & & \vdots\\ 1 & \omega_N^{(N-1)\cdot 1} & \omega_N^{(N-1)\cdot 2} & \cdots & \omega_N^{(N-1)(N-1)}\end{pmatrix}$$

其中,$\omega_N=\mathrm{e}^{-\mathrm{j}2\pi/N}$。给定一个长为 N 的向量 $\boldsymbol{a}$,将其离散傅里叶变换(DFT)记作 $\tilde{\boldsymbol{a}}=\boldsymbol{F}_N\boldsymbol{a}$,离散傅里叶逆变换(IDFT)矩阵是 $\boldsymbol{F}_N^{-1}=\boldsymbol{F}_N^{\dagger}$,傅里叶逆变换记作 $\boldsymbol{a}=\boldsymbol{F}_N^{\dagger}\tilde{\boldsymbol{a}}$。

$\boldsymbol{F}_N$ 的列是谐波离散时间复正弦函数,构成了 DFT 的正交基。可以注意到,$\boldsymbol{F}_N^{\mathrm{T}}=\boldsymbol{F}_N$ 和 $(\boldsymbol{F}_N^{\dagger})^{\mathrm{T}}=\boldsymbol{F}_N^{\dagger}$ 具有对称性。

B.2 排列矩阵

置换是一种整数集合内的一一映射,对于 $1,\cdots,N$,定义为

$$\boldsymbol{\pi}=\begin{pmatrix}1 & 2 & \cdots & n\\ \pi_1 & \pi_2 & \cdots & \pi_N\end{pmatrix}$$

将给定向量的元素乘以一个置换矩阵 $\boldsymbol{P}$ 来对其进行置换,置换矩阵 $\boldsymbol{P}$ 在第 i 行的位置 π_i 处为 1,其他位置为 0:

$$\boldsymbol{P}\begin{pmatrix}a_1\\a_2\\\vdots\\a_N\end{pmatrix}=\begin{pmatrix}a_{\pi_1}\\a_{\pi_2}\\\vdots\\a_{\pi_N}\end{pmatrix}$$

1 步循环移动是一种特殊的排列方式：

$$\boldsymbol{\Pi}=\begin{pmatrix}0&\cdots&0&1\\1&\ddots&0&0\\\vdots&\ddots&\ddots&\vdots\\0&\cdots&1&0\end{pmatrix}$$

l 步循环移动的置换矩阵由$\boldsymbol{\Pi}^l$ 给出。

B.3 循环矩阵

$N\times N$ 的循环矩阵是由循环移动列向量 $\boldsymbol{a}=(a_0,\cdots,a_{N-1})^{\mathrm{T}}$ 得到的：

$$\boldsymbol{A}=\mathrm{circ}\ (a_0,\cdots,a_{N-1})=\begin{pmatrix}a_0&a_{N-1}&\cdots&&a_1\\a_1&a_0&&&a_2\\\vdots&\ddots&\ddots&\ddots&\vdots\\a_{N-2}&&&a_0&a_{N-1}\\a_{N-1}&a_{N-2}&\cdots&a_1&a_0\end{pmatrix}$$

$$\boldsymbol{A}=a_0\boldsymbol{I}+a_1\boldsymbol{\Pi}+\cdots+a_{N-1}\boldsymbol{\Pi}^{N-1}$$

循环矩阵可对角化为

$$\boldsymbol{A}=\boldsymbol{F}_N^{\dagger}\boldsymbol{\Lambda}\boldsymbol{F}_N=\boldsymbol{F}_N^{\dagger}\mathrm{diag}(\tilde{\boldsymbol{a}})\boldsymbol{F}_N$$

其中，特征向量是 DFT 矩阵的列 $\boldsymbol{F}_N$，对角阵 $\boldsymbol{\Lambda}$ 上的特征值由向量 $\boldsymbol{a}$ 的 DFT 给出：

$$\tilde{\boldsymbol{a}}=\boldsymbol{F}_N\boldsymbol{a}$$

B.4 线性卷积和循环矩阵

给定长度为 M 的向量 $\boldsymbol{a}=(a_0,\cdots,a_{M-1})^{\mathrm{T}}$ 和长度为 N 的向量 $\boldsymbol{b}=(b_0,\cdots,b_{N-1})^{\mathrm{T}}$，线性卷积后的向量 $\boldsymbol{c}=(c_0,\cdots,c_{M+N-2})^{\mathrm{T}}=\boldsymbol{a}*\boldsymbol{b}$ 长度为 $M+N-1$，其元素为

$$c_n=\sum_k a_k b_{k-n}$$

给定长度均为 M 的向量 $\boldsymbol{a}=(a_0,\cdots,a_{M-1})^{\mathrm{T}}$ 和 $\boldsymbol{b}=(b_0,\cdots,b_{M-1})^{\mathrm{T}}$，循环卷积后的向量 $\boldsymbol{c}=(c_0,\cdots,c_{M-1})^{\mathrm{T}}=\boldsymbol{a}\circledast\boldsymbol{b}$ 长度为 M，其元素为

$$c_n=\sum_{k=0}^{M-1}a_k b_{[k-n]_M}$$

循环卷积也可以写作

$$\boldsymbol{c}=\mathrm{circ}\ (a_0,\cdots,a_{M-1})\cdot\boldsymbol{b}$$

利用 DFT 的标准特性,可以在频域内高效地进行循环卷积的计算:

$$\boldsymbol{c}=\boldsymbol{F}_M^{\dagger}\boldsymbol{\Lambda}\boldsymbol{F}_M\boldsymbol{b}\rightarrow\boldsymbol{F}_M\boldsymbol{c}=\boldsymbol{\Lambda}\boldsymbol{F}_M\boldsymbol{b}\rightarrow\tilde{\boldsymbol{c}}=\boldsymbol{\Lambda}\tilde{\boldsymbol{b}}\rightarrow\tilde{\boldsymbol{c}}=\tilde{\boldsymbol{a}}\circ\tilde{\boldsymbol{b}}$$

B.5 二维变换、双重循环块矩阵和二维循环卷积

图像处理通常处理二维(2D)信号,根据二维卷积运算和各种类型的二维变换执行各种类型的线性滤波。正如本书中所讨论的那样,时延-多普勒信道是线性时变高移动性信道的二维表示,因此处理二维信号非常方便,当考虑离散时间采样时,可以用 $M\times N$ 矩阵来描述。给定二维信号矩阵 $\boldsymbol{X}$,其二维-离散傅里叶变换定义为

$$\hat{\boldsymbol{X}}=\boldsymbol{F}_M\boldsymbol{X}\boldsymbol{F}_N$$

即对 $\boldsymbol{X}$ 的每一列进行 M 点离散傅里叶变换,对每一行进行 N 点离散傅里叶变换。二维-离散傅里叶逆变换的计算公式为

$$\boldsymbol{X}=\boldsymbol{F}_M^{\dagger}\hat{\boldsymbol{X}}\boldsymbol{F}_N^{\dagger}$$

即对 $\boldsymbol{X}$ 的每一列进行 M 点离散傅里叶逆变换,对每一行进行 N 点离散傅里叶逆变换。变换对用向量化的形式[①]写作

$$\text{vec}(\hat{\boldsymbol{X}})=(\boldsymbol{F}_N\otimes\boldsymbol{F}_M)\cdot\text{vec}(\boldsymbol{X}),\text{vec}(\boldsymbol{X})=(\boldsymbol{F}_N^{\dagger}\otimes\boldsymbol{F}_M^{\dagger})\cdot\text{vec}(\hat{\boldsymbol{X}})$$

由 $\boldsymbol{X}=[\boldsymbol{x}_1,\cdots,\boldsymbol{x}_N]$ 和 $\boldsymbol{Y}$,我们可定义二维循环卷积 $\boldsymbol{Z}=\boldsymbol{X}\circledast\boldsymbol{Y}$,其中

$$\boldsymbol{Z}[m,n]=\sum_{k=0}^{M-1}\sum_{l=0}^{N-1}\boldsymbol{X}[[m-k]_M,[n-l]_N]\boldsymbol{Y}[k,l]$$

向量化的形式写作

$$\text{vec}(\boldsymbol{Z})=\boldsymbol{B}\cdot\text{vec}(\boldsymbol{Y})$$

其中

$$\boldsymbol{B}=\text{circ}\ [\text{circ}\ (\boldsymbol{x}_1),\cdots,\text{circ}\ (\boldsymbol{x}_N)]$$

是一个 $MN\times MN$ 的双重循环块矩阵(见图 B.1),可对角化为

$$\boldsymbol{\Lambda}=(\boldsymbol{F}_N^{\dagger}\otimes\boldsymbol{F}_M^{\dagger})\cdot\boldsymbol{B}\cdot(\boldsymbol{F}_N\otimes\boldsymbol{F}_M)$$

其中,$\boldsymbol{\Lambda}=\text{diag}\ [\text{vec}(\hat{\boldsymbol{X}})]$,那么我们可以写出

$$\hat{\boldsymbol{Z}}=\hat{\boldsymbol{X}}\circ\hat{\boldsymbol{Y}}\ \text{或}\ \text{vec}(\hat{\boldsymbol{Z}})=\text{vec}(\hat{\boldsymbol{X}})\circ\text{vec}(\hat{\boldsymbol{Y}})$$

来说明二维离散傅里叶变换的卷积定理。

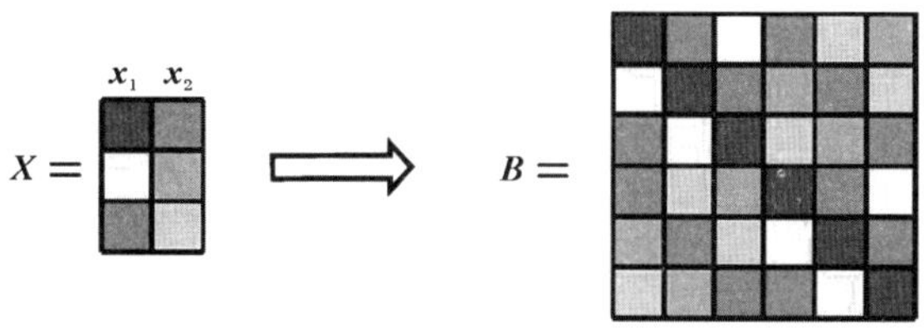

图 B.1 **当** $M=3$ **,** $N=2$ **时,双重循环块矩阵** $\boldsymbol{B}$ **由** $\boldsymbol{X}$ **形成的示例图**

辛快速傅里叶变换与二维傅里叶变换密切相关,其定义为

---

① 当 $\boldsymbol{C}$ 是对称矩阵时,使用 $\text{vec}(\boldsymbol{ABC})=(\boldsymbol{C}\otimes\boldsymbol{A})\cdot\text{vec}(\boldsymbol{B})$ 的性质。

$$\hat{\boldsymbol{X}}=\boldsymbol{F}_M^{\dagger}\boldsymbol{X}\boldsymbol{F}_N$$

即对 $\boldsymbol{X}$ 的每一列进行 M 点离散傅里叶变换，对每一行进行 N 点离散傅里叶逆变换。辛快速傅里叶逆变换的计算公式为

$$\boldsymbol{X}=\boldsymbol{F}_M\hat{\boldsymbol{X}}\boldsymbol{F}_N^{\dagger}$$

易证明，上述二维离散傅里叶变换的卷积定理同样适用于辛快速傅里叶变换。

附录 C　Matlab 代码和例子

C.1　发射器

Matlab 代码 1：OTFS 帧参数

```
%百分比 Doppler 波束数(时间槽)
N=16;

%延迟波束数的百分比(子载波)
M=64;

%归一化的 DFT 矩阵
Fn=dftmtx(N);
FnFn/norm(Fn);

%子载波间隔
delta_f=15e3;

%块持续时间
T=1/delta_f;

%载波频率
fc=4e9;

%光速
c=299792458;

% OTFS(Orthogonal Time Frequency Space)网格延迟和多普勒分辨率
delay_resolution=1/(M * delta_ff;
Doppler_resolution=1/(N * T);
```

Matlab 代码 2:生成 OTFS 帧

```
% 调制大小
mod_size=4;

% 一个帧中的信息符号数量
N_syms_per_frame =N * M;

% 一个帧中的信息比特数量
N_bits_per_frame =N * M * log2( mod_size );

% 生成随机比特
tx_info_bits=randi([0,1],N_bits_per_frame,1);

% QAM 调制
tx_info_symbols=qammod(tx_info_bits,mod_size,'gray','InputType','bit');

% 生成 M×N 的 OTFS 时延-多普勒帧
X= reshape(tx_info_symbols,M,N );

%矢量化的 OTFS 帧信息符号
x=reshape(X.,N * M,1);
```

Matlab 代码 3 OTFS 调制

```
Im=eye(M);

%行-列排列矩阵[式(4.33)]
P=zeros(N * M,N * M);
for j=1:N
  for i=1:M
    E=zeros(M,N);
    E(ij)=1;
    P((j-1) * M+1:j * M,(i-1) * N+1:i * N)=E;
  end
end
```

Matlab 代码 3 OTFS 调制

```
% Method 1[式(4.19)和式(4.20)]
X tilda=X * Fn′;
s=reshape(X_tilda,1,N * M);

% Method 2[式(4.35)]
s=P * kron(Im,Fn′) * x;

% Method 3[式(4.35)]
s=kron(Fn′,Im) * P * x;
```

C.2 信道

Matlab 代码 4:通道移动参数

```
%最大用户设备速度
max_UE_speed kmh=100;
max UE_speed = max UE _speed kmh * (1000/3600)

%最大多普勒展宽(单边)
    nu_max=(max_UE_speed * fc)/(c);

%最大归一化多普勒展宽(单边)
k_max=nu max/Doppler _resolution;
```

Matlab 代码 5: 3GPP 标准通道(来自第 2.5.1 节)

```
% EPA 模型
delays_EPA=[0,30,70,90,110,190,410] * 10^-9;
pdp_EPA =[0.0,-1.0,-2.0,-3.0,-8.0,-17.2,-20.8];

% EVA 模型
delays_EVA =[0,30,150,310,370,710,1090,1730,2510] * 10^-9;
pdp_EVA =[0.0,-1.5,-1.4,-3.6,-0.6,-9.1,-7.0,-12.0,-16.9];

% ETU 模型
delays_ETU=[0,50,120,200,230,500,1600,2300,5000] * 10^-9;
pdp_ETU = [-1.0,-1.0,-1.0,0.0,0.0,0.0,-3.0,-5.0,-7.0];
```

Matlab 代码 6:生成标准信道参数

```
%选择通道模型,如 EVA
delays=delays EVA;pdp=pdp_EVA;

%将分贝转换为线性比例
pdp_linear = 10.^(pdp/10);

%归一化
pdp_linear = pdp_linear/sum(pdp_linear);

%传播路径数
taps=length(pdp);

%生成信道系数(瑞利衰落)
gi= sqrt(pdp_linear). * (sqrt(1/2) * (randn(1,taps)+li * randn(1,taps)));

%生成延迟抽头(假设为整数延迟抽头)
l_i=round(delays. /delay_resolution);

%生成多普勒抽头(假设为 Jakes 谱)
k_i =(k_max * cos(2 * pi * rand(1,taps)));
```

Matlab 代码 7:生成合成信道参数

```
%传播路径数
taps=6;

%最大归一化延迟和多普勒展宽
l_max=4;
k_max=4;

%生成具有均匀时延概率密度函数(PDP)的瑞利衰落通道系数
g_i= sqrt(1/taps). * (sqrt(1/2) * (randn(1,taps)+1i * randn(1,taps)));

%从 [0,l_max] 均匀生成延迟抽头
l_i= [randi([0,l_max],1,taps)];
l_i=l_i-min(l_i);
```

Matlab 代码 7:生成合成信道参数

```
%生成多普勒抽头(假设为均匀谱[-k_max,k_max])
k_i=k_max-2*k_max*rand(1,taps);
```

Matlab 代码 8:生成离散延迟时间信道系数和矩阵

```
z=exp(1i*2*pi/N/M);
delay_spread=max(l_i);

%生成时延离散基带通道,以 TDL 形式表示[式(2.22)]
gs=zeros(delay_spread+1,N*M);
  for q=0:N*M-1
    for i=1:taps
      gs(l_i(i)+1,q+1)=gs(l_i(i)+1,q+1)+g_i(i)*z^(k_i(i)*(q-l_i(i)));
    end
end

%生成离散时间基带通道矩阵[式(4.38)]
G=zeros(N*M,N*M);
for q=0:N*M-1
  for ell=0:delay_spread
    if(q>=ell)
      G(q+1,q-ell+1)=gs(ell+1,q+1);
    end
  end
end
```

Matlab 代码 9:生成时延和时延多普勒信道矩阵

```
%生成时延信道矩阵[式(4.55)]
H_tilda=P*G*P'.
%生成时延多普勒信道矩阵[式(6.1)]
H=kron(Im,Fn)*(P'*G*P)*kron(Im,F'n);
```

Matlab 代码 10:通过信道传送 Tx 信号生成 r

```
%方法 1:使用 TDL 模型[式(4.36)]
r=zeros(N*M,1);
for q=0:N*M-1
  for ell=0:(delay_spread-1)
      if(q>=ell)r(q+1)=r(q+1)+gs(ell+1,q+1)*s(q-ell+1);
    end
  end
end

%使用时域通道矩阵(G)[式(4.37)]
r=G*s'.;

%方法 3:使用时延信道矩阵(H_tilda)[式(4.54)]
x_tilda=reshape(X tilda.',N*M,1);
y tilda=H_tilda*x tilda;
r=P*y_tilda;

% 方法 4:使用时延多普勒信道矩阵(H)[式(4.59)]
x=reshape(X.,N*M,1);
y=H*x;
r=P*kron(lm,Fn')*y;
```

C.3 接收器

Matlab 代码 11:添加加性高斯白噪声(AWGN)

```
%平均 QAM 符号能量
Es= mean(abs(qammod(0:mod_size-1,mod_size).^2));

% SNR=Es/噪声功率
SNR dB =25;
SNR=10.^(SNR dB/10)

%噪声功率
sigma_w_2=Es/SNR

%生成方差为 sigma_w_2 的高斯噪声样本
noise =sqrt(sigma_w_2/2)*(randn(N*M,1)+ 1i*randn(N*M,1));

%将高斯白噪声添加到接收信号
r=r+noise;
```

Matlab 代码 12:OTFS 解调

```
%方法 1[式(4.24)和式(4.27)]
Y_tilda=reshape(r,M,N);
Y=Y tilda * Fn;

%方法 2[式(4.35)]
y=kron(eye(M),Fn) * (P.) * r;
Y=reshape(y,N,M).;

%方法 3[式(4.35)]
y=(P.) * kron(Fn,eye(M)) * r;
Y=reshape(y,N,M).';
```

Matlab 代码 13:OTFS 时延多普勒 LMMSE 检测

```
%向量化 Y
y=reshape(Y.,N * M,1);

%估计的时延多普勒矩阵[式(6.18)]
x_hat=(H * * H+sigma_w_2)^(-1) * (H' * y);

%QAM 解调
x_hat=qamdemod(x_hat,mod_size,'gray');
```

Matlab 代码 14:OTFS 时域 LMMSE 检测

```
%估计的时域样本[式(6.19)]
s_hat=(G * * G+sigma_w_2)^(-1) * (G' * r);

%使用代码 12 中的方法 1,估计的 M×N 时延-多普勒符号
X_hat_tilda=reshape(s hat,M,N);
X_hat=X_hat_tilda * Fn;
x_hat=reshape(X_hat.',N * M,1);

%QAM 解调
X_hat=qamdemod(x_hat,mod size,'gray');
```

C.4 生成用于 OTFS 变体的 G 矩阵和接收信号

Matlab 代码 15：RZP - OTFS

```
z=exp(1i*2*pi/N/M);
delay_spread=max(l_i);

%生成 TDL 形式的离散时间基带信道[式(2.22)]
gs=zeros(delay_spread+1,N*M);
for q=0:N*M-1
  for i=1:taps
    gs(l_i(i)+1,q+1)=gs(l_i(i)+1,q+1)+g_i(i)*z^(k_i(i)*(q-l_i(i)));
  end
end

%生成离散时间基带信道矩阵[式(4.38)]
G_rzp=zeros(N*M,N*M);
for q=0:N*M-1
  for ell=0:delay_spread
        if(q>=ell)
      G_rzp(q+1,q-ell+1)=gs(ell+1,q+1);
    end
  end
end

%在丢弃循环前缀后生成接收信号
r=G_rzp*s.';
```

Matlab 代码 16：RCP - OTFS

```
z=exp(1i*2*pi/N/M);
delay_spread=max(l_i);

%生成离散时延基带信道(TDL 形式)[式(2.22)]
gs=zeros(delay_spread+1,N*M);
for q=0:N*M-1
  for i=1:taps
    gs(l_i(i)+1,q+1)=gs(l_i(i)+1,q+1)+g_i(i)*z^(k_i(i)*(q-l_i(i)));
  end
end
```

Matlab 代码 16:RCP - OTFS

```
%生成离散时间基带信道矩阵[式(4.83)]
G_rcp=zeros(N * M,N * M);
for q=0:N * M-1
  for ell=0:delay_spread
    G_rcp(q+1,mod(q-ell,N * M)+1)=gs(ell+1,q+1);
  end
end

%生成丢弃循环前缀后的接收信号
r=G_rcp * s'. ;
```

MATLAB 代码 17:CP - OTFS

```
z=exp(1i * 2 * pi/N/M);
delay_spread=max(l_i);
l_cp=delay_spread;

%生成 TDL 形式的离散时间基带信道[式(2.22)]
gs=zeros(delay_spread+1,N * (M+l_cp));
for q=0:N * (M+l _cp)-1
  for i=l:taps
    gs(1_i(i)+1,q+1)=gs(1_i(i)+1,q+1)+g_i(i) * z^(k_i(i) * (q-l_i(i)));
  end
end

%生成离散时间基带信道矩阵[式(4.93)]
G_cp=zeros(N * M,N * M);
for n=0:N-1
  for m=0:M-1
      for ell=0:delay_spread
      G_cp(m+n * M+1,n * M+mod(m-ell,M)+1)=gs(el+1,m+n * M+l_cp+1);
    end
  end
end

%生成丢弃每个块的循环前缀后的接收信号
r=G_rcp * s'. ;
```

Matlab 代码 18：ZP - OTFS

```
z=exp(1i*2*pi/N/M);
delay_spread=max(l_i);
l_zp=delay_spread;

%生成时延离散基带信道(TDL 形式)[式(2.22)]
gs=zeros(delay_spread+1,N*(M+l_zp));
for q=0:N*(M+l_zp)-1
  for i=1:taps
    gs(l_i(i)+1,q+1)=gs(l_i(i)+1,q+1)+g_i(i)*z^(k_i(i)*(q-l_i(i)))
  end
end

%生成离散时间基带信道矩阵[式(4.109)]
G_zp=zeros(N*M,N*M);
for n=0:N-1
  for m=0:M-1
    for ell=0:delay_spread
      if(m>=ell)
        G_zp(m+n*M+1,m+n*Mell+1)=gs(ell+1,m+n*M+l_zp+1);
      end
    end
  end
end

%在每个块上丢弃零填充后生成接收信号
r=G_rcp*s'.;
```